U0678439

南华大学马克思主义发展哲学理论与
实践研究基地的阶段性成果

南 华 大 学 出 版 资 助
南 华 大 学 学 术 文 库

创新得当论

Innovation Appropriateness Theory

何小英／著

社会科学文献出版社
SOCIAL SCIENCES ACADEMIC PRESS (CHINA)

摘　要

　　创新作为人类实践的高级形式，不仅在促进生产力发展、社会变革、文明进步以及人的自由发展方面越来越显现出主导性的推动作用，而且也是破解当代资源、能源、环境与人类社会发展之间日益尖锐之矛盾的关键。然而，从伦理学的角度分析，创新又具有两重性：既可造福人类，亦可能对人类造成某些危害。准确预见创新的负面影响是困难的，但又是必须的。由此，从伦理学的角度探索创新之“得当”的应然尺度，研究有利于“创新得当”的文化氛围和制度安排，寻求培育创新主体之品格的有效途径，以抑制或减少“不当创新”，就成为摆在我们面前的一项现实且又无法回避的课题。

　　创新作为人类的主要社会实践活动，同时也是人类特有的认识能力和实践能力，是人类主观能动性的高级表现形式。作为自然的一分子，人类和其他自然物一样面对的是一个客观世界，它不以人的意志为转移，并制约着人的自由。而争取自由是人的特性，从必然到自由的实现，离不开创新这一重要杠杆。因此，所谓创新，就是以填补人类认识领域中的空白为特征，以实现人类从必然到自由的转变为宗旨，以新思维、新发明和新描述为外在形式的人类实践活动。

　　所谓创新得当，是指创新既合理又有度，这样的创新以正确设定的目的为导向，受到基于客观规律及道德法则的合理尺度的约束，从而能够真正造福于人类并促进人与人、人与社会、人与自然的和谐。而创新不当，则是指偏离正确的目的、违背客观规律和道德法则的创新。创新得当要以利国、利民、利永远作为最高目的，并以有利于自然生态的维护、人种健康的繁衍、生活方式的文明推进、价值观念的科学变更作为合理尺度。

作为创新得当的对立面，创新不当在现实中集中表现为创新中应当禁止的负面因素。对这些负面因素的禁止性要求主要有"七不可"，即不可抛弃继承，不可有伤文明，不可危害生态，不可有害机体，不可急功近利，不可破坏平衡，不可成为掠夺。创新中应当禁止的负面因素，无论是"无意为之"还是"故意为之"，都因其偏离正确的方向和目的，违背了客观规律和道德法则，致使其创新价值取向与社会需要的创新价值相悖，也即成为创新得当所不允许的不当创新。

创新得当作为当今创新所追求的应然目标，其实现既需要充分发挥文化、制度这些外在因素的作用，以激励、崇尚创新得当，也需要培养创新主体能够并善于得当创新的品格。在文化方面，应当变传统的自然价值、主体利益价值观为整体生态价值观和群体利益价值观，变传统发展观为可持续发展观，变怕出风头为敢于冒尖，变因循守旧、害怕失败为推崇得当创新、宽容失败，变等级分明、文人相轻为平等竞争和开放协作；在制度方面，应着手构建抑制不当创新和激励得当创新的市场制度、法律制度及相应的科研、人才制度；在创新主体的品格培养方面，则应努力促使创新主体逐渐具备无私无畏、有恒有爱、是是真真的品格，这样的品格是保证创新得当所不可或缺的内在因素。

关键词： 创新　两重价值　得当　不当

ABSTRACT

Innovation as senior form for practice of mankind shows more and more lead-ing role not only in promoting the development of productivity, reform of society, progress of civilization as well as human being's free development but also is the key to eradicate the increasingly fierce contradiction between contemporary re-sources, energy, environment and the development of human society. However, from the ethical perspective of analysis, innovation has dualities: both benefiting mankind and probably causing harm to human beings. It is difficult to predict the negative effect of creativity accurately but necessary. Thus, from the ethical stance to explore the appropriate scale of creativity, studying the cultural atmosphere helping innovation appropriateness and system arrangement, seeking for the effec-tive way to foster the character of innovation body, holding back or reducing the inappropriate creativity, these turn into a realistic and inescapable task lying before us.

Innovation as human being's main society practice activity, at the same time also being human being's unique cognitive ability and practice ability, is senior form of expression of human being's subjective initiative. As a part of the nature, mankind and other natural things equally face an objective world, which is inde-pendent of man's will and restricts man's freedom. However, fighting for freedom is man's special property, from necessity to achievement of freedom, can not lack the innovation leverage. Therefore, the so-called creativity, is characterized with fill-ing the gap for man's cognitive field; is aimed at realizing man's transformation from necessity to freedom; is the man's practical activity in the external form of new thinking, new invention as well as new description.

The so-called theory of innovation appropriateness refers to innovation being reasonable and moderate, this innovation is guided by the right-designed purpose. It is restricted by objective principle and reasonable yardstick of moral principle. Thereby it truly can bring benefit to human beings and promote the harmony among man, society and nature. While the innovation inappropriateness refers to the innovation which deviates from right purpose and goes against objective principle and moral principle. The innovation appropriateness should be aimed at benefiting the country and people forever. Also being favorable to the maintenance of natural ecology, human reproduction healthily, civilization advance of life style and scientific change of values serves as its reasonable measure.

As the antithesis of innovation appropriateness, innovation inappropriateness in reality intensively manifests negative factors that should be prohibited in the process of creativity. The ban requirement of these negative factors mainly includes: Seven Don't. That is, do not cast off inheritance, do not be destructive to the civilization, do not harm ecology, do not be detrimental to organism, not be eager for quick success and instant benefit, not destroy balance, and not plunder. The negative factors that should be prohibited in the process of innovation, whether unintentionally or on purpose, become the inappropriate innovation that is not allowed by the innovation appropriateness. All these result from deviating from right direction and purpose, going against objective principle and moral principle, resulting in its innovation value tendency running counter to innovation value that society needs.

The innovation appropriateness as the natural goal that innovation searches for nowadays, its achievement needs both giving full play of these external culture and system factors' function, for the sake of encouraging and advocating innovation appropriateness, and also needs cultivating the character for innovation main part who can be good at creating properly. In culture, we should transform traditional nature value and main part interest value into the whole ecology value and group interest value; traditional development concept into sustainable development concept; be afraid of seeking the limelight into daring to stand out; following the beaten path and being afraid of failure into encouraging to create appropriately and tolerant the failure; hierarchy distinct and humanistic disrespect into competing equally and open cooperation. In system, we should set about establishing to inhibit the inappropriate innovation and encourage the market system for appropriate innovation, law system together with the corresponding scientific research and talent system. In character fostering of innovation main part, we should try to make gradually innovation main part's character that is unselfish and fearless, with perseverance and love, sincere and whole-hearted. This character is the indispensable inner factor ensuring innovation appropriateness.

Key Words: Innovation, Dual Values, Appropriate, Inappropriate

序　言

　　20 世纪 30 年代，著名经济学家熊彼特从经济学角度提出了创新概念。在他看来，"创新（Innovation）是建立一种新的生产函数，把一种从来没有过的关于生产要素和生产条件的新组合引入生产体系"①。由于熊彼特所说的创新是以产品创新和工业的创新即技术变革为主要内容和基础的，因而后来的经济学家将其创新理论称为技术创新理论。自熊彼特提出著名的创新理论以来，技术创新一直受到世界各国的高度重视；而对于技术创新的重视，也对技术进步产生了积极的、重大的推动作用。在技术创新凸显巨大的价值和意义的基础上，创新这一概念也得到扩展，被人们从经济、技术领域推广到科学、制度、社会等各方面，于是就有了科学创新、制度创新乃至社会治理创新等概念的形成和应用。

　　在当今世界，大概已经没有什么人会否定或无视创新的价值。然而，伴随着创新活动之日益扩展及创新成果之广泛应用的，除了其无可否认的正面价值之外，也可能还有某些尚未引起人们足够重视的负面价值。恩格斯早就深刻地告诫人们："不要过分陶醉于我们人类对自然界的胜利。对于每一次这样的胜利，自然界都报复了我们。每一次胜利，在第一步都确实取得了我们预期的结果，但是在第二步和第三步却有了完全不同的、出乎意料的影响。"② 虽然恩格斯的这种告诫，可能主要是针对人类在自然领域中的胜利，但这其中的基本思路，对于包括技术创新在内的所有创新来说

---

① 〔美〕约瑟夫·熊彼特：《经济发展理论》，商务印书馆，1990，第 73 页。
② 《马克思恩格斯全集》第 20 卷，人民出版社，1971，第 519 页。

都具有重要的参考价值，值得今天的人们深思和反省。

今天的人们已经直观地感受到技术创新在具有提高生产效率、提升生活质量方面的功效的同时，确实也造成了一些前所未有的问题。例如，食品添加剂的产生使人们可以品尝香甜可口的美味佳肴，但是"苏丹红"、辣椒精、三聚氰胺等的滥用却使人们苦不堪言；制冷技术的发明和使用让人们享受了冬暖夏凉的惬意，但是氟利昂的排放却造成了臭氧空洞、全球变暖、冰川融化等严重的生态环境问题；钢铁冶炼技术的发展促进了建筑业、交通工具制造业以及运输业的繁荣，加快了经济发展的步伐，然而又引发了土地资源锐减、工业废弃物污染、能源匮乏与交通拥堵等一系列后果；核技术的运用在一定程度上缓解了能源紧张的局面，但同时又使得整个世界笼罩在核战争和核泄漏的恐怖氛围之中；等等。有学者这样认为："从某种程度上说，追求经济效益的最大化始终是技术创新的出发点和落脚点"；"正是这种对工具理性的盲目追求而导致了价值理性的完全丧失"①。这种认识，正是推崇技术创新的时代背景中十分可贵的一种冷静而理性的思考。但这样的认识还远远不够，因为：第一，技术创新中的问题不仅仅是价值理性完全丧失的问题，即使在价值理性没有完全丧失的情况下，也有价值理性该如何、以什么样的方式或途径来引导技术理性的问题；第二，技术创新中的问题，今天只是全部创新问题中的一部分，除了技术创新问题之外，还有其他方面的创新问题。因此，不应该局限于创新的某个领域或某个侧面，而应该从总体上审视创新的全部价值（正面的、负面的或积极的、消极的等），并对一般创新提供伦理道德的范导和指引，这成为不可忽视的当务之急。

让我感到欣慰的是，何小英博士的著作《创新得当论》，作为一种哲学层面的研究成果，终于在某种程度上为解决上述问题做出了比较系统且具一定深度和新意的探讨。在我看来，在这本著作中，何小英博士的贡献主要包括以下几个方面。

首先，何小英博士从哲学高度深刻阐述了作为一般概念的创新的本质和特征。她从四个方面概括了创新的哲学意蕴：第一，由必然走向自由是创新的本质；第二，填空是创新的特征；第三，再创、创造、创立是创新的三层次；第四，技术创新、制度创新、理论创新是创新的三领域。这里

---

① 潘锡杨、李建清：《科技伦理视阈下的绿色创新研究》，《自然辩证法研究》2014年第6期。

尤其令人感兴趣的，是何小英博士对创新之本质和特征的概括：将"由必然走向自由"规定为创新的本质，是依托人之本质力量显现的哲学思想做出的论断，如果局限于创新的某个具体的、特殊的视角，就无法得出如此抽象、极具概括力的论断，这是何小英博士对创新问题的哲学研究与技术层面、制度层面甚至社会层面的其他创新研究的一个明显不同之处；将"填空"视为创新的特征，抓住了所有创新所共有的独特之处，因为"填空"即填补空白，而"没有的东西，或没有出现过，或大家有需要却没有满足，皆为空白"，故所有创新的共同之处、创新之不同于其他行为的地方，正在于这样的填补空白。

其次，何小英博士提出了创新得当的概念。"得当"这个词有多种含义，其最基本的语义是"恰当"或"适当"。与"得当"的基本含义相通的哲学概念，就是辩证法的"度"。"度"因此成为"得当"的哲学基础，是对"得当"的哲学解释。何小英博士进一步指出，"得当"的最终目的是实现人的"幸福"，"造福"是衡量"得当"与否的最高标尺。在这种哲学分析的基础上，创新得当的要求浮出水面：创新只有得当，才能发挥它最大的积极价值，避免负价值和无价值；创新只有得当，才能把握度，做到"不过"、避免"不及"，恰到好处地体现创新的积极价值；创新只有得当，才能做到合理，既符合客观规律，又很好地为人类的目的服务；创新只有得当，才能实现和谐，保持好自然生态和社会生态的平衡；创新只有得当，才能真正造福人类，为人类的持续发展不断贡献力量。反之，如果创新不当，就会显现它的负价值，可能不符合客观规律，破坏自然生态，也不能为整个人类的持续发展服务，只是为个别人或部分人的不正当目的服务，给人类带来不可估量的损失和严重后果。通过这样的论证思路，逐步确立了创新得当的地位和重要性，也充分表明了创新得当的研究意义。

最后，何小英博士不仅宏观地分析了创新得当所需要的文化氛围、制度建设，而且在微观层面上明确指出了得当创新之主体品格的三个方面，即无私无畏、有恒有爱、是是真真。创新所需要的文化氛围和制度建设，是创新之所以可能的社会环境，这是创新主体的外部条件。虽然既有的研究已有许多内容涉及这些外部条件，但何小英博士的这部著作不仅将这种研究系统化，而且还使得其走向深入，从促进创新得当的角度对这些外部条件做了价值导向的规定。尤其值得肯定的是，何小英博士将无私无畏、有恒有爱、是是真真作为得当创新的主体品格要求，既突出了创新主体之道德品质的重要性，又反映了得当创新所需道德品质的特殊性，从而避免了以往研究在这个问题上的泛泛而谈、空泛苍白，最为集中地展示出研究创新问题的学者自身的创新能力和开拓精神。

尽管作为国内第一部专门从哲学视角、伦理维度研究创新的著作，该书还有一些不尽如人意的地方，但总的来看，这部著作以系统的价值分析和明确的道德导向指标将国内学界对创新的研究提升到一个新的高度。当然，这部著作的完成和出版，对于何小英博士来说，只应看作研究的新起点而不是终点。我衷心希望何小英博士在现有研究的基础上，能够继续努力，争取取得更多更好的研究成果！

吕耀怀*

2014 年 7 月于长沙

---

* 吕耀怀，苏州科技学院公共管理学院教授，中南大学博导，主要研究伦理学，兼及公共管理学。

目 录

导　论 / 1

第一章　创新释义 / 14
　　第一节　创新内涵 / 14
　　第二节　创新应当 / 28
　　第三节　创新的受制性 / 36

第二章　得当的界说 / 49
　　第一节　度：得当的哲学基础 / 49
　　第二节　合理："得当"的科学依据 / 58
　　第三节　和谐："得当"的社会学解释 / 62
　　第四节　造福："得当"的伦理学指标 / 73

第三章　创新得当：创新的得当限定 / 83
　　第一节　创新与得当之合题 / 83
　　第二节　创新得当的最高目的 / 87
　　第三节　创新得当的根本尺度 / 100

第四章　创新"不可" / 113

　　第一节　不可抛弃继承 / 113

　　第二节　不可有伤文明 / 117

　　第三节　不可危害生态 / 122

　　第四节　不可有害机体 / 125

　　第五节　不可急功近利 / 128

　　第六节　不可破坏均衡 / 133

　　第七节　不可成为掠夺 / 139

第五章　营造创新得当的文化氛围 / 146

　　第一节　文化氛围的保守与开放 / 146

　　第二节　创新得当对文化氛围的要求 / 152

　　第三节　既有文化氛围的改造 / 162

第六章　创新得当的制度建设 / 175

　　第一节　创新得当需要合理的制度支持 / 175

　　第二节　制度激励创新得当的途径 / 184

　　第三节　创新得当激励制度的现实构建 / 191

第七章　创新得当的主体品格 / 205

　　第一节　无私无畏 / 205

　　第二节　有恒有爱 / 212

　　第三节　是是真真 / 217

结　语 / 228

参考文献 / 231

后　记 / 244

创新得当论
Contents

Introduction / 1

Chapter 1 Innovation Definition / 14

    1. Innovation Connotation / 14

    2. Innovation Necessity / 28

    3. Innovation Restriction / 36

Chapter 2 Appropriate Definition / 49

    1. Degree: Appropriate Philosophy Basis / 49

    2. Reasonableness: The Scientific Basis of "Appropriateness" / 58

    3. Harmony: Sociological Explanation of "Appropriateness" / 62

    4. Benefit: The Ethics Indicators of Appropriateness / 73

Chapter 3 Innovation Appropriateness: Appropriate Limitations of
             Innovation / 83

    1. The Synthesis of Innovation and Appropriateness / 83

    2. The Highest Purpose of Innovation Appropriateness / 87

    3. The Basic Standard of Innovation Appropriateness / 100

Chapter 4　Innovation "Should Not" / 113

　　1. Should Not Abandon Inheritance / 113

　　2. Do Not Harm Civilization / 117

　　3. Do Not Harm Ecology / 122

　　4. Do Not Harm Organism / 125

　　5. Do Not Seek Quick Success and Instant Benefits / 128

　　6. Do Not Destroy Equilibrium / 133

　　7. Do Not Become Plunder / 139

Chapter 5　Set up the Cultural Atmosphere of Innovation
　　　　　　Appropriateness / 146

　　1. The Conservative and Open of Cultural Atmosphere / 146

　　2. The Demands That Appropriate Innovation Puts on Cultural
　　　Atmosphere　/ 152

　　3. The Reform of the Existing Cultural Atmosphere / 162

Chapter 6　The System Construction of Stimulating Innovation
　　　　　　Appropriateness / 175

　　1. Innovation Appropriateness Requires Rational System Support / 175

　　2. The Method of the System Stimulating Innovation Appropriateness / 184

　　3. The Reality Construction of Innovation Appropriateness Stimulating
　　　System / 191

Chapter 7　The Main Character of Appropriateness Innovation / 205

　　1. Selfless and Fearless / 205

　　2. Perseverance and Love / 212

　　3. Tell Right from Wrong and Respect the Truth / 217

Conclusion / 228

Bibliography / 231

Postscript / 244

导　论

一　研究的缘起

"苟日新，日日新，又日新"，创新，是当今社会一个重大而现实的命题。在人类发展的历史进程中，从发现并使用火到四大发明，再到近现代科技的每一次新产品的应用，无一不凝结着人类创新的成果。人类文明史，就是人类在实践中加深认识不断创新的历史。从新陈代谢这一宇宙发展的普遍规律到不进则退、落后就会挨打的人类社会发展规律，无一不证明了从必然走向自由是创新的本质，有了创新的成果，才可能有人的本质力量的对象化，人类也在不间断的创新中不断地发展，实现真正的自由。

创新是人们对事物发展规律认识的深化、拓展和升华，无疑我们需要"创新"。然而，创新本身及其成果的应用从伦理学的视角分析具有两重性：既可造福人类，亦可能危害人类。预见创新及其成果可能造成的危害结果和危害方式是困难的，但又是必须的。所以在每一项创新活动进行之前或者进行之中有必要确立"创新得当"的标准，以此作为创新的价值判断。这是本书的理论前提和立论基础。

今天，不少人不仅时时处处谈"创新"，而且也以"创新"作为他的价值体现，整个社会也似有陷入创新泛化和创新崇拜这一极端的倾向。我们有必要对创新进行全面的审视，是否所有"创新"都是得当的？是否要对一些"创新"进行质疑和反思？什么是得当的创新？鲁迅先生曾对"创造的面孔"深恶痛绝，之所以如此，根本上是由于"创造的面孔"所表达出来的轻飘飘的沾沾自喜以及它无视生存的艰辛和创造的艰难而表现出来的轻浮和浪漫。创新是抛弃旧的、创造新的，其实质就是要突破旧观念、旧思想、旧模式，在实践基础上发现事物的新属性、新规律、新问题，从而有效地认识和改造客观世界，实现人真正的自由。但这并不意味着所有的创新都是"得当的创新"。创新的积极价值和负面价值在现实中都可能存在，因此，要鼓励"得当的创新"，防止"不得当的创新"，实现创新的积极价值，抑制创新的负面价值。同时"得当的创新"要求不仅要限制只产生负面价值的创新，而且可能还要防止产生正面价值即具有积极价值的创新因为过量造成相反结果的情况，即产生正面价值的创新在一定程度和范围内是得当的，一旦超出这个程度和范围就可能走向反面，不仅不会造福人类，而且还会危害人类。

"得当的创新"，不是随心所欲的主观臆想和标新立异，不是任意的胆大妄为；是有度的创新，是合理的创新，是和谐的创新，是造福的创新，它会受到规律、文化、心理、路线等因素的制约，以利国、利民、利永远为最高目的，必然有利于生态的维护，有利于人种的健康繁衍，有利于生活方式的文明推进，有利于价值观念的科学变更，会维护生态的均衡，延续继承人类文明的发展，会以科学发展观作为指导思想，进行最佳资源配置，实现资源的再生和循环。

在当今这个创新频率日益增高且价值观念多元化的时代，研究"创新得当"显得格外重要。科学技术正以日新月异的速度发展着，新的科技成果在研究和应用中给人们提出了新的挑战。如人类基因计划正在进行研究，克隆、试管婴儿等基因科技发展不可避免地对人类原来的伦理、法律和社会问题提出挑战，而"我们的道义或伦理、个人生存心理、社会结构与行为等各方面都还没有做好充分的准备，从人文角度来说，连人性、人文、人权、平等甚至社会结构都将被重新讨论"。[①] 这些人类最新创新的成果是否得当，是否是利国、利民、利永远的创新？都需要我们确立一个判断标准。因此，在全社会形成创新得当的共识，营造创新得当的文化氛围，进行激励创新得当的制度建设，鼓励"得当"的创新，避免"不当"的"新招"，是构建和谐社会与和谐世界的重要使命。如何在前人丰富的有关创新和得当思想的基础上，从伦理的角度探索"得当"的真正的内涵，并将"得当"融入创新中，为自主创新提供一个"得当"的尺度，为实现得当创

---

① 许志伟：《生命伦理对当代生命科技的道德评估》，中国社会科学出版社，2006，第11页。

新提供理论依据，是我们责无旁贷的事情。

二　文献综述

英语里的"创新"（Innovation）一词源于拉丁语的"Innovore"，意即更新，创造新的东西或改变。创新于 20 世纪初成为一种理论。1912 年，奥地利经济学家、后为美国哈佛大学教授的约阿·熊彼特（Joseph A. Schumpeter，1883～1950）在其著作《经济发展理论》一书中首次提出"创新"一词，他把创新定义为"生产要素和生产条件的一种从未有过的新组合"，将其引入生产体系以获得"企业家利润"或"潜在的超额利润"。并将创新概括为五个方面：生产新的产品；引入新的生产方法、工艺流程；开辟新的市场；开拓原材料的新供应源；采用新的组织方法。在这里，熊彼特赋予"创新"以经济学内涵，创立了"创新"理论。100 多年来，许多专家从各种角度对创新理论及其实践进行了研究，并对创新给出了许多类似或不尽相同的定义，如《韦伯新世界大学词典》① 把创新定义为："创新的行为或者过程，新推出的某种东西，如新的方法、仪器和习惯等；行事方法的改变、更新、变更等"；玛格丽特·惠特利在《领导能力和新科学》中指出"创新是由新的联结而产生的信息培育而来，是对其他学科和领域的洞察而来。创新源自交换的不断循环，这个过程中信息不仅仅被积累和存储，而且被创造。知识再次从以前不存在的联系中产生"。日本学者野中郁次郎和竹内弘高在《创造知识的公司》一书中说道："为解释创新，我们需要一个关于有组织的知识创造的新理论……我们知识论的基石是隐性和显性知识之间的区别……知识创造的关键存在于隐性知识的流动和转化。"而关于创新理论的研究，最后演变发展成为产生了现代技术创新理论，大致包括两方面的理论，一方面是被新古典经济学家所继承，并发展为以技术创新为核心内容的声势颇大的新经济增长理论；另一方面又被许多经济学家发展为各种类型的国家创新系统理论，这两方面的理论相互呼应，极大地推动了各主要工业国家技术创新的进程。有关创新理论的研究虽然不少，但大多集中在阐述创新的重要性和特征上，对创新从哲学层面特别是有关创新本质的研究甚少，对创新能帮助人类实现自由这一点的论述就更少了。

创新的正价值得到越来越多的人的认可，但人们在陶醉于自己的创新

---

① 《韦伯新世界大学词典》，上海译文出版社，1982，第 367 页。

实践给人类社会带来的巨大推动作用的同时，往往会忽视在一定的条件下，由别有用心的人用于不正当的目的，创新的正价值可能会转变为负价值，就会出现"创新不当"的现象。现有的研究开始正视"双面刃"效应，但一般把关注点放在科学技术的负面效应上，认为科学技术负面影响主要集中在人与社会、伦理道德方面，对人类社会的发展造成了不利的影响，甚至会遏制人类发展，给人类带来毁灭性的灾难。德国学者库尔特·拜尔茨在他的著作《基因伦理学》中睿智地看到了"试管婴儿"这一技术给人类带来的机会和风险是紧紧地联系在一起的，他提出建立确定基因－生殖技术领域道德取向的基因伦理学的需要，面对人的繁殖技术化，采取道德立场即要树立生殖道德。同样在张乃根、米雷埃·德尔玛斯主编的《克隆人：法律与社会》一书中提出了建议，特别是坚持区分生殖性克隆与治疗性克隆，在创新层出不穷的情况下，要制定完善的法律和伦理规范。这些研究看到了科技发展与伦理界限的碰撞，也指出科学研究有可能突破伦理底线，但创新这一实践活动不仅仅限于科学技术的研究，且"不当创新"也不仅仅等同于科技的负面效应。因此，当今国内外有关学者对创新及科技的负面效应进行了一定的研究，但未深入从哲学层面对创新的本质做系统的研究，也没有明确阐述创新的负价值以及"不当创新"的主要特征是破坏了自然生态和社会生态这一本质影响。

"得当"是一个具有道德意蕴的范畴。在《现代汉语词典》中，"得当"被解释为"说话或做事恰当，合适"①。与"得当"相对应或类似的研究在国内外一些学者的论著中都有见到。古希腊著名哲学家亚里士多德提出了"中道即德性"。他认为德性就是一种适中，过度或不足是恶行的特性，而适中是美德的特点。所谓德性就在于对激情的控制和支配，既不能完全消除激情，也不能听任放纵激情，而是舍弃两个极端，遵循中道，亚里士多德的中道是过度与不足之间的中点，是理性原则所规定的，是相对的中道，是因人而异的适度要求或状态。中国的古代著名学者孔子在《论语》先进篇中比较自己的学生子路与子夏的优劣时强调"中庸"，提出了"过犹不及"，即过分不中和与迟缓不到位，都是一样不可取的，"中"即"无过无不及"。这种"中"在待人方面体现为"温而厉，威而不猛"；在待物方面体现为"钓而不纲，弋不射宿"；在处理生死问题方面体现为"见

---

① 《现代汉语词典》，商务印书馆，2001，第261页。

危授命""危邦不入"。孔子所提倡的"中"不是折中主义，不是处世圆滑，是从更深层次意蕴而言的生命的智慧和道德的品质。而德国著名哲学家黑格尔在《小逻辑》中阐述了"度"，黑格尔的"度"不仅仅是质与量的统一，还具有柏拉图所说的"节制"和亚里士多德所谓的"中道（持中）"等道德意义，不仅指事物的程度、限度或分寸，而且包含了"权衡"和"标准"的意思。现代学者李云飞在他的《度 1 + 1 = 1》一书中指出"度"是维系事物自身平衡和事物之间的关系良性互动并达到统一的存在，适度者恒。

古代和近代的中外学者虽对与"得当"相关的范畴有所阐述，但他们的研究并未直指"得当"这一概念或范畴，没有明确"得当"的定义与内涵。而在当代的中外学者的研究中也未见有关"得当"的深入和系统论述。

罗马俱乐部于 1972 年发表的第一个研究报告《增长的极限》，预言经济增长不可能无限持续下去，因为石油等自然资源的供给是有限的，做了世界性灾难即将来临的预测，设计了"零增长"的对策性方案，在全世界挑起了一场持续至今的大辩论。此后，罗马俱乐部又撰写了一系列研究报告，提出了全球性问题需要人们综合地运用各种科学知识重新思考人与自然的关系。随着罗马俱乐部研究报告、书籍在世界范围内的广为传播，唤起了公众的对世界危机的关注，增强了人们的未来意识和行星意识，从而促使各国政府的政策制定更多地从全球视角来考虑问题。而在加勒特·哈丁的《生活在极限之内》一书中，作者驳斥了那种靠良好的意愿和自愿的节制就能达到目的的说法，全球的生态问题是"公地的悲剧"。可以说，技术创新带来的自然生态问题引起了人们的关注，因此近年来关于技术创新的转向的研究不少。彭福扬教授在 2002 年的国家社科基金项目"技术创新的生态化转向"的研究中就明确提出了技术创新应追求包括经济效应、生态效应在内的综合效应。而关于创新对社会生态的影响往往容易被忽略，而这一点恰恰是不能忽视的。因为自然生态是生存基础，社会生态更是人类持续发展的一个重要标志。关于掠夺问题，学者们对掠夺式开发、掠夺式农业进行了研究，特别是基因的重要性逐渐被人们所认识后，关于基因掠夺也成为学者们研究的对象。在《人类基因组计划及其基因掠夺》一文中，矫艳春、刘云龙指出专利基因的出现，引发了西方诸强国的基因争夺战，并把掠夺之手伸向别的发展中国家。江泽民同志也指出，人无远虑，必有近忧，我们要珍惜我们的基因资源。这些研究提出了关于科技的人文反思，但没有明确创新不可的具体内涵和表现。

早在19世纪马克思就深刻论述了人类创造可能带来的负面效应，指出了现代工业、科学与现代贫困、衰颓之间的对抗。随着创造活动频率的增加，创造的双面刃效应使得学者们开始关注创造行为所引发的伦理道德问题，由此产生了由别尔嘉耶夫建构的"创造伦理学"。别尔嘉耶夫针对人类在当代面临的生存困境，批判了以法律伦理学和救赎伦理学为代表的传统伦理学，① 建构了以自由为前提、强调个性特征的价值伦理学即创造伦理学，从而理解末世论，克服客体化对人的奴役与统治，实现人的解放和自由。此后，阿诺德·汤因比等学者展望21世纪，进一步指出对付科学发展带来的邪恶结果要靠伦理规范行为。杨艳萍、吕锡琛在《创造伦理：应用伦理学研究的新视野》一文中整理、归纳、定义了创造伦理规范就是创造者在从事科技活动中应当遵循的行为规范，从而为创造和创造成果应用提供必要的行为准则和调节机制，营造一个和谐的人文环境，使创造者有规可循，自觉调节自身的创造行为，以达到造福全人类的目的，并把它归纳为追求真理，献身科学；热爱祖国，放眼世界；求实创新，勇于开拓；互相配合，团结协作；诚实宽容，兼收并蓄五个方面，这可以说是对创造行为从伦理学角度规范引导做出了积极的尝试。这些研究对创造伦理规范提出了具体的内容，但没有进一步提炼，没有明确创新应遵循的最高目的和根本尺度。

综上所述，国内外学界对"创新"进行了一定的研究，指出了创新中不合适的现象，也从伦理学的角度对创新进行了初步的研究，提出了创造伦理学；学者们关于"度"的研究也由来已久，但除了在字典上有对"得当"简单的解释外，没有人对得当进行深入的研究，更没有人把创新这一人类活动与"得当"联系在一起研究。提出生态危机的学者很多，也在价值观等方面积淀了许多研究成果，国外学者先一步进行现代科学技术的人文反思，这是与他们的批判思维方式相关的。总的来说，全面思考"创新不当"引发的各种问题的研究很少，从伦理学角度为"得当创新"提供理论和实践上的指导也少有论述，没有人将"得当"的伦理意蕴纳入"创新"这一问题结合起来进行思考和研究，更没有人明确提出创新要"得当"。这正是本书想尝试做出的初步探讨。

---

① 周来顺：《传统伦理学的批判与建构》，《道德与文明》2010年第5期。

三　研究的思路

创新，这无疑是当下出现频率最高的词语之一，是各行各业不同人们苦心孤诣企求的境界，我们的价值谱系以新为尚、以新为美、唯新是求。

研究中我们可以看到，社会创新与个人创新是创新中密不可分的两个组成部分，都是必要的。但从创新的价值取向上看，存在着个人价值取向与社会价值取向的矛盾问题。在创新中，社会价值取向与个人价值取向可能一致，也可能不一致，因而对某项具体的创新，该不该？要不要？即有一个是否"得当"的问题，这就引出如何判断"得当"的标准问题，这是本书研究的重点。

而在创新中个人创新的价值取向（"创新"追求的效果与目的）与社会创新价值取向相悖，可能出于"有意"，亦可能出于"无意"。本书的研究，既要探索抑制"有意""不当"的方略，又要探求避免"无意""不当"的深层理论和实践问题。这是本书研究的难点。

在研究中通过了解整理国内外学者现有的研究，发觉关于"创新"的研究大多集中在创新的重要性和特征上，对创新从哲学层面特别是有关创新的本质研究甚少，而"创新"正是本书的核心关键词，因此本书开篇就从哲学视角对"创新"进行反思，明确"创新"的本质和特征，尝试对"创新"的内涵进行全面的解读。

我们认为，可以从以下四个方面来阐述创新的哲学内涵：第一，由必然走向自由是创新的本质；第二，填空是创新的特征；第三，再创、创造、创立是创新的三层次；第四，技术创新、制度创新、理论创新是创新的三领域。

马克思在《1844 年经济学哲学手稿》中指出："一个种的全部特性，种的类特性就在于生命活动的性质，而人的类特性就是自由的自觉的活动。"自由的、自觉的活动既是人类进行一切活动的前提，又是人类活动所追求的目标。这是人的一种"类"的特性，也是人之为人的标志和尊严。在人争取自由的无限过程中，主观能动性或创造性起着重要的作用。人靠不断的创新实践，能动地改造客观世界，使客观世界为自己所用，实现了自己的自由。同时创新也是人从必然走向自由发展过程中的新起点。自由的不断提高要通过创新，创新越多，水平越高，人就越自由。从这个意义上来说，创新是人类自由的标志，是由必然变为自由的杠杆。有了创新，才有可能实现人类更高层次和程度的自由。

本书还对创新与填空的关系进行了论述。创新是填补空白的一种创造性劳动活动，填空是创新的特征。"没有空白就没有创新。创新的结果不是空白的减少，而是空白的增加，创新填补了旧的空白，又不断有新的空白产生，因此，填补空白的创新实践也不可能停止，创新中的劳动便会是个永远不会枯竭的过程。"①

对于创新的层次问题，本文按照从低到高、从事物表象到事物本质的规律把创新划分为三个层次，即再造、创造、创立。再造，就是经过思维，把曾经认知的事物或掌握了的知识，重新复制或重新复述出来，它是创新的最低层次。创造，是创新的更高层次。它的成果表现方式绝不是原有事物的再造，或原有知识的复述。恰恰相反，它的成果是一种未曾有过的具备新颖性的产品或观念。而创立，是创新的最高层次。因为创立不仅要具有创造中的"新颖"和"独特"特征，而且还要求对这种"新颖""独特"的特征做出理论表达，形成科学体系。不仅如此，还要求这种科学体系能广为传播成为学派，或变成指导实践的现实武器。

而创新作为人类进步和发展的主要推动力量之一，它是非常必要和重要的。从宇宙生物界新陈代谢的自然规律到不进则退、落后就会挨打的人类社会发展规律，无一不在说明一个事实：创新是必然趋势，事物的发展也是通过创新扬弃达到螺旋式上升的，没有创新就没有发展。创新是必然，但人们在探索创新、进行创新实践的过程中，有很多因素或多或少、或明或隐地制约着创新，使创新之路坎坷不平、荆棘丛生。这些因素概括起来主要是创新受制于规律、文化、心理和路线。

接着，我们对"得当"这个本书的另一个核心关键词进行了界定。综览前人的论著研究，与"得当"近似的词不少，从孔子的"中庸"、亚里士多德的"中道"、黑格尔的"尺度"中都能找到"得当"的影子，却又无法涵盖"得当"的全部含义，虽然古今中外的学者有所阐述，但他们的研究并未直指"得当"这一概念，更没有明确"得当"的定义与内涵。本书在前人的基础上，提出了自己的看法，即"得当"的含义丰富，各个学科从各个角度都可对它做出解释，它包括了科学、社会学和伦理学多学科的含义，概括起来主要是："度"是"得当"的哲学基础；"合理"是"得

---

① 何小英：《创新的哲学释义》，《湖南社会科学》2009 年第 5 期。

当"的科学依据；"和谐"是"得当"的社会学解释；"造福"是"得当"的伦理学指标。

本书认为"度"是维系事物自身平衡和事物之间的关系良性互动并达到统一的存在，从哲学层面看"得当"与"度"有相似之处，一旦超过"度"或者不及"度"，事物的平衡会被打破，就无法维持最优状态。我们因黑格尔的那句名言"凡是存在的都是合理的"，对"合理"有了更加深刻的印象。从科学的层面来说，"合理"是"得当"的最好解释，这一"合理"既体现在合规律性上，又体现在合人的目的（需要）上。符合人的目的或需要在"合理"的内涵中处于中心地位。同样，"得当"作为指导人类实践活动的钥匙，如果要用社会学的概念来进行描述和解释的话，"和谐"便是最佳的选择。"和谐"与"得当"在社会学领域内有着相一致的地方，主要体现在："和谐"与"得当"都是适度的；"和谐"与"得当"都是在多样中达到统一，实现最优。而"得当"作为人类实践活动的评价指标，从"度"到"合理"再到"和谐"，最终将落实到"造福"上。"造福"是"得当"的伦理学指标，"得当"的最终目的是为了实现人的"幸福"，"造福"也是衡量"得当"的最高标尺。

在分别对"创新"和"得当"进行全面的解释后，从广义来说，这种解释已为本文关于创新得当的论述奠定了哲学基础。接下来重点对创新与得当的合题进行论述。创新本身及其成果的应用具有两重性，既可以造福人类，亦可危害人类。这一点是研究创新得当的意义所在。当今社会"创新"频率日益增高，创新的正价值已成为人们的共识，虽有一部分学者看到了科学技术的"双面刃"效应，呼吁规范科学技术，但没有人真正提出要为创新设置一个"得当"的限定。本书尝试提出"创新得当"，是对创新负价值的限定。而"得当"的关键条件在于人对客观规律的认识以及控制自我的能力。

爱因斯坦曾指出："科学是一种强有力的工具，怎样用它，究竟给人类带来幸福，还是带来灾难，全取决于人类自己。"这段话也形象地描述了从伦理学视角看创新的两重性。创新是个复杂的系统工程，但因为它可能产生的正负价值都很大，对人类社会的影响是巨大的，所以我们必须对它设定价值标准，即"得当"。创新只有得当，才能发挥它最大的、正面的、积极的、肯定的价值，避免负面的、消极的、否定的价值和无价值；创新只有得当，把握到度，才能做到"不过"和"不及"；创新只有得当，才能做到合理，既符合客观规律，又很好地为人类的目的而服务；创新只有得当，才能实现和谐；创新只有得当，才能真正造福人类。反之，如果创新不当，就可能不符合客观规律，不能为整个人类的持续发展而服务，只是为个别人或部分人的不正当目的服务，给人类带来不可估量的损失和严重后果。因此，创新必须得当。

创新必须得当，这是毋庸置疑的。在为创新设定"得当"这一标准时，又有着一些基本的，或者说是创新得当要达到的最高目的，即利国、利民、利永远。

创新得当决定着社会发展的趋向，在创新得当的最高目的上首先要从社会发展方面考虑，要以公共利益优先，即利国。得当创新要促进物质文明发展，为社会进一步发展提供雄厚的物质基础；要提高全社会精神文明程度，推进社会成员思想道德素质的提高，提升社会的精神文明素养；要推动政治文明高度发展，不断走向法治。人，是一切人类生活的主体。一切实践活动都是人改造客观世界的能动活动，是为了实现人的全面发展。因此得当的创新，毋庸置疑，应以利民，本质上来说应以促进人的发展作为最高目的。应进一步满足人的多方面需要，促进人的全面发展。在利国、利民之外我们还要考虑到人类的发展是一个历史的过程，也是一个持续发展的过程，人是要可持续生存和可持续发展的。因此，创新实践活动应有利于人的永续发展，要维持和促进人类的可持续发展，也即利永远。创新得当是创新这一人类的实践活动必然要求的一个界定，为了"利国、利民、利永远"这三个创新得当的最高目的实现，需要为得当创新确立相应的尺度，即确立创新得当的根本尺度。根本尺度可概括为有利于自然生态的维护、有利于人种的健康繁衍、有利于生活方式的文明推进和有利于价值观念的科学变更。这四个"有利于"的根本尺度都是为创新得当的最高目的而服务。

在创新实践中，个体创新价值取向所追求的效果和目的，与社会需要的创新价值取向相悖时，创新就不能满足社会的合理需要。个体可能是出于一定的目的有意这样做，也可能主观上是无意识的。"故意为之"问题的解决，可以依靠创新得当的制度建设和法律手段来完成；而"无意为之"问题的解决，则要依靠正确评估创新的价值、大力宣传创新得当的社会责任，以及培养创新主体具有创新得当的品格来加以解决。前面对创新得当的最高目的和根本尺度进行了论述，在现实中我们还需从创新得当所要求禁止的负面因素即创新"不可"来进行考量。这些负面因素主要体现在七个"创新不可"上。

创新内在包含继承，绝不可只要创新而偏废继承，因此我们在进行创新时切不可抛弃继承，要做到有继承的创新，超越继承的创新。而人类创造的文明在人类的生活中起着并将继续起着决定性的作用，它是人类生存和发展的物质基础，为人类的发展提供了思想条件和精神支持。我们在进行创新实践的过程中不可为了所谓的"新"，伤害人类的文明。人类深刻影响着自然界，特别是通过创新实践把"自在自然"转化为"人化自然"的同时，也对生态环境造成了巨大的破坏。对生态环境的破坏无疑也为自己的生存造成危害，我们在实施创新实践时要树立"生物物种平等"的新观念，要建设"生态文明"。创新的发展，极大地拓宽了人类的生活空间，生活用品也比过去时代显得异常丰富。但是，也给我们人类脆弱的身体带来巨大的伤害。因此在今后的创新实践中我们要尽可能地不伤害我们人类自身的机体以及不去伤害为我们人类自身生存和发展提供物质基础的一切生物。创新在推动人类社会发展的过程中，无疑是满足了人类各种各样的需要，这些需要与利益相关，部分利益主体在实施创新实践时因为利益驱使，想追求自己的利润最大化，急功近利，不惜掠夺他人或后人利益，使创新蜕变为破坏均衡的掠夺式创新，造成了严重的后果。

在论述"创新得当"与"创新不可"之后，如何激励、保证"创新得当"，抑制"创新不当"成为本书解决现实困境的对策与途径。在得当创新的保障和支持上，国内外研究学者有不少的论述是关于激励创新的文化氛围的营造以及构建激励创新的制度，但都没有专门论述激励创新得当、抑制创新不当的举措，因此，本书将对策的重点放在如何营造激励"得当"的文化氛围以及如何建立激励"得当"的制度上，重点是关于"得当"指标体系在全社会的推广和得到全民认可。而有关得当创新的保障和支持，除了文化和制度之外，得当创新主体的品格也不可忽略。学术界对科学家的品格不断反思，强调社会责任感、恒心、追求真理的献身精神，但没有从伦理学角度对创新主体应具备的品格进行探讨。本书将得当创新的主体品格概括为三个方面，即无私无畏、有恒有爱、是是真真。"无私无畏"是创新主体进行得当创新实践的首要品格。创新是思前人未思之事，做前人未做之事，是披荆斩棘走出一条新路，首先需要的就是无私无畏，即不为私利去创新，同时不怕难、不怕压，敢于做吃螃蟹的第一人。而由创新的艰险性、复杂性所决定，创新主体不仅要有对创新工作和创新过程的热爱，还要有持之以恒的品格。有爱才能克服创新路上的艰难坎坷乃至障碍，有恒才能坚定意志，才能将创新进行到底。同时，在创新过程中遇到重重阻碍时，创新主体要勇于和善于求真，要积极追求真理，敢于坚持真理；要实事求是，用真诚的态度去认识客观世界，掌握客观世界的规律。这是本书最后一章的内容。

四　研究的方法

（一）逻辑与历史相一致的方法

在马克思主义哲学的方法论中，逻辑方法和历史方法的统一，是两种理论研究方法的相互促进。本书无论是对"创新"本质和特征的明确，还是对"得当"这一重要概念的界定，我们都要学习先哲和前贤们的思想精髓，必须运用逻辑与历史相一致的方法，才能更好地领会真谛。具体来说，在明确创新的哲学含义中，一方面我们非常重视创新的内在逻辑关系，另一方面对创新在社会发展中的重要性做了充分的讨论。事物的发展是一个周而复始的不间断的循环运动过程，客观事物的变化发展是开放的圆圈，而创新是扬弃过程，因此客观事物的变化发展是通过创新达到螺旋式上升的。历史和逻辑相一致这一点最为明显的表现就是我们对"得当"的讨论。从中庸、中道到尺度，我们介绍了历史上有关"度"的论述，并对度的规定性进行了描述，从而使"得当"更加明确。

另外本书还用了比较分析法，在"得当"的哲学基础——"度"的论述中，比较分析了孔子的"中庸"和亚里士多德的"中道"，对两者的异同进行了分析。

（二）批判反思的方法

人类思维的反思就是以"思想"为对象的再思想、再认识的特殊维度的思想活动。"批判"是人类特有的活动方式，作为哲学反思活动的最本质特征的批判性，就是对"思想"的否定性的思考方式，它直接地表现为对"思想"的批判过程。这主要表现为使含混的思想得以澄清、使混杂的思想得以分类、使混淆的思想得以阐释和使有用的思想得以凸显的过程。

从上述意义上来说，本书对创新不当的反思，主要是批判、反思创新本身的不当，指的是偏离正确目的、违背客观规律和道德法则的创新，是针对创新的意图、创新的过程、创新的手段、创新的结果等而言的。创新是一种人类主要的实践活动，而且这种实践活动是人类创造性的体现，也带有强烈主体性。由于社会因素的多样性和复杂性，参与创新的因素的多元化、创新主体基于价值追求的能动选择性，决定了创新是个复杂的系统工程。它可能造福人类，也可能危害人类。因此，创新活动是"双面刃"。鉴于此，我们运用批判反思的方法对我们现实中的创新实践进行反思，同样通过反思得出了创新不可抛弃继承、不可有伤文明、不可危害生态、不可有害机体、不可急功近利、不可破坏平衡和不可成为掠夺七个"创新不可"。

（三）伦理社会学的思维方法

伦理社会学是"研究道德生活和社会运行之间的相互关系的一门学问，探讨如何把人品、德性作为自身生活的高尚需要和社会如何通过具体的实施来实现人的这种需要的途径、方法、步骤以及操作等问题的学问"[①]。本书无论是对创新还是对"得当"的界定都涵盖了多学科，因此要运用伦理社会学的方法进行分析，因为"伦理社会学是一门交叉学科，它涉及伦理学、社会学、社会心理学、社会管理学"[②]。特别是关于创新与得当的合题的论述，以及在得当创新的主体品格的描述中，道德与创新的关系，主体品格对得当创新的重要性都要运用这一方法。本书在对实现得当创新的途径问题进行研究时，以社会学的角度，从文化、制度以及主体品格三个方面提供了氛围、制度和人的支持。

---

①　曾钊新、吕耀怀等：《伦理社会学》，中南大学出版社，2002，绪论。
②　曾钊新、吕耀怀等：《伦理社会学》，中南大学出版社，2002，绪论。

第一章 创新释义

"创新是民族进步的灵魂,是国家兴旺发达的不竭动力。"① 人类社会自产生以来,正是在无数的创新推动之下向前发展的,每一次人类社会的变革都凝聚着创新,创新成果的应用极大地丰富了人类的生活。可以说,创新是一个古老而常新的命题,它贯穿于人类社会的始终。在漫长的人类历史中,人们自觉或不自觉地从事创新活动,在创新中提升和发展着自己,诚如管理大师彼得·杜拉克说的名言——"不创新,就死亡"。但是到底什么是创新,迄今还没有一致的见解。今天,创新频率日益增高,人人时时处处谈"创新",在对创新一片叫好声中我们有必要对"创新"进行反思,从哲学角度明确创新的本质和特征,对创新的内涵尝试进行全面的解读,以期更好地认识,以创新推动人类的持续发展。

第一节 创新内涵

我们认为,所谓创新就是以填补人类认识领域中的空白,以实现人类从必然到自由为己任,以新思维、新发明和新描述为外在形式的人类实践活动。本节尝试从以下四个方面来阐述创新的哲学内涵:第一,由必然走向自由是创新的本质;第二,填空是创新的特征;第三,再创、创造、创

---

① 江泽民:《在中国科学院第十次院士大会和中国工程院第五次院士大会上的讲话》,《光明日报》2000 年 6 月 7 日。

立是创新的三层次；第四，技术创新、制度创新、理论创新是创新的三领域。[①]

一　由必然走向自由是创新的本质

毛泽东曾指出："人类的历史，就是一个不断地从必然王国走向自由王国发展的历史。这个历史永远不会完结。……人类总得不断地总结经验，有所发现，有所发明，有所创新，有所前进。"[②] 这些论述概括了人类不断从必然走向自由的发展过程，也从发展观的角度把握了创新的本质是从必然走向自由。

（一）人类面对的是一个必然王国

作为自然的一分子，人类和其他自然物一样面对的是一个客观世界，是一个不以人的意志为转移的世界，这个世界具有相对于人的独立性，它所遵循的客观规律（包括自然规律和社会规律）是不依赖于人的意志而独立存在的。这就是客观必然性。客观必然性是客观存在的，不以人的意志为转移，并制约着人的自由。

客观世界包括自然界、人类社会，其各方面都存在着必然王国。必然王国有着其自身的特性，主要表现在必然王国具有客观性，不以人的意志为转移。必然王国所遵循的规律泛指一切事物本身所固有的客观规律，包括自然界的规律、社会规律和个体生存发展的规律等。必然性主要分为自然界的规律性和历史的必然性。自然规律是盲目的无意识的力量作用的结果，人们的实践活动不是它起作用的条件，不管自然界如何带有人化色彩，自然规律总是保留着其坚固的内容和优先的地位，因此，自然规律具有客观性，不以人的意志为转移。而历史必然性渗透了人的意识活动，是自觉的人们共同作用的结果，它往往体现为一种趋势。因此在社会领域，主体——人在必然性面前具有更大的选择自由，但虽然历史是人们自觉活动的结果，人们自己创造自己的历史仍然不是随心所欲地进行的。"人们不能自由地选择自己的生产力——这是他们的全部历史的基础，因为任何生产

---

① 何小英：《创新的哲学释义》，《湖南社会科学》2009 年第 5 期。
② 《毛泽东著作选读》下册，人民出版社，1986，第 845 页。

力都是一种既得的力量，以往活动的产物"①。这说明历史必然性具有客观性的特点，它是人们自觉活动的前提和基础，是不以人的意志为转移的。总之，无论是自然规律还是历史必然性都具有客观性，都不以人的意志为转移。

（二）争取自由是人天赋的使命

1. 自由的真谛

马克思主义认为自由不是人的主观随意性，不是主观想象、尽情发挥、凭想当然办事，更不是人生来就有的自然本性和权利，而是在主客体对立统一的对象性活动及实践中所体现的主体的自主能动性。② 自由是人们一直追求的目标，关于自由是什么，各人给出的答案是不同的，在本文中自由更多地侧重于主体在自己所进行的实践中达到主客观的统一，通过主体的努力能自主能动地支配客体，使客体达到自己想要实现的状态。因此，自由是主体在认识活动和实践活动中所追求和表现出的一种状态、一种境界，是基于真、善、美三个层面的主客体高度统一的一种状态。

自由是相对的，它总是同不自由相对而言，并内在地包含着后者，而且自由的发展和实现往往还要以不自由为桥梁和中介。例如，人的能动性实践使人从动物界分离出来，使人成为认识和改造世界的主体，获得自由，但实践主体仍然也是具有客观性的客体，仍然不能完全超越自然存在物而不受自然规律的束缚，并且他在获得这种自由的同时，还要受到由此而来过去所不曾有的社会规律的束缚。可见，现实中不具有相对性的绝对自由是不存在的。

自由又是具体的和历史的，它总是存在于人们认识和实践的各种具体的对象性关系中，具有不同的内容和性质，而随着这些关系的改变，人的自由也必然要发生相应的变化。不同时期的自由主体是不一样的，在以私有制为基础的剥削阶级社会，自由的客观物质条件大多为剥削阶级所垄断，劳动人民所拥有的自由是非常有限的，只对剥削阶级而言的自由对劳动人民来说就是不自由。只有到了共产主义社会，才能使不同自由主体平等地享有全面发展的自由。这说明自由是现实的、具体的，随时间变化而

---

① 《马克思恩格斯选集》第4卷，人民出版社，1972，第321页。
② 杨思基：《从人的现实存在论人的自由》，《山东社会科学》1994年第3期。

变化。

2. 争取自由根源于人的类特性

马克思在《1844年经济学哲学手稿》中指出："一个种的全部特性，种的类特性就在于生命活动的性质，而人的类特性就是自由的自觉的活动。"① 自由既是人类进行一切活动的前提，又是人类活动所追求的目标。这是人的一种"类"的特性，也是人之为人的标志和尊严。

（1）人与动物的分野就在于是否拥有自由。人与动物的区别在于，动物对自然界的依赖是通过单纯的生物适应来适应的，它们的存在方式就是其本能活动，是在消极适应自然界的过程中维持自己生存的。动物的生命活动受自然界直接规定，因而是"他由"的自然过程。而人作为类的存在，仅凭自然赋予的本能难以在自然界生存下去，人要在自然界生存下去就得超越本能，就要发挥主观能动性，冲破自然给人所设下的生存界限，把不可能变为可能，超越和动物一样的直接的肉体需要的狭隘束缚，在更为广阔的范围内选择自己的目的和活动，② 使自己的生命活动本身变成自己的意识和意志的对象，即人能通过"自由的自觉的活动"来实现自我生存与发展。

（2）人争取自由的过程无极限。人虽然永远不可能获得彻底自由，不过这不妨碍人对彻底自由的向往和追求。向往自由、追求自由、创造自由就是人的最本质的属性。③ 自由说到底就是来自我们内心的人的本质力量的冲动。这种力量及冲动与人所已经获得的自由度成正比。人自由度越大，进一步向往和追求更大自由的冲动也越强烈。如此不断往复，人的本质就越变越丰厚，人的本质力量也越来越强大，人就越来越远离动物界，越来越像真正的人，越来越自由。④

因为人与其他动物不同的类特性——自由自觉的活动，人的这种要求自由的本性促使人不断了解、掌握规律，并在此基础上实现对客观世界有效的改造。人虽然面对的是不以人的意志为转移的客观自然界，但人作为主体性的存在，通过自己的创新实践，创造属人世界，使自然界更符合人的生存与发展的需要。人类认识世界和改造世界的过程，也是人类争取自

---

① 《马克思恩格斯全集》第42卷，人民出版社，1979，第96页。
② 沈晓阳：《科学技术与人的自由》，《攀登》1996年第5期。
③ 高岸起：《论自由与认识的主体性》，《河海大学学报》（哲学社会科学版）2001年第3期。
④ 张伟胜：《自由与人的本质》，《浙江社会科学》2004年第5期。

由的过程。

而且，自然界虽然物种繁多，生命体也数不胜数，但在所有的动物中只有人这一高级动物种群具有思维能力，只有人在自己的发展进化过程中想要摆脱原始动物性的主宰，向往自身的自由，也只有人才有能力去争取自由，这些都充分表明了争取自由是人天赋的使命。

(三) 创新是由必然到自由的杠杆

在人离动物愈远，愈成其为人的发展过程中，主观能动性或创造性起着重要的作用。人没有创造性，不能创新，就只能像其他动物一样，被动地适应自然界，受必然性和规律的支配，盲目地生存。因为人的"类特性"，内心渴望并在实践中积极地争取自由。这一点决定了人要靠不断的创新实践，能动地改造客观世界，使客观世界为自己所用，实现自己的自由。类人猿一旦打制出第一件哪怕是最粗糙的石器，人类便开始了无止境的自我创造活动。列宁说得好："世界不会满足人，人决心以自己的行动来改变世界。"① 没有创造和创新活动，便没有人类，没有人类的生活，更没有人类社会的存在。人的生存需要，成为人类不断创造、不断创新从而推动自身不断发展前进的动力。创造是人的本质。

人的自由是人通过自己的历史活动——谋取物质生产资料的物质生产实践以及在此基础上的精神文化实践而自我进化、自我生成的。在现实的生活中，人的实践活动与人争取自由的活动属于同一个过程。人追求自由的活动总是某种形式的实践活动，而人的实践活动也总是旨在追求和实现一定程度的自由。人有多少实践活动的形式，就相应地具有多少自由的表现形式。人无论是在自然领域的自由还是在社会领域的自由都同样决定于人的实践活动。自由是在实践中取得，并在实践中显现和发展的。实践在人从必然到自由之间起着中介、桥梁作用，具体可以概括为以下几点。

第一，实践使人认识世界及其规律，从而为自由准备了精神前提，没有这个认识，就不可能从必然走向自由。

第二，实践又为自由准备了物质条件和活动场所，从而使自由变为现实，不至于停留在主观或空谈之中。

第三，实践改变着人的自身，增强人的智力和品质，从而为争取新的

---

① 《列宁选集》第 2 卷，人民出版社，1979，第 192 页。

自由做准备，使人类的自由程度不断提高，自由领域不断扩大。①

　　而从本质上看，虽然创新和自由都是一种超越，但是自由超越的实现要借助于创新。实践性和超越性是体现自由本质的根本特性。人要争取自由，究其原因，是因为动物的某些身体机能远远超过人，人不可能像北极熊那样在冰天雪地里生存，也不可能像骆驼一样能在沙漠里生存，由于这种不足，人要在自然界生存下去，就得超越人的本能，即打破自然给人的限制，这就意味着自由。从这个意义上来说，自由是一种超越，是对自然赋予人的本能的超越。

　　创新是人类以其智慧和活动环境为基础，以实现更高的价值为目标，在理论、制度、科技、文化等方面的现实超越。创新就其本质而言就是超越，超越的原因是现实的理论、制度、管理、技术等已经不能满足创新主体的价值需要，超越的动力就来源于对新价值的期冀。

　　在人类争取自由的过程中，要实现自由的超越，人类就要借助于创新实践活动。人的类特性——自由的自觉活动使得人必然会不断突破自然给予的限定，这种突破本身就是一种能动性的表现，也是人的创造性的体现。而这种突破必然要通过实践活动，这种实践活动就是人的创新实践。人通过自己的创新活动创造了"人的世界"，人类如果离开创新，就不可能争取自己的自由。同时创新也是人从必然走向自由发展过程中的新起点。所以从这个意义上来说，创新是由必然变为自由的杠杆。

　　第一，创新是人的自由的源泉和重要手段。离开了创新，人的自由就成了无源之水、无本之木。从马克思主义哲学的角度来看，人的自由全面发展的实现，只有到了共产主义社会才能成为可能，人才能摆脱自然社会的束缚。恩格斯曾明确指出："这是人类从必然王国进入自由王国的飞跃。"② 在共产主义社会，人能摆脱自然社会的束缚最终是因生产力的高度发展，社会生产力的发展归根结底又离不开人们的创新活动。因此，创新在促进生产力发展的同时又不断推动着人的自由的实现。

　　第二，创新在一定程度上提高了人的认识和利用自然规律（必然）的

———————

① 王干才：《自由与实践》，《哲学动态》1992 年第 11 期。可以说，没有人类的实践，人类就不可能获得自由。自由是在人类不断的实践中取得和发展的，没有实践，人类不可能认识客观世界，更不可能达到主客体高度的统一；而且在实践中人类提高了自身，才有可能获得更高程度的自由。

② 《马克思恩格斯选集》第 4 卷，人民出版社，1972，第 432 页。

手段和能力。可以说，没有人类的实践尤其是创新实践，人类就不可能获得自由。自由是在人类不断的创新实践中取得和发展的，没有创新实践，人类不可能认识客观世界，更不可能达到主客体高度的统一，只有在实践中人类提高了自身，才有可能获得更高程度的自由。[①] 人们通过创新拥有新的认识手段和工具，利用自己所创造的工具加深对自然界未知领域的认识，在此基础上实现对自然界的改造，使客观世界更好地为自己服务。人类创新活动的深入，不断提高了自身的认识能力和改造客观世界的能力，最终彻底摆脱大自然的盲目支配，逐渐由"必然王国"进入"自由王国"。虽然这种关系的协调发展，需要一个长的时期，但是人们通过创新不断创造出人与自然新的关系，并在新的基础上逐步改善人与自然的关系，使人和自然最终达到和谐统一状态，实现自由。

人是通过创新从必然走向自由，如果没有创新，自然给人什么样，就保持原样，没有对自然的能动改造。在把握必然的基础上，自由的不断获取是通过创新，创新越多，水平越高，人就越自由。从这个意义上来说，创新是人类自由的标志，是由必然变为自由的杠杆。有了创新，才有可能实现人类更高层次和程度的自由。

二　填空是创新的特征

创新是填补空白的一种创造性劳动活动，填空是创新的特征。

（一）空白的含义

没有的东西，或没有出现过，或大家有需要却没有满足，皆为空白。

1. 未经人类掌握的地盘是空白

在人类文明史或者说在人类发展史中，人类不断从必然走向自由。在这个发展过程中，人类经历了一个从无知到有知，从面对空白到掌握空白填空的过程。

人类在发展的最初阶段，和动物一样面对的是一个独立于自己的意志、客观存在的必然王国。在这个阶段，人也和动物一样消极适应自然界从而来维持自己的生存，人对自然界也是一无所知，但人作为主体性的存在，通过发挥自己的主观能动性，通过自己的创新实践，不断使自然界更符合

---

① 马军显：《简论树立和落实科学发展应坚持的哲学原则》，《前沿》2005 年第 2 期。

人的生存与发展，为人类自己服务。以前，几乎自然界的一切对人类来说都是空白，因为都未被人类所认识和掌握。从这个意义上来说，我们可以概括出：未经人类掌握的地盘就是空白。

2. 有需要而得不到满足也是空白

在文明发展过程中，随着人的主体地位的加强，人的各种能力和潜能在创新活动中得以充分发挥。创新活动的不断开展和深化改善了人的生存条件，也在一定程度上满足了人在自身发展和社会发展过程中的各种需要。但人的发展和社会发展是一个持续的发展，在这个持续发展中，人的需要种类也在不断地增多，需要的内容更是逐渐丰富，呈现出多样化的趋势，可以说，每一个群体甚至每一个人的需要都有着不同的内容和表现形式。在有需要和需要被满足的过程中有一个阶段，即人有了需要而社会、科技还没有满足这一需要的方法、对策，这时就出现了空白。这一空白就是因为人有了需要而得不到满足，例如现阶段，人们都有健康生活、长寿的需要，但影响人类生活乃至危及人类生命的疾病逐日增多，有一些绝症是人类还没有找到有效治疗办法的，所以人想要健康、长寿的需要一时就得不到满足，就有了医疗技术方面的空白。

3. 空白始终存在

综观人类发展史，人类总是在不断经历一个从未知到掌握，从有需要到满足，然后是又出现未知领域和新的没有得到满足的需要的一个周而复始的循环过程。因为有了这个过程，同时宇宙是无限的，发展是持续的，所以会不断出现新的人类未掌握的地盘，出现没有得到满足的人类需要。因此，空白就始终存在。也因此，空白的存在成为人类不断创新的动力。因为人的需要是一个持续发展的过程，人类在发展过程中必然掌握新的地盘，认识新的事物，也必然会有自己新的需要。这些空白的存在对人类来说是一种挑战，也是一种责任。因此，人就会为了这些空白不断进行创新予以填补。

（二）空白每填补一寸，同时也拓宽了一尺

马克思主义认识论把客观世界分为未知和已知两大部分。人类认识之前的世界或领域称之为未知世界，认识之后的世界称之为已知世界。未知世界是人类的足迹和各种观测手段未到达之处，未受人类能力和力量的影响之处，是没有受到人类作用、影响和控制的自在之物，当人类意识到这种未知之物对人类社会有重大的意义时，就计划着对它的实践和认识。当未知之物进入到人类实践和认识的计划领域时，未知之物就转化为"待知之物"或是"待知客体"。① 待知客体已初步打上了人的烙印，向已知世界迈进了第一步。当人类对待知客体进行正式的认识和实践时，待知客体就转化为在知客体（即正在被人类认识的客体）了。当人类对在知客体的本质认识清楚了，并能利用它的本质和规律为人类服务时，就说明人类已能控制这一客体了，也说明人类对客体的认识已基本完成，标志着未知世界已转化为已知世界。

哲学可知论认为，世界是可以认识的，人们不但能够认识事物的现象，而且能认识事物的本质。② 从认识发展的趋势来看，人们对世界的认识没有一个极限。但在具体的历史阶段或具体的时间点上，人们对世界的认识却只能是有限的，甚至是极其有限的。处于任何具体历史阶段的人，必然还有很多问题是认识不了的。无论是对具体个体，还是对具体时代的群体来说，已知的领域总是小于未知的领域，这就是已知与未知的辩证关系。

因此，从认识论来看，创新在解开未知谜底、攻克未知领域的同时看到了更多的未知领域，发现了更多有待人类去探索、去解答的新的难题。所以说，创新在填补一寸空白的同时也拓宽了一尺空白。

（三）创新是填补空白永不枯竭的劳动

创新作为人类创造性的实践活动，其特征就是填空，填补不可能穷尽的空白，创新在填补空白、增加空白的循环过程中往复，因此，创新是填补空白永不枯竭的劳动。

1. 没有空白就没有创新

因为未知领域始终存在，已知领域总是小于未知领域；同时客观世界是无限的，而个人的认识是有限的，所以空白始终存在。而创新是人类使未知领域成为已知领域、通过有限的个人认识能力迈向无限的客观世界、由必然转变为自由的桥梁，它的新颖性就是不断出现且永远不会穷尽的空白所带来的。有了不断出现且永远不会穷尽的空白，创新就有了不断的原动力和努力奋斗的目标。而创新在填补空白的同时，又增加了新的空白，

---

① 胡敏中：《在知：认识论研究的一个问题》，《社会科学辑刊》2003 年第 5 期。
② 余栋华：《对可知论的哲学反思》，《唯实》2002 年第 5 期。

也意味着创新空间的进一步扩展。与此相反，如果没有空白，创新就没有了可作为的空间，其生命力将会逐渐失去，生命将逐渐枯萎直至消失。换句话说，如果没有不断发展且永远不会穷尽的空白，就没有创新的空间，没有创新的必要性。

2. 永不枯竭的创新是一个无限的过程

没有空白就没有创新。创新的结果不是空白的减少，而是空白的增加，创新填补了旧的空白，又不断有新的空白产生，因此，填补空白的创新实践也不可能停止，创新中的劳动是一个永远不会枯竭的过程。

同时，作为人类永不枯竭的创新劳动还是一个有限和无限的辩证统一。无数有限世代的人类的创新劳动组成了无限的创新劳动。人类文明通过文字、技术等多种方式在一代又一代的人身上继承发展，文明的继承和发展是在上一代人所创造的文明积累基础上进行的，创新也是如此。上一世纪进行的创新劳动产生的成果凝结在下一世纪的劳动手段中或者说转变成为下一世纪更为先进的劳动手段。与此同时，上一世代留下的没来得及填补的空白则成为下一世代的劳动对象。而下一世代所进行的创新劳动，在填补上一世代留下的空白的同时，也为自己的下一世代即下下世代提供了更好的劳动条件，创造了更为优越的劳动手段，还相应地为下下世代留下了新的有待填补的空白。

3. 绝对自由存在于创新实践的无限过程中

自由是相对的、具体的和历史的，就创新与人的自由的关系而言，随着人的发展，人类对于客观世界的需要将会越来越大，客观世界提供给人类的活动范围将被日益开拓和扩展。随着人的认识能力的不断提高，人的创新实践也越来越多，水平也越来越高，从而可以进一步满足随着人的发展的需要而出现的多方面的需求。换句话说，每一世代的创新实践，都在一定程度上填补了空白，也在一定程度上进一步探索掌握了人类适应自然、自然满足人类需要的规律，人从而获得一定程度上的自由，即相对的自由。而绝对自由，即人类对自然规律的把握、利用以及与自然的和谐共处，人们自觉、自由、自然地生活的这种状态，只能是一个无限的、不断发展的过程，存在于人类创新实践的无限过程中。因为绝对自由是一个无限过程，创新作为实现自由的手段和途径也必然是不断发展、永不枯竭的。

因此，创新在人类发展进程中作为填补空白的创造性实践活动永远不会枯竭。

三 再造、创造、创立是思维创新的三个层次

创新作为从盲目世界到自觉世界即从必然到自由、从自在之物到为我之物、从此岸到彼岸的桥梁和跳板，由其创造性实践活动的特点所决定，按照从低到高、从事物表象到事物本质的规律可把创新划分为三个层次：再造、创造、创立。[①]

（一）再造及其与创新的关系

再造，就是实践主体——人类经过自己所特有的思维活动，把曾经认知的事物或掌握了的知识，重新复制或重新复述出来。再造，也称再现，它是已有"原型"的"复活"，又称"复制"。但这种复制，已有重组，且带有重组者个人的特征，因此，再造不是简单的原型复现，而总是或多或少带有新增的个性，所以，再造具有创新的品质。

再造，是人类文化和经验传承的主要方式，但这种传承不是传袭，而是发扬光大。像京剧表演艺术中不同时期著名演员关于著名剧目角色的把握技巧的再创造，以及现在经常见到的老歌翻唱都是常见的事例，因为不同的演绎者打上了各自不同风格的烙印，所以让人感到耳目一新。当然，再造中的创新要求"基本符合原型"。在再造中，首先必须"复原"，然后才可"立异"创新。故再造是建立在原型基础上的复现，局限于原型范围内进行创新，它是创新的最低层次。

（二）创造及其与创新的关系

创造，是创新的更高层次。它是在人类已有知识和经验的基础上的进一步升华，它的成果表现方式不是简单的原有事物的再造，或是原有知识的复述，它的成果是以新颖为特征的产品或观念。

我们可把创造按是发现事实还是创造出产物分为发现和发明两类。发现是在具备创造性的工具做辅助下发现原来就客观存在的，但在隐蔽处或以变形的方式存在的对象。此时，发现的获得就是说明创造已经有成果了。

---

① 曾山金、曾钊新：《地球上最美的花朵》，《湖南日报》2000年7月6日。这部分内容是笔者向曾钊新老师请教博士论文时得到曾老师首肯予以转用的，笔者认为以己拙力在这部分论述上很难有更为精辟简练的话语。

门捷列夫发现了元素周期表，马克思发现了商品价值的两重性等均属发现的成果之列。发现是发现者对存在的事实做出突破性的分析之后并进行理论的概括，或形成一个新的概念，或表述为一个新的原理。发现与发明的不同在于发现最后成果的理论形式。

发明，是创造出新产品、新技术或新工艺，具有"新颖"和"独特"两个特征。"新颖"是指除旧布新、前所未有；"独特"是指不同凡响、别出心裁。发明是在运用一切已知信息和现有材料基础上的新建构。发明又分为改造性发明和独特性发明两大类别。改造性发明，是在摆脱陈旧，寻找到新的生长点后的创造。独特性发明，是在新的生长点与众不同的前提下制造的新作。因此，独特性发明高于改造性发明。

凡是创造，都是人将创造力运用到各种不同的活动领域，产生新的具有社会意义产物的过程。从这个意义上讲，无论是发现或发明，其产品都是具有重大价值的思维产品，包括认识性产品（如调查报告、消息报道、社会动态、科学考察等）、表现性产品（如文学作品、艺术创作等）、指导性产品（如工作计划、工程设计、技术图纸、改革方案等）和创造性产品（如科学实验、技术发明、远景规划等）四大类别。这些创造的成果，思维产品都是原型加工，因添加了加工元素，从而具有创造性成果的价值。

（三）创立及其与创新的关系

创立，是创新的最高层次。创立在创造中的"新颖"和"独特"特征的基础上，把"新颖""独特"的特征做出理论表达，形成科学体系。这种科学体系还要能广为传播成为学派，或变成指导实践的现实武器才称其为创立。创立的必备条件为内容的新颖性、表达的理论性、体系的完整性和实践的指导性。

达尔文创立的生物进化论、马克思创立的历史唯物论、爱因斯坦创立的相对论，都是创立，都属于创新中的最高成就。评价一个伟大的创新者（包括学界、政界），我们都可以用必须是达到"创立"层次，并因其所创立的理论结束了人们在这一领域中的黑暗摸索这两个标准。

四　技术创新、制度创新、理论创新是创新的三领域

创新贯穿于人类社会的一切领域，技术创新、制度创新和理论创新是创新的三大领域。

（一）技术创新是推动生产力发展的强大动力

技术创新是指经济实体应用创新的知识和新技术、新工艺，采用新的生产工艺和经营管理模式，提高产品质量，开发生产新的产品，提供新的服务，占据市场并实现市场价值的活动。简而言之，技术创新是指改进现有或创造新的产品、生产过程或服务方式的技术活动。它是一个从创新思想的形成到创新成果被广泛应用的全过程。

在当代社会，科技已成为生产力发展和经济、社会进步的最主要的因素和决定性力量。① 技术创新在科技进步中处于核心地位，当今世界的经济社会发展的主导力量是科技力量，其实就是邓小平同志讲的"科学技术是第一生产力"的体现。事实上，这种科技生产力就是技术创新的能力。因此，技术创新既是科技进步的推动力，又是科技进步的最终体现。没有技术创新或技术创新能力低，相应的必然是科技水平低。所以，科技进步作为经济和社会发展的主导力量。实际上，技术创新能力、国家综合国力的竞争越来越首先表现在科技实力的竞争上，也就是表现在一个国家的技术创新能力上。可见，技术创新是一个国家科技进步力量的核心，它是科技生产力的最终实现。

（二）制度创新是社会进步的重要保障

制度创新是指在人们现有的生产和生活环境条件下，通过创设新的、更能有效地激励人们行为的制度、规范，来实现社会的持续发展和变革的创新。其核心内容是社会政治、经济和管理等制度的革新，在变革或革新中激发人们潜在的创造性和积极性，在社会实践中不断创新，最终推动社会的进步。②

体制对社会各要素及社会的运行有着重要制约和保障作用，体制不突破，机制不创新，发展就会受到制约。制度创新对其他创新具有重要的保障作用，没有制度创新，其他一切创新都难以顺利进行。一切理论创新的成果必须落实到制度层面，才能成为在实践中发挥作用的规范。一个好的理论只有获得制度条件的支持，落实为现实的社会制度安排，才能获得广

---

① 李俊清：《论创新与发展》，《理论探索》2004 年第 2 期。
② 张娟：《制度创新》，湖南人民出版社，2010，第 54 页。

泛的社会认同，融入公众的社会生活实践之中。从本质上说，制度建设更具有根本性、全局性、稳定性和长期性。可以说，所有创新活动都有赖于制度创新的积淀和持续激励得以固化，并以制度化的方式发挥着自己的作用。所以，制度创新是社会进步的重要保障。

（三）理论创新是社会发展和变革的先导

理论创新是指人们在社会实践活动中，根据实践的发展和要求，对前人的理论观点通过扬弃和修正，进行丰富和发展；对不断出现的新情况、新问题做新的理性分析和理论解答；对认识对象或实践对象的本质、规律和发展变化的趋势做新的揭示和预见；对人类历史经验和现实经验做新的理性升华。

"实践基础上的理论创新是社会发展和变革的先导"，① 理论对实践的指导作用，决定了理论创新是社会发展和变革的先导。科学理论是每个发展阶段的理论导向，它能引导时代不断前进和发展。一旦停止理论创新，人们的认识就会落后，思想就会僵化，社会也随之停滞不前。正如列宁所说："没有革命的理论就没有革命的运动。"② 理论创新，引导着社会的变革，促进社会向前发展。只有实现理论创新，不断突破陈旧思想观念的束缚，才能在新的理论指导下，实现其他方面的创新。

思想理论创新虽然不像科技创新那样具体，那样显而易见，但释放出来的力量却是巨大的，对于国家的兴盛往往起着先导性的作用。例如，在西方历史上，文艺复兴就是一个典型例子。文艺复兴运动把人们的注意力从来世转到现世，从以神为中心转到以人为中心。它是欧洲从中世纪封建社会向近代资本主义社会转变时期的反封建、反教会神权的一场伟大的思想解放运动，是人类历史上一次伟大的、进步的变革。马克思主义理论也是与时俱进、不断创新的理论。可以说，一部马克思主义发展史，就是在回答时代课题、推动历史前进、吸纳人类文明成果中不断创新的历史。随着实践的发展，我们需要不断地研究新情况，解决新问题，总结新经验，探索新规律。我们要突破前人，后人也必然会突破我们。这是社会前进的必然规律。理论创新，引导着社会的变革，促进社会向前发展。

---

① 蔡茂剑：《江泽民"创新"思想的哲学贡献》，《贵州社会科学》2002 年第 6 期。
② 《列宁选集》第 1 卷，人民出版社，1972，第 241~242 页。

第二节　创新应当

　　人类社会发展的历史，就是一部不断创新的历史。火的发明使人类告别了茹毛饮血的野蛮时代；电灯的发明改变了人类日出而作、日落而息的传统生活方式；火车、飞机的诞生使天涯近在咫尺；网络的广泛应用使人们购物可以足不出户。人类历史每前进一步，都伴随着新的发现、新的创造。为了人类社会的进步和发展，人们应当不断创新。

一　新陈代谢是宇宙生物体发展的普遍规律

　　新陈代谢是指生物体时刻不停地与它们周围的环境进行着物质交换和能量转换，借以完成自身的不断更新，适应体内外的变化的过程。[1] 新陈代谢在哲学上，指新旧事物的更迭、交替，即旧事物灭亡和新事物产生，或者说新生事物不断产生发展，代替衰亡的旧事物。[2]

　　新陈代谢是宇宙生物体发展的普遍规律，只要是活着的生物体，它们的生命过程、发展过程就是新陈代谢的过程。

（一）　新陈代谢是吐故纳新

　　任何活着的生物都必须不断地摄取食物，不断地积累能量；不断地排泄废物，也必须不断地消耗能量。也就是说，构成生物体的细胞每天都有死亡，也都有新生。生物为了维持并延续自己的生命，不能仅维持自身体内原有的物质和能量，还必须不断地吸纳新的物质和能量，用以更新，保证机体的生命力。没有原有陈旧物质和已消耗能量的排出，就没有新鲜物质和新能量的加入。新陈代谢就是排泄废物、消耗能量与摄取新物质和新能量的过程，物质的新旧更替、能量的转化是新陈代谢的特征。所以从这个意义上来说，新陈代谢就是吐故纳新。

（二）　新陈代谢是自我更新

　　新陈代谢作为生命现象的最基本特征，生命体进行自我更新是必须的，

---

[1]　段勇、李真芳：《非生物进化与生物进化的统一性》，《河南大学学报》（哲学社会科学版）2007 年第 2 期。

[2]　在线汉语词典，cd. diyifan. wen. com/dict. baidu. com。

没有自我更新能力的生命体是不可能延绵不绝发展的。

生物体进行的自我更新，可以从以下两个方面来理解。

新陈代谢是生命体基于自身需要进行的自我更新。新陈代谢，这种生命体的更新，不是外部强加的，也不是被别人更新，而是生命体基于自身需要进行的更新。它是生命体自我进行的一种排出体内无用的废物，从外界吸收自身生命活动所必须的物质和能量，代替废物原本在体内的位置和作用的周而复始的活动。这种更新运动的目的是生物体维持自身的生命运动，也是生物体的自觉运动。如果不进行自我更新，不及时排出体内的废物和已消耗的能量，吸收体外新的生物体生命所需的物质和能量，那么生物体就无法维持生命，只有等待灭亡。换句话说，更新是因为生物体体内旧的物质和能量不行了，不能满足生物体继续生存和发展的需要，必须吸收新的物质和能量取而代之。这种新陈代谢是生物体自发自觉地为了满足自身生存和发展需要而进行的更新。

同时，生物体新陈代谢式的自我更新不仅仅是指体内物质与能量的更新，更是体内与体外物质和能量的更新。没有与外界即生物体周围环境的交流与融合，生物体就无法进行真正完整的自我更新。生物体通过自身的消化、吸收，把可利用的物质转化、合成为自身的物质；并把食物转化过程中释放出来的能量储存起来，这是同化作用。生物体自身的物质不断地分解变化，并把储存的能量释放出来，供生命活动使用；同时把不需要和不能利用的废弃物质排出体外，这是异化作用。同化作用和异化作用同时不间断地进行着，共同组成了生物体的新旧更替过程。而在这种新旧更替过程中，生物体的自我更新必须与外界交流与融入，才能构成真正意义上的更新，即不仅仅是生物体内的物质与能量的更新，更是体内外物质和能量的更新，有了这种更新，生物体才能促使自身得以继续发展。

（三）创新是纳新和更新的最高表现

1. 一般生物体的更新和纳新只是人类形成自己创新能力的自然基础

人类作为自然界的万物之灵，在丰富多彩、生机盎然的生物界当中，是最高级的生物。创新不是所有生物体都具备的能力，只有具有主观能动性的人借助自己的思维能力才可能创新，即创造出自然界原来没有的东西，而其他生物体如前面所述虽然有纳新和更新，但那只是与自然界交换物质和能量，并没有创造出自然界没有的东西。因此，人类的新陈代谢有别于自然界其他生物体的新陈代谢，一般生物体的更新和纳新只是人类形成自己创新能力的自然基础。

在这里，人类的新陈代谢不仅仅是指人类自身机体与自然界其他生物体无异的新陈代谢活动，更是指人类的持续发展活动和过程。这一过程是一个不断创造的过程，是一个不断创新的过程。因为有了创造，就有别于自然界其他生物体的新陈代谢，打上了"人"这一特殊种群的印记。

2. 创新实践活动是人类纳新、更新的根本途径

人越脱离动物性，对自然界的作用就越带有经过思考的、有计划的、向着一定的和事先知道的目标前进的特征。可以说，人类在思维活动前后所反映世界的结果是不一样的，这种不一样是抽象思维的能动性、选择性所决定的。

人类和其他生物体一样，在新陈代谢过程中自身在不断地纳新和更新，但与其他生物体仅仅只是与自然界发生物质和能量交换不一样，人类的新陈代谢仅以这种物质和能量的交换（即纳新和更新）作为物质基础，而人类思维活动的主观能动性、选择性、超前性使人类的新陈代谢具有其他生物所不具有的创新性。这种创新性是因为人的思维活动使人类在新陈代谢过程中发生的纳新、更新发生了质的变化，已不再是单纯的物质和能量的交换，而且打上了人类的印记，创造出了原来自然界没有的东西。因此，从"新"的实质意义层面上说，只有人类的新陈代谢实现了真正"新"的目标，而创新实践活动是人类纳新、更新的根本途径。

总之，从一般生物体到人类这一最高级的生物体，新陈代谢都是必需的，生物体只有通过新陈代谢，才能进行物质和能量的交换，实现更新，以便维持生物体生存和发展的需要。特别是作为最高级的生物体的人，除了通过新陈代谢维持自己生存和发展的物质需要以外，所特有的思维活动也通过新陈代谢不断吸取新知识，通过加工，发挥主观能动性，创造自然界原来没有的东西，以实现人类更好地发展的目标。此时，新陈代谢这一宇宙生物体的普遍规律达到了最高境界，发生了质的变化，创造了"新"东西，呈现为创新，创新成为新陈代谢最高阶段的本质表现。只有创新，人类才成其为最高级的生物体，与其他生物体有着本质的区别，不仅仅是为了物质、能量这些生存需要的物质基础进行新陈代谢；也唯有创新，诠释了新旧事物的更迭，真正实现了"新"。因此，创新成为新陈代谢发展的必然指向。

二 开放的圆圈才是螺旋式的上升

(一) 事物的发展是一个周而复始的不间断的循环运动过程

事物变化发展的道路与趋向是人们最关心和必须回答的问题之一。古希腊朴素唯物辩证法奠基人之一的赫拉克利特认为宇宙世界的运动是"火产生一切，一切都复归于火"的循环运动；中国古代哲学也认为万物的生与灭是一个循环过程。"返也者，道之动也"是老子哲学的一个著名命题，被认为是老子辩证法思想的典型体现。"返"即一往一复，从此到彼和从彼回此。"返"字包含"往复"两个字的含义，包含了事物曲折前进的思想。辩证法认为，否定是联系的环节，又是发展的环节，没有否定就没有发展。事物的发展是一个从肯定到否定，又从否定到肯定的不断运动过程。也可以说，事物的发展是一个周而复始的不间断的循环运动过程。

(二) 客观事物的变化发展是开放的圆圈

辩证法认为，事物经过两次否定完成一个发展周期。[①] 黑格尔在《逻辑学》中第一次提出了发展"圆圈式"的新范畴。黑格尔说，概念的运动既是远离出发点的过程，又是向出发点复归的过程。在这里，概念与客观存在同一、一致，概念的运动反映了客观存在本身的运动。特别是他把科学比作圆圈，圆圈的末端与开端是连在一起的。[②] 列宁称黑格尔的这一理论是"辩证法"的精华。[③] 但是，在黑格尔这里，圆圈是封闭的圆圈，因为他站在概念辩证法的眼界内，从形式上把握住概念的深化运动，其特点就是从一个概念转化为另一个概念，这种形式非常符合圆圈式的运动，是封闭的自循环。也就是说，概念在外化自身、否定自身时，实际上并没有超出自身之外，而仍"停留在"自身之中，停留在主观头脑中；这样，它向自身的返回就可以理解为一个自身封闭的圆圈。

在黑格尔的基础上，恩格斯进一步提出了"螺旋式"新范畴，他指出事物的发展是一个圆圈，但这个圆圈不是单纯的前后相继，而是一个无限的开放性的圆圈，是一个相互交错的联结锁链。这种联结锁链因为交错所

---

① 姚大杰：《什么是辩证法》，《社会科学战线》2003 年第 6 期。
② 黑格尔：《逻辑学》下卷，商务印书馆，1976，第 342 页。
③ 《列宁全集》第 55 卷，人民出版社，1990，第 305 页。

以无法封闭，因此成为一个开放的圆圈。① 恩格斯的这种概括还只停留在表面形式变化中，列宁则将客观事物的变化发展形象地比喻成螺旋式上升，② 这是从概念的运动转化到客观事物变化的结果，客观事物呈现出来的否定之否定与概念的运动形式不同，否定之否定是不断向前发展的，不是停止在封闭的圆圈中，螺旋式上升指明了事物发展是前进性与后退性的统一，是从低级到高级的上升前进运动。这种认识基本把握了事物发展道路的全貌，体现了人们的认识向更深的层次前进了。正如列宁所说："各个环节的次序，它们的形式，它们的关联，它们之间的区别，都不象铁匠所制成的普通链条那样简单，那样笨拙。"③ 任何局部的圆圈在开放的整体当中都不是封闭的，而是开放的螺旋；而任何开放的螺旋在局部当中又呈现出局部的圆圈。所以，客观事物的变化发展是开放的圆圈，是一个无限的开放性的圆圈，同时它又是一个相互交错、步步升高的联结锁链，它是一个螺旋式上升的过程，先前循环的最高点将成为后继循环的起点。目前也已被科学的发展所证实，一切事物的发展过程都是圆圈式的，并且是开放的圆圈。

（三）创新是扬弃过程

创新的字义是创造、发现、发明新的东西。从这个意义上来说，创新就是对传统模式的挑战，就是打破常规、弃旧图新、标新立异，就是创造一个全新的东西。从一定意义上说，人类的创新活动贯穿于人类的"三大实践"，即生产实践、社会实践、科技实践之中。创新可以是科学发现、技术发明及其商品化、产业化的发明制造实践，也可以是人类在实践过程中，突破传统的思想、行为和成果等。所以，创新就是在传统或继承基础上的创造、发现、发明的集合，就是对传统的扬弃过程。

创新因其新的特征，决定了它对原有事物的否定性质。而作为事物发展环节和联系环节的否定，就是"扬弃"。"扬弃"一词包含着既克服又保留两重含义，是辩证否定。克服是事物发展中连续性的中断，保留是事物发展中的历史延续。事物发展的中断和延续的统一就是辩证的否定。创新

---

① 《马克思恩格斯全集》中文第二版第 2 卷前言。
② 《列宁全集》第 38 卷，人民出版社，1990，第 411 页。
③ 《列宁选集》第 3 卷，人民出版社，1979，第 526 页。事物的发展是螺旋式发展，列宁说："人的认识不是直线（也就是说，不是沿着直线进行的），而是无限地近似于一串圆圈，近似于螺旋式的曲线。"因此，事物的发展不是封闭的，是一个无限发展的链条。

就是辩证的否定，它是通过对旧事物的扬弃而达到产生新事物的目标的。因为创新不是凭空产生的，它虽是对旧事物的根本否定，却是在旧事物的母体中孕育成熟的，创新产生的新事物与原来的旧事物相比，二者存在着明显的界限和根本的区别，但同时二者之间也存在着合乎规律的内在联系。创新是在克服旧事物中消极因素的同时，又保留和继承了旧事物中的积极因素。创新所产生的新事物存在和发展的基础是吸取、保留和改造旧事物中的积极因素，① 并使这些积极因素具有新的生命力，在此基础上创造一些新的积极因素，这些就是对原有事物的超越。例如在自然界，人类通过科学研究、技术创新研发的新物种，并不是否定旧物种的一切，而是既有变异也有遗传。变异是对旧物种的那些不适应生活环境的变化、对生存有害的因素的克服，遗传是对旧物种的那些能够适应生物环境变化、对生存有利的因素的保留。在社会领域中，新社会在推翻和变革旧社会的政治制度和经济制度的同时，继承和保留了旧社会所创造的生产力、文化科学知识等。制度创新也是摒弃旧制度、体制中不合理的因素，而不是抛弃旧体制中的一切。因此，创新是辩证的否定即扬弃。

（四）客观事物的变化发展通过创新达到螺旋式上升

事物的发展是一个从肯定到否定，又从否定到肯定的不断运动过程。从根本上说，事物的发展意味着新事物的产生和旧事物的灭亡，只有经过否定这一决定环节才能实现事物这种根本性质的变化。因为任何事物最初的发展阶段都是积极的，有其存在的理由；但随着时间的推移和条件的变化，事物原来存在的理由会逐渐丧失，积极的东西可能变成消极的东西。这时只有经过否定，实现根本性质的变化，促进旧事物的灭亡和新事物的产生，事物才能向前发展。马克思说过："任何领域的发展不可能不否定自己从前的存在形式。"② 自己否定自己是事物发展的巨大杠杆。在由辩证否定所组成的链条中，每一环节，每一否定，都是前进，都是上升，为什么呢？因为每一次否定都是"扬弃"，舍弃了以前发展环节中过时的、消极的东西，保留和发扬了其中积极的成果，每一次辩证否定，都产生出新东西，

---

① 创新不能抛弃继承，离开了继承，创新就成为无源之水、无本之木。但它又不仅仅是继承，它是对继承的超越，超越就体现在"扬弃"上。
② 《马克思恩格斯选集》第1卷，人民出版社，1972，第169页。

把事物推向更高的发展阶段，并为事物的进一步发展和完善创造了条件。事物经过一系列的辩证否定，结果比开端就更加丰富，这样的发展，既不像狗熊拿棒子那样，前边拿后边丢，到头来一无所获；也不像封闭的圆圈那样，转了一圈又完全地回到了出发点，它是在更高的基础和水平上回到出发点。

创新作为人类创造性的劳动，作为高级动物——人类打上自己印记的具有主观能动性的活动，它本身就是人类对客观事物的扬弃过程，是辩证的否定。在事物发展过程中，每次否定都是扬弃，都是对旧事物克服和保留的统一，都是新事物代替旧事物。新事物具有旧事物不具备的新性质、新特点，更能适应客观规律的要求，远比旧事物优越。但新事物的"新"不会永远是"新"，在不停地运动和发展过程中，它又为更新的事物的产生准备着条件。发展到一定阶段，原来否定了旧事物的那个"新事物"就会被更新的事物所否定。因此，创新是人类永不枯竭的填补空白的实践，客观事物的变化发展是通过创新否定旧事物，产生了比旧事物优越的新事物而达到从简单到复杂、从低级到高级的合乎规律的进步运动的，而且这种发展变化的道路是曲折迂回的，是一个开放的曲线，曲线每一周期的终点就是下一周期的起点。事物的发展就是这样一个周期一个周期地循环往复，以至无穷。因此，事物的发展通过创新达到了螺旋式上升。

三　不进则退，落后就会挨打

历史在不断发展，社会在持续进步，客观事物的发展趋势是螺旋式上升，无论过程多么曲折，发展的指向永远是向前、向上的。历史和实践证明，任何事物的发展都有如"逆水行舟，不进则退"，如果墨守成规，故步自封，不前进，就会落伍。具体到人类社会领域，一个国家、一个民族如果落后就会挨打，受制于人，就会亡国。近代中国百年的屈辱就是一个难以忘怀的沉痛的明证。在人类社会进程中，个人、民族乃至国家，只有强大，才能兴盛。而这种强大来源于进步，来源于创新。时代始终是向前的，不创新就落后。要想走在时代的最前沿，不被别人赶上就得不断地创新。

（一）"不进则退"含义剖析

事物的发展是向前的、向上的，进与退是一对相对的范畴。进，前进，向前，与"退"相对。《列子·汤问》："回旋进退，莫不中节。"退，退却，后退，与"进"相对。《易·乾·文言》："知进而不知退。"① 进与前相连，退与后相连，也意味着"进"代表事物发展向前的趋向，"退"则指事物倒退、退回，往后的一种状态。事物的发展有如逆水行舟，不努力向前则避免不了后退。从这个意义上来说，不进步就会退步。

不进则退是显而易见的，而在进与退的相对之外，进得快与进得慢也是相对的。快与慢在"进"这一趋向上没有质的区别，无论快与慢都朝前发展，但因为速度的区别导致了两者最终在进这一趋向上出现相对的"进"与"退"。大家都在前进，但是别人进得快，你进得慢，那么相比较于别人的快来说，你的慢进实质上就是一种退，也即进的速度决定了是进还是退。因此，"不进则退"除了我们平时理解的第一层不前进就后退和不进步就会退步的意思外，还有第二层意思，进得慢相对于进得快就是后退、退步。

（二）不创新就会落后，落后就会挨打

"物竞天择，适者生存"是达尔文在《进化论》中做出的正确结论，也是所有时代巨轮滚滚向前的必然规律。"穷则变，变则通。"不变，不创新就要落后，就要挨打。维持现状只能重复老路，更可怕的是有可能会使情况更加恶化。不进则退，要进就得靠创新，持续创新才能推进发展。世界在变化，形势在发展，要么主动行动，进行创新，改变自己，进而改变世界；要么原地踏步走，不改变不创新，等着世界来淘汰自己。

当今世界，以科技实力、经济实力、国防实力和民族凝聚力为主要内容的综合国力竞争日趋激烈，并且竞争的前沿推移到了创新领域，发展高科技成为世界各国竞争的焦点。在高科技及其产业领域中占据一席之地，成为维护国家主权和安全的命脉所在。随着全球化和信息化的进程，任何国家很难依靠固有的某种与生俱来的特征保持领先，几乎面临同样的竞争压力和机会，而且，几乎只有一种解决办法，那就是创新和发展。尤其是在维护国家主权和安全上的创新显得尤为重要。新时代，国家安全的概念有了新的含义，不仅指传统意义上的国家领土、领空、领海的安全，而且包含了经济安全、信息安全等新的领域。一方面，为了维护国家主权，只

---

① 《辞海》，上海辞书出版社，1999，第1707页。

有不断创新，抢占高新技术的制高点，特别是掌握国防科技工业的最先进技术，才能维持国家强大的国防力，保证领土、领空、领海的安全不被侵犯、侵占；另一方面，也只有不断创新、提高自主创新能力，掌握先进的属于自己的技术，才能不受制于人，保卫自己国家经济领域的安全，同时防卫他国的信息技术的侵入，包括黑客对国家安全造成的侵害和干扰，才能维护保障真正完全意义上的国家安全。

纵览历史，横观时代，人类社会的发展，世界各国之间的竞争，归根结底取决于人类的创新能力。社会是否发展，发展快慢与否，在于这个阶段人类创新能力的强弱。这个阶段人类所拥有的创新能力强，就能不断推动社会向前发展；反之，社会发展就进程缓慢甚至停滞不前。同样，同一时代的世界各国，谁拥有更强的创新能力，谁就拥有实力和竞争力，就能成为强国，发展快于其他国家；而一个国家如果缺乏创新能力或创新能力不强，就会落后于其他国家，落后就会挨打，落后就会陷入困境，这是历史和实践发展的规律和结论。只有通过创新，才能保持不断进步的状态，摆脱落后；只有创新，才能处于发展前列，维护国家所有权益。因此，创新成为"不进则退"的必然选择。

第三节　创新的受制性

从宇宙生物界新陈代谢的自然规律到不进则退、落后就会挨打的人类社会发展规律，无一不在说明一个事实：创新是必然趋势，没有创新就没有发展。创新是必然，但人们在探索创新、进行创新实践的过程中，是否真的就一帆风顺呢？事实上，历史和现实生活都告诉我们，有很多因素或多或少、或明或隐地制约着创新，使创新之路坎坷不平、荆棘丛生。要想持续、全面、科学、合理地创新，就必须了解掌握创新的制约因素，合理控制这些制约创新的因素，才能保证创新朝着快速、合理、持续的方向发展。制约创新的因素概括起来，主要有规律、文化、心理与路线。

一　受制于规律

（一）规律的含义

规律，又称"法则"。规律是客观事物发展过程中固有的本质联系和必然趋势。① 它是现象中相对统一、相对静止、相对稳定的方面，它深藏于现象背后并决定和支配着现象的发生和发展。它能够反复起作用，只要具备必要的条件，合乎规律的现象就必然重复出现。任何规律都是事物运动过程本身所固有的联系，都是事物运动中的本质联系，都是事物运动过程中的必然的联系。规律不以人们的意志为转移，不能创造、改变、消灭。

规律和本质是同等程度的概念，都是指事物本身所固有的、深藏于现象背后并决定或支配现象的方面。但本质是指事物的内部联系，由事物的内部矛盾所构成，而规律是就事物的发展过程而言，指同一类现象的本质关系或本质之间的稳定联系，它是千变万化的现象世界的相对静止的内容。

（二）规律与人的关系

不管人们承认不承认，规律总是以其铁般的必然性起着作用。无论是自然界还是人类社会，都按照本身所固有的规律发展。我国战国时代哲学家荀子说："天行有常，不为尧存，不为桀亡。"这里的"常"就是指规律；"不为尧存，不为桀亡"就是说规律是客观的，不以任何人的意志为转移。列宁曾经指出，外部世界、自然界的规律乃是人有目的的活动的基础，人们只有在认识和掌握客观规律的基础上，才能达到认识世界和改造世界的目的。②

规律的客观性表明，人们不能藐视规律，更不能创造和消灭规律。但这绝不是说人在客观规律的面前是完全消极被动无所作为的。虽然规律是看不见摸不着的，但人们在实践中，透过大量的外部现象，可以认识或发现客观规律，并利用这种认识指导实践，达到改造自然、改造社会，为社会谋福利的目的。人类可以从实际出发，对十分丰富的现象进行分析研究，从感性认识上升到理性认识，对规律有所认识。科学的任务就在于揭示客观事物的规律并用来指导人们的实践活动。不仅如此，人们还可以改变规律发生作用的条件和形式，使事物朝着有利于人类的方向发展。"不废江河万古流"这句话蕴涵着一定的必然性，然而滔滔河水是泛滥成灾还是造福人类，这在很大程度上取决于人的作为。人们可以拦河筑坝，发电灌溉，

---

① 《辞海》，上海辞书出版社，1999，第591页。
② 《列宁全集》第55卷，人民出版社，1990，第181页。

可以植树造林，既美化山川，又防止沙尘肆虐。① 因此，人们在实践活动中要达到预想的目的，必须尊重客观规律，同时在尊重客观规律的基础上，充分发挥主观能动性，这两者是辩证统一的。

（三）创新必须尊重规律

作为体现人的主观能动性的创新活动，它是人所独具的，只有人才能创新，而在人类创新充分发挥自身的主观能动性的这一过程中，必须认识、掌握规律，创新必须尊重规律。

规律是事物的必然联系，它代表着事物必定如此、确定不移的趋势。而创新作为人类的一种实践活动，它的本质是从必然不断走向自由，实现人的自由。自由目标的实现的前提是人的创新活动必须建立在必然的基础上，认识并掌握必然，人才能通过创新活动实现自身更高层次和更深程度的自由。这种自由不是随心所欲，而是建立在认识掌握必然的基础上的自由，而必然从某种意义上来说就是规律。因此，创新是建立在必然即规律基础上的人类实践活动。

创新不是无中生有，也不是空中楼阁，它是人类在掌握规律的基础上，一方面造福，即利用规律的同时发挥人的主观能动性，不断创新，满足人类需要，填补新的空白；另一方面避害，即克服、控制（限制）某些规律或规律中对人类、人类社会生活具有破坏作用的因素，如人类对自身健康问题的研究，除了探索使自己可以更长寿的生活方式，还有治疗危害人类健康的疾病的方法的研究等。无论创新是用于造福还是避害都必须尊重规律，不能脱离规律来谈创新。② 现在科学界和全社会关于"克隆"研究的争议就是一个例证。为什么大多数科学家和普通人反对把"克隆"应用到人类自己身上，因为它违背人类自身生理和自然延续（即生育）规律，一方面，人类这一创新活动及其成果打破了人类代代通过自然生育延续后代的规律，而实践证明人类正是通过生育间接优胜劣汰，保持人类种族的不断进化；另一方面，克隆这一技术改变了自然界物种多样性的特点，如果应用，可以设想未来人类社会将会是几个人甚至一个人基因、后代的世界，难以想象那是多么可怕的事。无论是竞争规律还是物种的多样性特点，都

---

① 《马克思主义基本原理概论》（2009 年修订版），高等教育出版社，第 52 ~ 56 页。
② 王南湜：《人能否不按客观规律办事》，《理论与现代化》1996 年第 10 期。

使我们不能贸然应用"克隆"技术这一创新活动创造出来的成果。因此，创新不仅要建立在规律基础上，在实施前要论证应当性，而且在创新过程中更要尊重规律，对创新成果也要对照规律进行可行性论证，才不至于对人类造成不可预知的危害，导致人类的生存危机。

二　受制于文化

（一）文化的含义

"文化"一词在西方来源于拉丁文 cultura，原义是农耕及对植物的培育。自15世纪以后，逐渐引申使用，把对人的品德和能力的培育也称之为文化。在中国的古籍中，"文"既指文字、文章、文采，又指礼乐制度、法律条文等。"化"是"教化"、"教行"的意思。从社会治理的角度而言，"文化"是指以礼乐制度教化百姓。文化一词的两个来源，殊途同归，今人都用来指称人类社会的精神现象，《现代汉语词典》关于"文化"的释义，即"人类在社会历史发展过程中所创造的物质财富和精神财富的总和，特指精神财富"。本书中的文化是属于狭义文化，专注于精神创造活动及其结果。

文化最根本、最深刻的含义是——"人化"。"人化"指人在对象物上打上了人的烙印，或者指人把自己的需要、目的、意志、智力、体力等人的本质力外化在外界对象上。因此，出现了人改造过、影响过、体现和凝结了的本质力量的对象世界及人创造的对象物——人化世界。[①] 在人改造、创造人化世界的过程中，文化为其主要的形式。有了文化，不断使人化世界扩大，也更使人成为"人"。用黑格尔的话说就是"人最高贵的就是使自己成为人"。在这其中，文化既发挥了重要作用，也是其重要表现形式。

（二）文化的反作用

文化是一种客观存在，它是社会经济基础和政治上层建筑的反映，而文化在反映人的社会经济实践的同时，也反作用于人的社会经济与政治实践。反作用表现为以下两点。

第一，文化具有规范制约人的意识和行为的作用，这是对经济政治活动反作用的主要内容。人是具有思维的高级动物，因为具有思维这一独特

---

① 王永昌：《对人为世界的人化和非人化现象的哲学思考》，《求索》1990年第3期。

性决定了人的行为要受到观念的影响和制约。文化就是通过改变人的意识，影响和制约人的经济和政治活动。文化中的道德对个人的经济政治实践的制约更为直接和普遍。① 道德作为与法律规范同样重要的人的行为规范，它比法律规范更具体，也更具有普遍性。自觉或不自觉地制约着每一个人生活的每一个具体环节和行为。

第二，文化是社会经济政治制度建立和变革的基础和先导。社会制度是人的经济和政治关系相对稳定的形式，它是以法律及国家政权等方式体现的，而其建立的理论依据和表现形式，就是文化。文化具有维护和批判现实的功能。文化可以在一定时期内落后于社会现实的发展，同样也可以在一定时期内先于社会经济政治的发展，更新和改造人们的价值观和思想、道德，否定旧思想体系，建立新的思想体系。历史上的各种社会形态的变换很好地说明了这一点，西方国家通过文化渗透使当代一些国家发生变化正是体现出文化的先导作用。

（三）创新受制于文化

创新作为人的主动创造实践活动同样受制于文化。主要体现为以下两点。

1. 价值观影响与制约创新

人在行为之前和行为之中都要受相应观念特别是价值观的制约。创新是满足人类需要、填补空白的实践活动，价值观尤其在动机上规范制约着人的创新实践。

（1）人伦与科技孰重孰轻的价值观影响与制约创新。重人伦、轻科技的价值观，不仅影响制约了个人的创新，也影响到政策导向，缺少对创新者的激励机制，② 这些都严重影响和制约创新。而重视科技的观念会鼓励人们创新，尤为注重把创新成果转化为现实的生产力，由此体现创新的绩效。这一点可以从中西方的差距中看出来。

（2）处理群体与个体关系的价值观影响与制约创新。人是社会动物，必然要过群体生活，但如果只重群体，忽视个体，必然会对个体产生排斥

---

① 孙富江：《文化的定义、内容与作用》，《国际关系学院学报》2003 年第 3 期。
② 吴广川：《制约与超越——论传统价值观的消极因素对创新的影响》，《当代青年研究》2000 年第 6 期。

作用。这种排斥会扼杀个体的个性和活力，要求个体什么都要服从群体的规范，如果谁要搞创新，就可能遭到群体的孤立和攻击。这种价值观严重地阻碍了人的创新精神的发扬。从科学技术和社会发展的历史来看，任何创新都必然带有创造者的个性特征，因此在弘扬群体意识的同时，也应鼓励人的个性、创造性，注重激发个人的活力。

（3）处理权威与后生关系的价值观影响与制约创新。权威是长期积累形成的在某种范围内得到社会认可的具有威望、地位的人或事物。但如果把权威看作唯一的标准，无疑会禁锢人的头脑，窒息了人的活力，使人唯经唯上。重权威、轻后生是影响创造性人才成长的一大障碍，因为如果人们都要尊崇权威，沿着权威的范围，顺着他的脉络去思维，相同则是，不同则非，那么就不可能去质疑现有的成果和结论，达不到创新的目的。

2. 教育影响和制约创新

教育作为文化的主要内容，对于培养创新思维、造就创新型人才都具有特别重要的作用。教育要"授之与渔"而非"授之与鱼"，如果教育以一个"统"字唯一，统一考试，统一命题，统一答案，那么必然会束缚创新。

（1）束缚学校的创新。教育上要求"大统一"，使学校教育的创新能力甚低，在新形势下，教育对象发生了新变化，面对这种变化，学校的教育明显滞后。"统一"意味着指令而非指导，使学校失去了自主权。在办学体制、教育内容、考试方法上，学校只能按上级的规定动作办，不能适应自己的教育对象做一些变革，以致学校教育缺乏针对性和独特性，大大降低了教育的生机和活力。

（2）束缚教育者的创新。无论是校长还是教师，整齐划一的教育模式，会束缚教育者的创造潜力，不能按照他们所创造出来的新方法、新模式来执教，必然会使学生陷入统一标准的教育模式中，创造性思维无从培养，创新更无法进行。

（3）束缚教育对象的创新。人因其思维的主观性而具有明显的差异性，面对个体差异，教育却要搞统筹统一，以一个标准评价成千上万的差别巨大的教育对象，这就难以培养出形式各异、在不同方面具有创新思维的创造性人才。从小学、中学、大学一路灌输下去，思维有固定程式了，如何创新？

三　受制于心理

心理在《现代汉语词典》中有两种解释：一是指人脑反映客观现实的

过程，如感觉、知觉、思维、情绪等；二是泛指人的思想、感情等内心活动。①

人的心理是人脑的机能。列宁指出："心理的东西，意识等等是物质（即物理的东西）的最高产物，是叫做人脑的这样一块特别复杂的物质的机能。"② 离开脑的机能、脑的属性，人就不能反映客观现实，不能有心理活动。

心理又是客观现实的反映。存在决定意识，客观现实是心理的源泉。在人的实践活动中，客观现实通过大脑移植，转化成为心理意识。感觉、知觉、记忆、思维等心理活动过程，我们可以把它们作为心理活动的形式方面的东西来看；经验、知识、需要、动机、愿意、观念、理想、观点等，我们可以把它们作为心理意识内容方面的东西来看。

心理同样也制约和影响着人的创新活动，制约创新的心理主要有民族心理、决策者心理和创新者心理。

（一）民族心理制约创新

民族心理就是特定的民族认识、情感、意志等心理过程和能力、气质、性格等个性心理特征的结合体。

民族心理往往决定了一个民族以怎样的态度去看待创新、接受创新以及进行创新实践活动。一个民族首先要对自己有正确的认识，认识自己的优势与不足，同时具有自信自立心理，才能接受新观念、新事物，加强和发展创新思维，强化创新精神。中西方不同的民族心理状态造成中西方创新状态的不同结果就是一个显证。西方的民族心理强调差异和竞争，趋向于崇尚个性、标新立异的行为方式，这些心理状态或者说意识激发了创新主体的好奇心理、求异心理、冒险心理，而这三种心理与创新息息相关。与西方的民族心理状态不同，中国人一向推崇"和"，具有尚和心态，往往导致畏争、迁就、迎合的表征。中国人多对"和"的丧失持一种恐惧心态，"二虎相争，必有一伤"、"将相不和，国有大祸"等谚语都有反映。还有遇到不同意见或降格将就或曲意求合，这些心理状态无疑会给创新带来障碍。

---

① 《现代汉语词典》，商务印书馆，2001，第1398页。
② 潘菽：《心理学简札》，人民教育出版社，2009，第12页。

（二）决策者心理制约创新

"领导是一种变革的力量。"领导或决策者在创新的过程中起着不可忽视的作用。决策者对创新的作用可概括体现在两个层面：第一层面是决策者自己创新与否；第二层面是决策者支持还是否定其他创新主体的创新，这往往是其他创新主体能否把创新进行到底的关键。无论在哪一层面，决策者的心理，特别是有关决策者对自我认识形成的心理都制约着创新。而这些与决策者自我认识相关，同时制约创新的心理主要有以下三种。

1. 责任心理

在企业、科研机构这些主要的创新组织中，决策者的责任心理是创新的重要制约因素。如果决策者把责任外在化，对发展和创新的重大问题，总是以各种借口来推脱或有麻烦就推、有风险就躲，那么创新是无法进行的。只有决策者把创新当作自己的责任和使命，从转变自己的思维方式、工作方式、生活方式做起，从积极的方面去理解、去认识新的理念、新的工作方式，同时把自己摆进去，才能正确认识、理解和支持创新。

2. 戒备嫉妒心理

戒备心理就是消极防范，心存猜疑，处处设防。而嫉妒，就是自己以外的人，能力比自己强，占了自己优越的位置，或者是自己所珍视的东西被别人夺取时产生的不正常的情感。作为决策者，如果对自我没有正确的认识，对人不信任，对新事物总是投以怀疑的眼光，夸大不利因素，忽略有利因素，对"胜于己者"提出的创新性建议或进行的创新活动冷眼相看甚至竭力诋毁、诽谤，不但会为自己创新竖起封闭的铁窗，也为他人创新设置了阻碍进步的高墙。

3. 依赖懒惰心理

作为决策者，要有积极向上的精神状态，对所从事的工作要充满激情，多用心，勤实践，勇于创新。决策者只有自主自强才能去创新，才能做出正确的判断和决策，支持一项好的有意义的创新，否定一项不恰当的创新。如果一个决策者，存在着依赖心理，上面怎么说就怎么办或仅依赖下面，自己缺乏主张；或者错把敢于创新看成不成熟，错把四平八稳看成是办事稳妥，这样不仅自己没有创新思维和创新活动，也不可能去支持创新。①

---

① 段爱勤：《干部培养良好心理素质的途径》，《领导科学》2009 年第 24 期。

因此，作为决策者，要创新，就要对创新有正确的认识，大胆决策进行创新。同时能以严肃的态度批判自己，敢于否定自己，有错必纠，知过必改，这样也不会成为他人创新的阻碍。除此之外，不让自己的思想禁锢他人的思想，支持其他人的创新理念和创新实践，才能真正推动实现创新。

（三）创新者心理制约创新

创新过程不仅是一个克服重重困难的过程，而且是一个充满风险和考验的过程。在这一过程中，创新主体的心理影响制约着创新。如果创新主体缺乏应有的健康心理及承受能力，那么要完成创新过程几乎是不可能的。

1. 冒险心理

创新不仅是人的理性思维活动的产物，而且同人的欲望、需要、热情、意志等非理性因素密切相关，其中尤以冒险为最。创新，因为不确定的因素很多，要有冒险精神方可坚持。首先，创新要冒失败之险。"失败是成功之母"。从人类发展史来看，不去冒险，就不会有失败，没有失败，也就没有成功，因此，只有冒险才可能创新成功。其次，创新要冒传统习惯势力、权威反对之险。任何创新都是对已有理论、制度、秩序、做法的挑战和否定。而这种挑战和否定就意味着对传统势力和权威的挑战和否定，因此，创新者要有挑战权威的胆量和勇气。最后，创新要冒同保守势力和反动势力斗争之险。创新本质是变革，它促进社会进步，但在短时间内的变化是不利于稳定的。因此，创新会受到保守势力和反动势力的反对、打击和摧残。[①] 总而言之，创新需要冒险，没有冒险，也就没有创新。创新从冒险开始，创新离不开冒险。

2. 趣味心理

"热爱是最好的老师"。趣味心理是对某件事有浓厚的兴趣，进行执着的追求，一直爱不释手或钻研入迷的一种心理状态。它是好奇心的进一步发展。热爱、趣味心理是创造性人才必备的心理素质。苏联心理学家乌赫托姆斯基的一项实验证明，当一个人把解决某个问题当作梦寐以求的思念时，大脑皮层就会建立一个相应的"优势灶"。有了这个"优势灶"，有如架设了极其灵敏的遥感器，大脑接受相关刺激的反应能力就会特别强，很容易触发创造性灵感。因此，创新者本身是否具有趣味心理也是其是否进

① 许全兴：《创新与冒险精神》，《理论前沿》2003 年第 3 期。

行创新、能否取得创新成果的一个决定因素。

3. 从众心理

从众是一种常见的社会心理现象，也是最阻碍个体创造力发挥的个性因素。[①] 它是指当个体的一种内在信念与外在言行发生冲突时，受他人的影响使自己在认识上独立思考能力降低，在行动上自我控制能力减弱的一种心理现象。具体表现为个体盲目地服从权威，或被屈从于大多数人的看法，人云亦云，随波逐流，或东施效颦。在创新过程中，创新者遇到来自群体的压力，是随大流、从众还是敢于发表和坚持自己的意见很重要。只有不随大流，具有独立意识，方能从平凡中发现奇特，从司空见惯、习以为常的现象中找到"异常"，做出与众不同的创造。

四 受制于路线

创新是人类的实践活动，具体到一定历史时期，必然会受到创新主体所在国家的领导集团所制定的路线的制约；同时创新也推动着创新主体所在国家路线的发展。

（一）思想路线与创新

思想路线，是一定的世界观和方法论在实际工作中的表现，或者说就是化为指导思想并体现在一定的阶级或政党的行动中的哲学认识路线。[②] 思想路线与创新两者的关系可具体表述为：正确的思想方法和思想路线是创新的前提，而正确的思想路线又必须在创新的实践中经受检验。

世界上任何事物的发展都经历着一个从新到旧、从旧到新的循环过程。任何新事物的生成都不是凭空而来的，都不能不在旧事物中孕育、发展，都不能完全脱离旧事物。创新必须从实际出发，遵循客观规律，否则就是名副其实的异想天开。因此，创新的过程就是坚持解放思想、实事求是、与时俱进的过程，正确的思想路线是创新的前提，创新体现了解放思想、实事求是、与时俱进思想路线的根本要求和根本目的，思想路线可以解决创新过程中一些主要的矛盾和关系问题。

---

① 郝卯亮：《试论创新的人格障碍及其对策》，《山西农业大学学报》（社会科学版）2002 年第 1 期。

② 谭希培、刘兴云：《论党的思想路线演进的根据》，《湖南省第一师范学报》2003 年第 4 期。

第一，主观与客观的矛盾。人们的思想要适应不断变化的新情况，达到主观与客观的统一。不变就要落后，不创新就必然僵化。解放思想是创新的前提，只有冲破各种旧思想、旧观念的束缚，才能有创新。

第二，继承与发展的矛盾。创新既要继承前人成就又要突破陈规，达到继承与发展的统一。创新要随实践的发展而发展，要说新话，办新事，提出新理论和新概念，从而进入新境界。因此，必须立足现实，从实际出发，勇于改革，大胆实验，开拓前进。

第三，客观规律与主观能动性的矛盾。人类进行创新实践时，既要有创造精神，又要有科学态度，做到按客观规律办事。要在科学态度指导下发挥创造精神，又在创造精神中体现科学态度。尊重规律，按规律办事，这是创新的保证。①

按照马克思主义的反映论，认识是主体在实践过程中对客观能动的、创造性的反映。人们对复杂事物的认识过程，要经历由实践到认识、由认识到实践的多次反复才能完成。认识和实践的对象的无限性，决定了人们的实践与认识也必然是一个无限发展、无限深入、不断接近客观真理的过程。因此，作为指导实践和认识活动的思想路线，就必须与时俱进，根据新的客观事实不断概括出新的规律，而不能套用旧的、过时了的理论来指导新的实践。否则，就会犯本本主义或客观主义的错误。因此，思想路线的本质在于创新，在于不断研究新问题，在探索中丰富与发展。

同时，思想路线正确与否又必须在创新的实践过程中经受检验。② 创新体现了解放思想、实事求是、与时俱进的根本要求和根本目的，而同样思想路线正确与否必须在创新实践中进行评判得以完善。换言之，只有在创新的实践过程中证实对创新具有正确的、有效的指导作用的思想路线就是正确的，否则就不是正确的思想路线，必须根据不断发展变化的新形势、新情况实现新发展，直至能指导创新实践。

（二）政治路线与创新

政治路线是国家政党制定的在一定历史时期所要实现的政治目标和为

---

① 李光耀：《论创新》，《齐鲁学刊》1999 年第 6 期。

② 李瑞琴：《中国共产党思想路线的发展与理论创新》，《中国社会科学院研究生院学报》2002 年增刊。

此采取的基本行为准则，有时又称总路线。① 它不同于各项具体的工作路线和政策，它是总揽全局的、统帅政党一切工作的路线和政策，在人们的社会生活中发挥着非常重要的功能和作用。这种功能和作用主要体现在四个方面。第一，政治路线是理论指导实践的中间环节。它是具体的行为准则和行动方法，用来直接指导人们的实践。第二，政治路线是制定具体工作路线、方针和政策的具体依据。第三，政治路线是解决一切社会发展阶段主要矛盾的强大武器。第四，政治路线是统一政党和全国人民思想和行动的准则和基础。创新是人类的重要实践活动，它在一定社会发展阶段必然受到这一阶段政党和国家制定的政治路线的影响和制约。政治路线与创新的辩证关系表现为以下两点。

1. 制定、实施政治路线的过程本身就是创新过程

（1）政党、国家在不同的历史时期根据现状和实际情况制定不同的政治路线，这本身就是创新。政治路线是政党在不同历史阶段为政党的全部历史工作而确定的总政策，而每一个新的历史时期都会出现新情况和新问题，政党只有始终保持创新，才能在实践中用发展着的科学理论指导自己，并从国情出发，制定出体现时代性、把握规律性和富于创新性的政治路线。

（2）政治路线的实施，也是一个创新的过程。政治路线一旦制定，其发挥作用的时间比较长、范围比较大。然而，革命和建设的实践是丰富多彩的，同一历史时期的不同阶段会呈现不同的特点，即使同一时期的相同阶段，各地各部门也会有自己的具体情况。这就决定了各地各部门在贯彻执行党的政治路线的时候，必须具有创新精神和能力，结合不同历史阶段各自的特点，在总路线的框架中，创造性地把政治路线落到实处。

2. 执政治国者的政治路线又制约着创新

理论作为对事物和现象本质的认识，能为人们的认识和人们的实践活动指示方向，但它所提供的只是一般的指导原则，只能大致包括实践的某些方面。同时，它对人们的实践活动内容、行为方式缺少必要的约束力。要使理论指导实践，必须有一个中间环节，路线就是理论与实践相结合的产物，是理论与实践之间的中介，是理论转化为实践的桥梁。因为是桥梁，所以执政治国者所制定的政治路线制约着创新这一实践活动。

（1）政治路线是否切合实际影响和制约创新。创新必须尊重规律，从

---

① 刘荣华、周庆丰：《建国后中共政治路线的历史演变及启示》，《兰州学刊》2006 年第 8 期。

实际出发，又在实践中发展高于实践。客观世界和人类社会生活实践是创新的根基，离开它们，创新无从谈起。政治路线切合实际，就能保证创新具有一个良好的外部环境和政策支持，相反，政治路线不从实际出发，就无法把社会发展引向正确的发展方向，创新也就不可能进行。

（2）政治路线的执行者影响和制约着创新。制定了正确的路线后最关键的就是由谁来具体贯彻执行。由什么样的人来执行路线，结果不一样，对创新的影响也会截然不同。如果执行政党路线的人，自己没能准确理解和深刻把握路线的实质，因循守旧，就不但不能成为创新的支持者，而且会成为创新的强有力的阻碍力量。这个阻碍力量因其是路线的执行者会更加增加创新制度、政策上的栏杆，使创新寸步难行。

第二章　得当的界说

　　得当，合乎当然之理，得是非之正。[①] 人类的福祉在于自由、融合、统一，把握好得当是实现人类自由、融合、统一的根本。没有得当，就没有人类的自由。得当涵盖了人们的学习、生活和工作的各个方面，渗透于人类的实践活动，它的含义丰富，各个学科从各个角度都可对它做出解释，概括起来，主要是："度"是"得当"的哲学基础；"合理"是"得当"的科学依据；"和谐"是"得当"的社会学解释；"造福"是"得当"的伦理学指标。

第一节　度：得当的哲学基础[②]

　　度，是一定事物保持自己质和量的限度，是和事物的质相统一的限量，[③] 任何事物或事情都有质和量的辩证统一，都存在一个特定的量的限度，一旦超过这个限度，事物的性质就发生了变化。"度"这个词，我们可以用很多种方式描述它，如程度、强度、限度、适度、恰到好处等。在我们人的物质生命存在的这个过程中，"度"无时不在、无处不在。比如，经济发展过快不行，发展过慢不行；民主过"度"不行，集中过"度"也不行；吃得太多不好，吃得太少也不好；过"度"兴奋不好，过"度"忧伤

---

　　① 宋希仁：《正确认识道德的"应当"》，《南昌大学学报》（人社版）2000 年第 4 期。

　　② 何小英：《度：得当的哲学基础》，《船山学刊》2009 年第 4 期。

　　③ 兰俊、李继武：《论度及其关节极限的特点和意义》，《齐鲁学刊》1994 年第 2 期。

也不好；等等。所有这些都是从不同的角度对"度"的一种认识、理解和把握。

度，是万物之道，适度者恒。① 度作为事物发展的一个限度标准，它的存在要求要保持适度，既不能过度，也不能欠度即不够。② 凡事都会有个度，一旦超过了那个度，事情的演变就变得复杂多了。作为一个限度标准，事物发展的"度"显得尤为重要，与伦理学中的"底线"有着相同的意义，"过度"与"欠度"都不是最佳状态，只有"适度"才能保持事物发展的最佳状态，才能促进事物的持续发展。激励本是在管理中用以促进效益的一个常用的手段，因为人具有趋利避害的本能，而人在这种本能下会对事关自己切身利益的事情分外关注，会尽力使面临危机的压力转变为动力。但过度激励会适得其反，因为一个人的承受能力是有限的，肩上的担子太重，人会被压垮。在不堪重负之时，人会千方百计地撂下担子，另寻出路。2007年媒体爆炒的北京房地产业发生的某公司6位销售总监集体跳槽事件，正说明了"激励过度"的后果。

而另一方面，与"过度"相对的是"欠度"。正如"响水不开、开水不响"这一人们在日常生活中摸索出的衡量水开了与否的标准一样，事物的发展也不能停留在响水阶段，因为差那么一点点，事物的性质就不一样。这一类的例子如杀菌的温度控制，如计划时代油票、粮票的供应等，都是"欠度"不够的表现，"过度"和"欠度"都不能促进事物的发展，都会造成不良后果。因此，适度是事物发展的最佳状态。适度也即"得当"，度是得当的哲学基础，有了对"度"的寻求和把握，才能认识、理解和把握"得当"。

一　中外哲学家们有关"度"的论述回顾

"度"是一个古老的哲学范畴，但常谈常新，中外哲学家们对"度"进行了不懈的研究和探索，形成了具有自己特色的对"度"的认识。

（一）中庸——孔子对"度"的认识和理解

中庸在中国传统哲学史上有着举足轻重的地位，中国人尚"和"也是

---

① 李云飞：《度1+1=1》，经济科学出版社，2002，第4页。
② 杜汉生：《"尺度"问题探微》，《汕头大学学报》（人文社会科学版）2003年第5期。

受中庸思想的影响。中庸思想早在商周时期就已经出现,《左传》和《国语》中有很多条记载。殷商时期,《尚书·盘庚》载"各设中于乃心"。"中"指的是一种状态。以后"中"逐渐与道德联系在一起,取得了伦理学的意义,被引申为情感和行为的合适状态。

孔子继承并发展了这一思想,孔子的"中"即"无过无不及"的中间状态。在待人方面,孔子主张"温而厉,威而不猛"(《论语·述而》);在待物方面,孔子主张"钓而不纲,弋不射宿"(《论语·述而》);在处理生死问题方面,孔子主张"见危授命"(《论语·宪问》),"危邦不入"(《论语·泰伯》);在审美方面,孔子赞同"乐而不淫,哀而不伤"(《论语·八佾》)。

"中庸"是适度,有其适用范围。对于恶德,没有适度,只要有这种行为,就应当受到谴责。孔子"中庸"的标准是礼。情感和行为只有合乎"礼"才可以称之为"中"。《诗经·大雅·民》有云:"天生民,有物有则,民之秉彝,好是懿德。"人为善的可能性只有在"礼"的范导之下,才可发挥出来。在礼制的熏陶之下,情感和行为逐渐合乎"中庸"之道。故孔子云:"不知礼,无以立。"(《论语·李氏》)离开了礼制,对于个人而言,无以修身立德;对社会而言,则会导致臣弑君、子弑父、八佾舞于庭的混乱局面。

中庸不仅仅是个人的德性和品质,也是社会的治理之道。孔子认为自然之物,各有其自身的标准。人类社会不同于自然界,没有共同的普遍的规范,必然导致社会动荡不安。东周以来,政治风云变幻,诸侯交相厮杀,烽火叠起,民生疾苦。以孔子为首的儒家思想对现实社会进行了反思,指出国家和社会要发展就要建立和平、稳定的社会政治秩序。《中庸》云:"中也者,天下之大本也;和也者,天下之达道也。致中和,天地位焉,万物育焉。"他们认识到,人如果任其自然欲望,纵欲肆行,必失中道,导致社会混乱无序,要维系社会秩序和谐稳定,就必须克制私欲。基于这种理解,孔子提出"礼"治、德政。社会的长治久安要求建立一个君臣上下、父子尊卑的等级体制。

因此,在孔子那里,"中庸"是一种德性,也是一种为政之道,是情感和行为的和谐,与"度"有着一致性。

（二）中道——亚里士多德对"度"的认识和理解

对于"度"，西方先哲们也进行了孜孜不倦的探索和研究，古希腊哲学家亚里士多德便是代表之一，他从探索人的德性出发，认为中道是美德。在亚里士多德看来，"人在本性上是政治的"，① 在城邦的共同生活中人们有了普遍遵守的社会规范。"伦理德性则是由风俗习惯沿袭而来，因此，把'习惯'（ethos）一词的拼法略加改变，就有了'伦理'（ethike）这个名称。"② 德性是由风俗教化熏陶出来的品质。

人的德性关乎人的情感和行为，离不开选择。亚里士多德给德性下了一个定义："德性作为对于我们的中庸之道，它是一种具有选择能力的品质，它受到理性的规定，像一个明智人那样提出要求。"③ 在德性的选择下，人会去除情感和行为的任意和胡作非为，既不会过度，也不会不及，而是处于某种中间状态，这就是中道。在"中道"的境界下，欲望是有理性的欲望，理性是由激情所唤导出来的理性。所谓德性就在于对激情的控制和支配，既不能完全清除它，也不能听任放纵它，而是舍弃两个极端，遵循中道。过度或不足是恶行的特性，而适中是美德的特征。亚里士多德多次强调德性是寻求和选择中间，他通过区分选择、自愿、意图、意见，对选择做了一个明确的定义："选择这个名称就意味着先在于他物而择取。"④ 因此，人的品质就在于对激情的控制和支配，舍弃两个极端，遵循中道。

中道是在感情和行为方面两个恶之间的中点，两个超过或达不到适当的量，德性则能发现和选择这个中道。德性是适中，它是一个与恶相对立的极端，绝不是在善与恶之间，正当与不正当之间寻找选择的一个中点。恶是无中道可言的，而两个恶作为极端总有一个比较更危险，因此亚里士多德主张两恶取其小者。

"中庸"和"中道"都是先哲们有关"度"的探索和认识，在亚里士多德那里的"中道"在某种意义上已接近"度"，具有"度"的相对性特征；而"中庸"是凝聚了孔子智慧的品质，是某种适度，但这种"中庸"在孔子那里成为衡量一切的标准，强调何时何地都应遵循不偏不倚的"中

① 《亚里士多德全集（第八卷）》，苗力田编，中国人民大学出版社，1995，第13页。
② 《亚里士多德全集（第八卷）》，苗力田编，中国人民大学出版社，1995，第27页。
③ 《亚里士多德全集（第八卷）》，苗力田编，中国人民大学出版社，1995，第36页。
④ 《亚里士多德全集（第八卷）》，苗力田编，中国人民大学出版社，1995，第53页

庸"，而忽略了"中庸"在不同时候不同地点应有着不同的含义。这样，选择并非科学的纯粹的推理，而是对善的思考与推行。亚里士多德的中道强调中间道路，但不同于孔子的"中庸"，没有因时因地而变，亚里士多德的中道是根据理性因时因地而实践的，德性是可变化的，他还看到了德行与恶行的联系与转化。亚里士多德的中道也反映了辩证法的度，他从量的角度对道德范畴做出了新的说明，初步揭示出道德范畴超出一定的量就会引起质的变化，他开始把辩证法引入具体的道德范畴分析，这也是他的一个重大贡献。

（三）尺度——黑格尔对度的认识和理解

如果说亚里士多德开始用"量"来说明道德范畴，他的"中道"已初步显现辩证法的"度"，那么黑格尔在《小逻辑》一书中就很明确地用哲学语言，从辩证法的角度提出了"尺度"。

"尺度"在哲学史上虽不是由黑格尔首次运用，普罗泰戈拉曾说过"人是万物的尺度"，但确是由黑格尔首次着重阐发。"度"是黑格尔整个辩证法逻辑体系中一个重要的环节和内容。他在《小逻辑》中说："举凡一切人世间的事物——财富、权利甚至快乐与痛苦——皆有一定的尺度，超越这个尺度，就会导致沉沦与毁灭。即使在客观世界里，也有尺度可寻。在自然界里，我们首先看到的是许多尺度的存在，其主要内容就是尺度构成的。"[1] 黑格尔对"度"做了这样的规定："尺度是有质的定量，……是具有特定存在或质的定量。"[2] "抽象地说，在尺度中质与量是统一的"[3]。在黑格尔那里，"度"是被当作一事物区别于它事物的内在规定性而出现的。

在论述"度"时，黑格尔论述了度与质和量以及量变、质变的关系。他在《小逻辑》中说："尺度中出现的质和量统一，最初只是潜在的，尚未显明地实现出来。这就是说，这两个在尺度中统一起来的范畴，每一个都各有其独立的效用。因此，一方面是定在的量的规定可以改变，而不影响它的质；但同时另一方面这种不影响质的量的增减也有限度。一超出其限度，就会引起质的变化。"[4] 在这里，黑格尔的逻辑学中"度"是事物保持

---

[1]　黑格尔：《小逻辑》，商务印书馆，1986，第231页。
[2]　黑格尔：《小逻辑》，商务印书馆，1986，第234页。
[3]　黑格尔：《小逻辑》，商务印书馆，1986，第254页。
[4]　黑格尔：《小逻辑》，商务印书馆，1986，第236页。

质的稳定性的一种定量。同时，"度"又是事物发生质的转化的一种限量。"度是有质的限量"①，在度的范围内，量的变化不会引起质变。但是，量的变化一旦达到或超出定量限度，事物就开始转化，度就由最初潜在而最后明显地表现出来，表现为质变的限量。在这个意义上，度是事物质和量的统一的限量、限度，事物质的稳定性是以一定量的活动界限为条件的。总之，在度中，量以质为基础，质规定着量的活动范围和变化幅度；质是以量为条件，量规定着质的稳定和变化，体现了质的定量和限量的统一。

黑格尔在《逻辑学》一书中论述"尺度"时，又强调"度"是一个"定量""比率""反比率"，并提出了关节点的范畴，他明确指出："一个尺度比率，……它有一个幅度，在这个幅度内它对于变化仍然是漠不相关的，它的质也不改变。但是，在这种量变中，出现了一个点，在那个点上，质也将改变，定量表明自己在特殊化，以致改变了量的比率转化为一个尺度，因而转化为一种新质，一个新事物。"② 这里所说的量变过程中引起质变的那个点，黑格尔称之为"质变点"、"交错点"或"关节点"。"度"与"关节点"是两个不同的范畴，两者虽有联系更相区别。"度"是事物的质所容纳的事物的总量，它贯穿于事物量变过程的始终，具有幅度，是一个过程或区间。而关节点则是事物量变达到极限，引起质变的一点。它不仅不是度，而且恰好不在度的范围内，是对度的超越或突破。就一个事物说来，关节点恰是对"度"的否定。关节点和"度"是正相反对的。

黑格尔是第一个对"度"做出系统论述的哲学家，在他那里"度"是"质"和"量"的统一，是一事物区别于它事物的内在规定性，是质的定量和限量的统一；同时他论述了"度"和关节点的关系，指出了度是关节点以内的量，关节点是度的极限。这些论述为我们今天认识"度"的辩证含义又提供了科学基础。

二 "度"的辩证含义

"度"是维系事物自身平衡和事物之间的关系良性互动并达到统一的存在。③ 矛盾的双方的"度"一旦被打破或不复存在，事物自身及相互的平衡

---

① 黑格尔：《小逻辑》，商务印书馆，1986，第 243 页。
② 黑格尔：《逻辑学（哲学全书第一部分）》上卷，人民出版社，2003，第 401 页。
③ 李云飞：《度 1＋1＝1》，经济科学出版社，2002，第 4 页。

就会被打破或不复存在。事物之间对立的属性就会占据主导地位，支配并制约着事物之间统一的属性，事物之间"同一的本质"就难以显现，由此使事物自身的运行秩序和事物之间的互动关系处于不稳定甚至对抗状态，从而对事物的发展产生阻碍和破坏作用。

度作为独立的哲学范畴，具有它自身的规定性。

（一）度是客观的

列宁说过："度是实在的度。"① 这里的实在是指"度"是客观的。人们对事物度的认识及在实践中对它的把握和运用，都是客观事物的度在人们头脑中反映的结果。事物是客观存在的，而任何客观存在的事物都有自己的度，事物依靠度来维持自身的稳定存在。比如每种金属都有自己的熔点，每种气体都有自己的凝点，每种液体都有自己的冰点和沸点，每座建筑物都有自己的最高负荷量，每种生物都有自己的寿命界限，等等。如果没有度，事物就失去了保持其质存在的量的界限，失去了质和量的统一，则事物就不成其为事物。正因为事物的度是客观的，事物保持相对稳定的质，才能在现实中存在。

（二）度是确定的

"度"因其上下关节点的相对固定而具有确定性。确定性表现为一个特定的事物只能有一个确定的度。自然界中的任何事物都是如此。例如，水专指在零度到一百度之间的液态，一旦超出就有可能转化为固体——冰或气体——水蒸气，就成为别的事物了。一个确定的"度"维持一个特定事物的质，这个"度"是该事物区别于其他事物的内在根据。这个确定的"度"是不可超越的，超越了它，就否定了这个事物的质，该事物就要转化为其他事物。

"度"的确定性是绝对和相对的辩证统一。在事物发展变化的过程中，事物内在矛盾和外部条件的运动变化必然引起度的变化。旧事物必然要被新事物替换，旧质事物的度也就必然要被新质事物的度所更换，这是事物发展的客观规律。因而，任何事物的度都不是僵死的、抽象不变的，任何事物的"度"都是运动变化的，它是确定和不确定的辩证统一。或者说，

① 列宁：《哲学笔记》，人民出版社，1956，第100页。

事物度的确定性既是绝对的又是相对的。"度"的确定性是绝对的，这是事物质的界限；同时，"度"的确定性又是相对的，对应事物运动形式、运动特性、运动条件、运动过程的变化，它是相对可变的。

（三）度是可寻求、可把握的

"度"有三种表现形式：一是事物构成定律；二是法律道德规范；三是事物自身的"感悟"和关系双方的"自觉约定"。① 物质构成定律，是自然规律，人们可以在实践中透过大量的外部现象去认识它、把握它，而且随着科学技术的进步与发展，人们对它的认识会愈发深入、准确。法律道德规范是人们在社会生活中所形成的，具有社会性。而"人的本质不是单个人所固有的抽象物，在其现实性上，它是一切社会关系的总和"②。作为一个社会的人，我们要克服对自己是合理的，但对大众却是不合理的"过度"的成分。因此，法律道德规范就成为人人应自觉遵守的基本的"度"。法律道德规范是在人类社会发展过程中逐步形成、发展的，它可以由人们通过教育认识、了解并把握，用以指导人们的社会生活。法律道德规律对人们个性的调控是有限的，在很多时候，人们对"度"的把握主要靠自身的"感悟"和联系双方的"自觉约定"。这种自身的感悟可以通过人类所独有的思维活动实现，人们通过观察自己或他人的言行，可以对可能对自己或对他人、社会造成的良性或消极影响有一个预测和基本判断。而联系双方的"自觉约定"则可以运用"换位"，从对方出发，寻求一个"度"，一个平衡点，无论是"感悟"还是"自觉约定"都应符合法律道德本质精神。因此，"度"无论是三种表现形式中的哪一种，都可以依靠科学，发展教育，德法并行，坚持"换位"，寻求并把握到它。

三 度与得当

在人类有目的的实践活动中，人类发挥着自身的主观能动性积极地改造着自然界和人类社会，以期可以达到持续发展的目的。人类这种改造自然界和人类社会的实践活动是否都能促进人类社会持续发展需要一个尺度和标准来进行衡量、指导，继而进行选择，这一尺度、标准就是得当，也

---

① 李云飞：《度1＋1＝1》，经济科学出版社，2002，第10页。
② 《马克思恩格斯选集》第1卷，人民出版社，1972，第56页。

是"适度"。只有得当，才能真正使人类社会协调、均衡、持续地发展。

得当在哲学层面看就是"适度"，两者一致的地方主要体现在以下两点。

第一，"适度"与"得当"都是事物存在和发展量的一个最佳限度。如前所述，任何客观存在的事物都有自己的度，事物之所以相对稳定存在，是因为有度来维持。如果"过度"或"欠度"，事物保持其质存在的量的界限就无法维持一个最佳状态，不是超过就是不够，就无法维系质和量的统一，事物则不成其为事物。从这个意义上来说，"适度"是事物稳定存在和发展中量的一个最佳限度。同样，得当，即恰当、合适，是恰如其分，恰到好处，指事物存在和发展过程中符合事物客观规律，或者说人处理事情或说话妥当。因为符合客观规律和妥当，所以符合事物的"度"。如若"不当"，就会超出事物发展的"度"，变为"过度"或"欠度"，就无法维持最佳状态，失去其稳定性。因此，"得当"从哲学层面上来讲就是最佳状态，就是"适度"。

第二，"适度"与"得当"都具有相对性，会因时因人因地而变。自然界的任何事物都有其确定的"度"，一个特定的事物只能有一个确定的"度"，这是"度"的确定性和绝对性。因确定的"度"维持一个特定事物的质，使它区别于其他事物。"适度"也是如此，"适度"是最佳状态，因其是最佳，所以也具有确定性。而"得当"是恰如其分、恰到好处，正如宋玉在《登徒子赋》中所述"增之一分则长，减之一分则短"，它也是确定的。但"适度"和"得当"也是相对的，它的确定性是在一定的时空，相对一定的对象而言，一旦时空或对象有变，那么"适度"就会成为不适的度，即可能转为"过度"或"欠度"，"得当"就可能成为"不当"。比如，饮食适度的搭配有利于人的健康，多吃瓜果蔬菜为时下许多人的选择，但如果过分追求饮食的清淡，一味以蔬菜、水果和有限的米面粗粮为主导饮食而造成低血糖症和其他营养不良症就"过度"了。且饮食适度的清淡对年老者适用，但对处于生长期的青少年也不合适，会营养不良。尊老爱幼一向是我国提倡的得当行为，但 2008 年 7 月《××市城市公共交通条例（草案）》规定强制让位给老人、孕妇等特殊乘客，否则要遭到拒载和罚款的对待。让座是"得当"行为，但上升法律层面强制执行，笔者认为不妥。

第二节 合理："得当"的科学依据

"合理"一词广泛出现和应用于我们的生活中，说到健康，有科学合理的饮食营养安排、合理的锻炼；说到管理，有科学合理的制度、合理优化的人力资源；说到经济，有合理的价格、合理的理财方式、合理投资；等等。"合理"一词常与"科学"联用，可以说在很多情况下，"合理"与"科学"有着同样的含义。"合理"在《现代汉语词典》中解释为合乎道理或事理，而道理即事物的规律，或事情或论点的是非得失的根据。[①]"得当"用来指导人类的实践活动，如果用科学的含义用以描述，合理是其当然的选择。

一 合理的含义

一般来说，合理有两层含义：一是必然的、有理由（原因）的；二是应该的、正确的或者说于人类有益的、正确的、能够接受的。它是一个用来评价人类活动的概念，人的活动是否合理，既要看它是否符合客观规律，又要看它是否符合人的目的和利益，而且在这里"人"这个主体是趋向于超时空的全社会、全人类的。[②] 在这两个评价标准中，符合客观规律，取决于"把握客观规律的程度"和"控制客观规律的程度"；符合人的目的，这体现出主体的必然性和规律，由于合理是人的活动的特征，它具有浓厚的价值性，所以，"符合目的性"（符合主体的必然性和规律）是首要的，它比"符合客观规律"更重要。但追根溯源，符合客观规律又是合理性的根本，因为如果主体的目的是不符合客观规律或不具有现实的客观必然性的，那么它在原则上是不合理的。这就是说，这两条标准，尽管第二条标准是最直接、最常用和最主要的，但在论及二者的关系时，第一条标准却是更根本的，它决定着第二条标准。

---

① 《现代汉语词典》，商务印书馆，2001，第 507 页。

② 杨耀坤：《科学合理性是多方面联系的总和》，《科学技术与辩证法》1999 年第 3 期。"合理"实际上是指合乎道理和情理。道理是事物的客观规律，情理是人的目的和利益；前者不以人的意志为转移，而后者则以人的主观性作为标准，只是这个"人"不单指个体的人，是指全人类。

二 符合客观规律

"合理"这一概念有着极为丰富的内涵和外延。在内涵上，它最基本的一个方面就是指事物本身的必然性，亦即事物之"合乎必然性"或"合乎秩序"、"合乎规律性"。众所周知，黑格尔有一个著名的命题就是"凡是现实的都是合理的，凡是合理都是现实的"。"现实性在其展开过程中表明为必然性。"①

关于规律，一个较权威的定义是"规律是事物发展中本身所固有的本质的、必然的、稳定的联系"。② 列宁说，"规律就是关系"，就是"本质的关系或本质之间的关系"。③ 规律的主要特征有二，客观性和普遍性，关于这两个特性笔者已在前面论及，除此之外，笔者赞同鄢龙珠先生在《关于规律的若干新思考》中所说的，规律还有条件性、系统性、动态性三个特征。

客观规律，不论是特殊的还是普遍的，其本身并不具有好与坏的属性，只是与现实人的生活需要相联系，才有了好坏、善恶的区别。因此，我们所说的"合理"中符合客观规律，这里的客观规律是指一方面它本身是客观的，不管人们认识或不认识，承认或不承认，它都存在着；另一方面它的作用是客观的，不管人们顺从或不顺从，喜欢或不喜欢，它总是在一定条件下发生作用。它不以人的意志为转移，不能由人的意志创造或制定、改变或改造、增加或减少、废除或消灭。无论什么人，只要违背了客观规律，必然在实践中遭到失败，受到规律的惩罚。人们的实践活动，不能离开客观规律。不自觉地按客观规律办事，客观规律就会强制我们服从于它；如果不按客观规律实践，人们就会遭遇失败转而只有服从客观规律。所以"合理"第一方面的标准是从根本上要符合客观规律，当人的实践活动与客观规律一致时它就是合理的。

我们知道，规律具有条件性、系统性和动态性这三大特征，同时由于人的特性——人能够在实践中正确地发挥意识能动性，通过理性思维去发现、认识和研究规律，并在实践中逐渐学会熟练地掌握规律，主、客观两

---

① 王善博：《科学合理性的两种重要格局》，《自然辩证法研究》1997年第5期
② 李秀林等：《辩证唯物主义和历史唯物主义原理》，中国人民大学出版社，1990，第159页。
③ 《列宁选集》第2卷，人民出版社，1995，第584页。

方面决定了人可以在实践中利用规律，即依据实践的客观可能性，通过某种物质手段，让规律按照人们的需要发生作用，使规律为人类服务。这主要表现为：借助一定的物质手段，去影响规律所支配的客观过程；控制规律作用的结果；限制规律作用的范围；创造规律作用的条件；引导规律作用的方向，从而发挥规律有利于人类的效能。这些都体现了"合理"中评价人的实践活动中的第二方面的标准即符合人的目的。

三　符合人的目的（需要）

合理性是对人的活动的描述，是为人的活动寻找理由。① 而人的实践活动，一不能离开客观规律，二不能没有目的。而且，正如恩格斯所断言："人离开动物愈远，他们对自然界的作用就越带有经过思考的、有计划的、向着一定的和事先知道的目的前进的特征。"② 这也形象指出了人的活动的目的性。

符合人的目的或需要在"合理"的内涵中处于中心地位。柯普宁说："当人的活动产物同社会需要比较，并回答在何种程度上将导致实现人的目的时，就产生合理与不合理的问题。除此之外，说现实或思想是合理的与不合理的，那是没有意义的。"③ 在这里，把合目的视作合理的本来含义和基本前提。当然，我们说"合理"，评价人的实践活动标准的合目的性有四个要注意的问题。

一是，符合人的目的（需要）中的人这一主体并非哪一个人、哪一个群体或某一时代、某一地方的人，而是指超越时空的全社会、全人类。因此，我们在评价人的某一活动是否合理、是否符合人的目的或需要时，不能把活动本身和活动结果（产物）放入某一特定的"人"的目的或需要中，而是应把其置于全人类这一主体的目的或需要，这就可以摒弃一些看似合理实则不合理的活动，特别是能帮助我们判断评价一些对某一时期某一群体合理，但对全人类来说是不合理的活动。例如，在贫困山区，为了脱贫致富，山里人伐木获利，这一活动对山区人是合理的，但因为乱伐导致森林消失以致生态环境恶化，对全人类造成伤害，这一活动对全人类来说它

---

①　杨耀坤：《试论科学合理性的基本原则》，《科学技术与辩证法》1999 年第 1 期。

②　《马克思恩格斯选集》第 3 卷，人民出版社，1995，第 375 页。

③　〔苏联〕ⅡB. 柯普宁：《作为认识论和逻辑学的辩证法》，华东师大出版社，1984，第 108 页。

是不合理的。

二是，合目的性中人的目的本身亦存在合理不合理的问题。目的合理不合理在很大程度上要视其实际结果而定，在人的实践活动开展过程中存在各种不同的目的，它们之间常存在矛盾，如前所述，山里人（部分人）获利致富、改善生活这一目的需要与全人类的生存需要目的之间存在矛盾，两者相比较，只顾满足山里人致富这一目的需要就显得不合理。因此，我们在判断评价人的活动是否合目的性、是否合理时就需要在矛盾的各种不同的目的中选取更有利于全社会、全人类的目的或需要。

三是，目的合理性存在不确定性。[①] 因为人的活动的流变性，也由于合理性的标准和原则不是固定不变的，所以目的合理性是不确定的，它会因时间、目的、主体还有情境而有不同的表现。往往是在此时合此目的是合理的，而在彼时合此目的或需要的活动就是不合理的了。例如，常情下人喜爱清洁因此洗澡是合理的，而在缺水的地区或停水的情况下强要求别人不喝水而自己却要洗澡这一行为就是不合理的。

四是，在合目的性中目的合理性在很大程度上取决于它的可实现性，即取决于适当的工具、手段、方法。[②] 当然，二者之间存在着一种基本的决定作用，即目的决定手段，有什么样的目的，便要求有什么样的工具、手段、方法与之相适应，但目的与目的的实现手段存在分离，目的不能完全涵盖手段。因此，要采取适当的工具、手段、方法来实现合理的目的（需要），这样才能保证人的活动的合理性。在这里，科学方法显得尤为重要。所谓科学方法，就是人们根据目的和规律确定的或是通过实践摸索到的能够正确地认识和有效地改造世界的手段和方法。科学方法既包括认识方法也包括实践方法，它体现了人的意志和愿望，但同时也反映了人对客观规律的认识和利用；既合乎人的需要和利益，又是具有可行性和现实性的。可以说，科学方法是合目的性和合规律性的统一。

四　合理与得当

得当，合乎当然之理，得是非之正。得当作为指导人类实践活动的标准，包含着必然和正确的含义。必然是客观层面的指向，正确是对人类实

---

① 杨耀坤：《科学合理性是多方面联系的总和》，《科学技术与辩证法》1999 年第 3 期。

② 杨耀坤：《科学合理性是多方面联系的总和》，《科学技术与辩证法》1999 年第 3 期。

践活动的一种主观能动判断。无论是必然，还是正确都是合理所蕴含的含义。

可以说，"合理"是"得当"的准确的科学表述，也是"得当"的科学依据，两者一致的地方主要表现在以下两个方面。

第一，"合理"与"得当"都要求符合客观规律。合理指符合"道理"，而这道理指的是事物发展的客观规律，合理即符合客观规律，按客观规律办事，不以人的意志为转移，是必然的。得当，合乎当然之理。当然之理也即必然的客观规律。也可以说，要在实践活动中做到得当，从根本上来说必须符合事物发展的客观规律，遵循客观规律。因此，"合理"与"得当"在客观层面上都必须符合客观规律，即人类的实践活动无论"合理"还是"得当"都以符合客观规律为指导准则。

第二，两者都是正确的，于人类有益的，能满足人类需要的。这也是合理的第二层含义，以人的生存发展为中心，应是人一切活动最基本、最本能的出发点。创新这一人类实践活动，无疑是要有利于人类的生存，有利于人类的持续发展，有利于人类的进步。"合理"的第二层含义是能满足人类需要，于人类有益的，与有利于人类生存、发展和进步是一致的。因为满足需要是人类生存、发展和进步所必需的。而得当，得是非之正，其中包含着价值判断，这一判断的标准就是基于人这一主体，对于人类来说，满足自身的需要，有利于自身的生存和发展就是正确的。从这一点来说，得当与合理无疑是相符并一致的。

第三节　和谐："得当"的社会学解释

实现社会和谐，建设美好社会是人类孜孜以求的一种美好理想，人类从未放弃过对和谐的向往和追求。毕达哥拉斯曾以数的关系和音乐的旋律来解释世界的和谐，倡导友谊和秩序。[①] 柏拉图的理想国、莫尔的乌托邦、孔子的大同世界都表达出人类对和谐安宁生活的向往。《共产党宣言》也曾指出："代替那存在着阶级和阶级对立的资产阶级旧社会的，将是这样一个

---

① 北京大学哲学系外国哲学教研室编译：《古希腊罗马哲学》，生活·读书·新知三联书店，1982，第 123 页。

联合体，在那里，每个人的自由发展将是一切人自由的条件。"① 这里对共产主义社会的描述也把和谐作为社会的一个基本的状态。"得当"作为指导人类实践活动的钥匙，如果要用社会学的概念来进行描述和解释的话，和谐便是最佳的选择。

一　"和谐"的文化资源

"和谐"理念在人类文明史上源远流长、代代相承。"和谐"是中国传统文化的人文精髓和核心。在古代，"和谐"是以"和"的范畴出现的，并成为各家各派思想学说的灵魂，从以孔子为代表的儒家"致中和"、道家主张的"道法自然"、董仲舒宣扬的"天人之际，合而为一"到张载的"天人合一"等思想，都充分表明了和谐理念成为中国传统文化普遍的精神特质。②

《周易》关于对立统一的阴阳八卦思想，不仅构成了中华民族认识主观世界和客观世界的独特模式，也是和谐思维的源头、和谐思想的集中表现。八卦代表八种自然界的物质：天、地、雷、风、水、火、山、泽。天和地相对，雷和风相对，水和火相对，山和泽相对。这自然界的八种物质都是两两相对，相互依存，共同构成互动关系。《周易》的阴阳观念还包含了和谐统一的思想。任何事物都包含正反两方面的因素，都是对立面的相互对立与统一，如正与负、阴和阳、先进与后退、肯定与否定……也就是说，和谐在于统一体内多种因素的差异与协调。同时《周易》中认为地气下降、天气上升，天地交、阴阳合，就能产生新事物，明确指出了八种物质的和谐是事物存在和发展的基础，它具有创造生命和创造新事物的积极力量。

而作为深远影响中国传统文化的儒家，更是对和谐进行了探讨。据《国语·郑语》记载，史伯在与郑桓公谈论"兴衰之故"和"死生之道"时首次提出了"和"的概念，并根据上古帝王的和合生意，提出了"和实生物"的著名论断。史伯说："和实生物，同则不继。以他平他谓之和，故能长而万物归之。若以同裨同，尽乃弃矣。"③ 意即事物是多种因素的集合，

---

① 《马克思恩格斯选集》第 1 卷，人民出版社，1972，第 294 页。
② 这种对"和"的祈求与向往在中国传统文化上不仅是少数有思想、有智慧的人的追求，而且深入到普通老百姓中，并把"和"作为自己生活的智慧。因此方有"家和万事兴"一说。
③ 《国语·郑语》。

和谐内在地包含多样性、差异性、矛盾甚至冲突，但是，事物最终会达成更高层次的统一与协调，即和谐。史伯是中国历史上第一个对和谐理论进行探讨的思想家。所谓"和"就是"以他平他"，即各种事物的配合与协调，形成多样的统一。只有允许不同的事物存在，才能有对比、有竞争、有发展。所谓"同"就是只有某一面的自我同一，即把相同的事物放在一起，只有量的增加而不会产生质的变化。但是，一种声调谈不上动听的音乐，一种颜色构不成五彩缤纷，一种味道称不上美味佳肴。所以，"同"不能产生新事物，即"同则不继"。概括来说，即以不同的元素相配合，求得矛盾和冲突的均衡和统一，有利于治国。"和"与"同"有着不同的内涵及作用。"和"是各种事物的配合与协调，是多样的统一。而"同"就是只有某一面的自我同一。"和"必定协同互济，而"同"不能产生新事物，即"同则不继"。孔子进一步丰富了"和"的内涵，提出"和而不同"的命题。他说："君子和而不同。小人同而不和。"① 意思是说，君子和谐相处却不盲目苟同，小人盲目苟同却不和谐相处。这里的"和"并不是盲目追求一致，没有自我，而是通过各种因素的差异互补来寻求整体的最佳结合。孔子指出人们处理矛盾、对待差异时就是要借助这种"和"来寻求整体的最佳结合，而非没有自我，盲目追求一致。孔子把它看作做人的原则，具有积极的意义。

和谐理念在西方的发展也是丰富多彩的。早在古希腊，就有人把和谐看作美的重要特征。古希腊哲学家毕达哥拉斯最早把"和谐"作为哲学的根本范畴。他认为，数是万物的本原，由数产生点，由点产生面，由面产生体，由体产生水、火、土、气四种元素，进而产生世界万物；数直接存在一定的数量和比例关系。因为这种一定的比例关系，万事万物呈现为和谐。它的和谐是"杂多的统一，不协调因素的协调"②。赫拉克利特在此基础上，通过对立与斗争探究隐藏在"和谐"表象背后的更深层原因，提出了对立和谐观，他认为"相反者相成：对立造成和谐"，更直接提出了"正义就是斗争"的命题。他认为和谐是由对立和斗争造成的。相反的东西结合在一起，不同的音调构成最美的和谐，一切都是通过斗争产生的，和谐是在对立和斗争中形成的，因而这是一种更加深刻的和谐理念。

---

① 《论语·子路》。
② 《西方美学家论美和美感》，商务印务院，1980，第14页。

19 世纪德国哲学家黑格尔从赫拉克利特的对立和谐观出发，扬弃了康德僵化的矛盾对立思想，提出了包含差异与对立于自身之内的同一，即"具体的同一"概念。他认为："简单的东西，一种音调的重复并不是和谐。差别是属于和谐；它必须在本质上，绝对的意义上是一种差别。……变化是统一，是两个东西联系于一，是一个有，是这物和他物。在和谐中或在思想中我们承认是如此的；我们看到思维到这个变化——本质上的统一。"①这里黑格尔强调"本质上的统一"，"具体的同一"，强调了因素的协调一致就是和谐，并用矛盾、差异、对立、斗争这些范畴大大丰富了"和谐"的内涵。

二　"和谐"的社会学描述

社会学认为，社会是由相互联系、相互作用的众多部分所构成的统一体，每一部分都为维持社会整体的平衡发挥着一定功能。社会作为人类生存的共同体，是由自然环境、人口、经济、文化等许多因素共同构成的，如何使这些因素统一起来，协调发展，建立和谐社会是一切社会学家所追求的梦想。和谐社会是一个良性运行和协调发展的社会，从社会学角度来描述主要体现在：社会秩序的稳定与一致、社会功能的和谐与统一以及利益在矛盾和冲突中达成均衡和谐三个方面。

（一）社会秩序的稳定与一致

社会秩序指社会正常而有规律的活动状态（或指社会有序状态或动态平衡），它是保证社会生活正常进行的必要条件，是有序与无序的统一。主要表现为：一是一定社会结构的相对稳定；二是各种社会规范正常运转；三是把无序和冲突控制在一定范围之内。②

和谐，意味着和睦相处，谐平共生。也指社会各组成部分之间协调地相互联系在一起，配合得匀称得当，在这其中稳定与一致的社会秩序是和谐和社会的基础。社会学的创始人孔德认为稳定的社会秩序是社会和谐的特征。"社会秩序"是孔德学说的核心概念，他一直致力于重建新社会秩序，建立一个稳定和谐社会。"真正的科学无非是确立理性的秩序，这是一

---

① 黑格尔：《哲学史讲演录》第 1 卷，商务印书馆，1983，第 302 页。

② 《辞海》，上海辞书出版社，1999，第 1477 页。

切秩序的基础。"① 这种理性秩序就是稳定而一致的社会秩序，指社会各部分和谐共存，维护社会稳定。或者说社会中的人安于自己的职业，相互合作、相互友爱、相互同情，共同遵守各种社会规范，而社会的管理控制体系能发挥作用，能处理、协调社会发展中的不稳定的因素。

社会秩序的稳定与一致集中表现在基本社会群体和社会角色的适当安排。从结构的角度看，一个社会的群体结构、职业结构、社会角色结构是要比例适当的，比例不适当就会不和谐。过去，在计划经济时期，我们曾片面突出重工业，一段时间甚至出现全民大炼钢铁，结果产业严重失调，社会出现灾难。社会的劳动者之间也是有一定比例的，比如人们经常计算，多少个劳动者中有一个干部，干部比例太高，就好比人的脑袋太大，身子太小，比例不适当，社会就会出问题。同样，近年来，一方面我国的东南沿海地区出现劳工短缺的现象，很多企业雇不到操作型工人，特别是技术操作型工人，而奇怪的是另一方面，很多失业下岗工人又找不到工作。其中一个不匹配的原因就是，从国有企业失业、下岗的工人在职业结构、社会角色结构和区域结构上都不能与就业需求结构相适应。所以，和谐的社会需要实现就业方面的社会需求结构与社会群体结构之间的互相匹配。

（二）社会功能的和谐与统一

社会与个人一样，是由相同的系统组织起来的，具有结构性、功能性和相互依赖性。社会历史的发展是社会结构由单一到多元、同质到异质的分化过程，社会角色和功能也出现了专门化的趋势。② 斯宾塞认为社会各部分执行着不同的功能，各部分间的功能联系和相互依赖的程度在增大，形成了一个具有整体性的社会有机体，而且随着社会复杂化程度的增加，社会成员更需要分工合作，才能实现社会均衡，建设和谐社会。因此，和谐社会必须要实现社会功能的和谐与统一。

当代西方"功能论学派"集大成者帕森斯提出了著名的"五变量"模式，并创立了"AGIL 模式"，说明社会各子系统包括个性系统、文化系统等在社会这个大系统中的作用和功能，在这个模式中各系统之间是相互进

---

① 〔法〕奥古斯丁·孔德：《实证哲学教程》第 2 卷，商务印书馆，1996，第 283 页。
② 蒋逸民：《西方社会学视野中的"和谐社会"及其启示》，《华东师范大学学报》（哲学社会科学版）2010 年第 4 期。

行交换的，有着功能分化、功能对应、功能动态和功能交换的作用。一个社会是否稳定与和谐，关键在于是否能够实现这些功能。换句话说，和谐社会的基础也即社会系统的整合和均衡，实现各个不同子系统的不同的社会功能之间的和谐与统一。社会各系统功能的完善整合是和谐社会的基础，社会过程与社会变迁是朝着均衡方面运行，为了缩短社会现实与均衡目标之间的差距，以实现和谐社会目标。

要实现社会功能的和谐与统一主要解决以下两个问题。

一是社会成员之间信息等的沟通。这一点对我国尤其重要，我国是个大国，地域广阔、人口众多，信息沟通并不容易。自秦以后，我国建立了中心集权的政治体制，形成统一国家，这有利于地区之间的协调。但是，由于国家大，上下之间的层级体制重重叠叠，层级越多上下之间的信息沟通就越困难。我国一个常见的现象就是下面的信息往往不能够顺利地传达到上层决策者。地方治理者比较易喜不忧，上级来检查工作，往往是事先安排好了，表现的是比较好的一面，其结果是上面比较难于了解下面的真实情况。传统上，上层治理者也曾尝试一些手段了解民情。比如，皇帝、高官微服私访，但是，即使是再英明的个人，仅凭借自己个人的观察，所了解的情况必然十分有限。所以，在我国要实现信息的沟通顺畅，非常重要的就是要建立下层向上层顺畅传达信息的体制，比如，我国近来在加强信访制度的建设等。其实，自古以来，我们就尝试过各种下情上传的制度，比如古代就有"击鼓鸣冤"的做法，政府设立"鸣冤鼓"，有冤屈的老百姓可以将信息直接传达给上层。今天，信息沟通的手段比古代多多了，可以创建更多的信息沟通渠道。

二是社会成员对社会基本事物之含义有一致的认识。假如人们对于基本事物的含义都产生分歧，社会群体必然分裂，社会将无法稳定。历史上，东周春秋战国时代曾经诸侯纷争，人们对于社会基本事物含义的认知有重大分歧，秦开始将列国统一起来，并试图建立统一的政治法律制度和思想意识形态体系。秦始皇虽然做了很大的努力，但到秦二世很快就亡国了。这就证实，一套完整的政治法律制度和思想意识形态体系的建立需要较长的时间。而倘若没有这样一个统一的、对社会基本事物之含义一致的认识，假如人们在基本事物的认知上严重分歧，社会就会动荡不安。到了西汉，为了实现社会稳定，最主要的任务还是如何建立一套政治法律与思想意识形态相一致的体系。作为国家的意识形态，最终选中了儒家的思想体系。

西汉董仲舒提出"废黜百家,独尊儒术"时,曾说:"春秋大一统者,天地之常经,古今之通谊也。今师异道,人异论,百家殊方,指意不同,是以上亡以持一统,法制数变,下不知所守。"中国封建社会的稳定,很大程度上是因为有了儒家思想作为社会标准的基础。当然,今天,我们也碰到了难题。中国经济与社会改革 36 年了,改革本身就改变了很多社会事物的基本含义。比如,改革以前,"倒买倒卖"被认为是违法行为,所谓"倒买倒卖"就是先用比较低的价格买入,再用比较高的价格卖出。我们知道,所有的商业行为都是"低价买、高价卖",以获得利润。改革以前,之所以"倒买倒卖"被认为是违法行为,是因为当时是计划经济,不是市场经济。所以,我国的经济体制改革是 36 年来中国人民社会生活中最为重要的事件。而改革本身就是对改革以前的社会事物定义的修正。而社会基本事物定义的修正是非常重大的事情,从负面的影响看,它会引发严重的社会问题。社会学有个概念叫作"社会失范",是指社会失去了规范,而假如社会真的失去规范,那就会造成社会的混乱。所以,我们今天处在一个很艰难的时期,一方面,我们必须推进体制改革,因为理顺体制确实可以释放出巨大的能量,但是,另一方面,由于推进改革,必然带来对社会事物基本含义的修正,必然造成人们熟悉上的混乱,这样,社会当然难以和谐。所以,今天,社会上的很多矛盾、冲突等都是因为人们的基本观点不一致而引发的。思想认知上的混乱,甚至导致违规、犯罪行为的增长。所以,我们今天的一项重大任务就是逐步建立一套政治法律制度与思想意识形态相一致的思想体系。

(三)利益在矛盾和冲突中达成均衡和谐

辩证法告诉我们,事物在矛盾的运动中才能前进。同样社会的发展也在于其自身内部的矛盾推动。在社会变迁的过程中,其内部的矛盾、冲突是一种不可避免的现象。但社会的矛盾运动可能有两种方向:一种是使社会更具活力,良性运行;另一种是使社会内部冲突加剧,处于恶性运动之中。"和谐社会"是针对第二种矛盾运动的状况所提出的。[①] 而在社会内部,矛盾、冲突中利益是最主要的矛盾冲突。可以说,社会进程是某种程度上

---

① 朱力:《对"和谐社会"的社会学解读》,《南京社会科学》2005 年第 1 期。

与他人利益相一致，同时又在某种程度上与他人利益相冲突的连续过程。①

马克思认为和谐社会就是"矛盾中的和谐"，他从社会的最基本矛盾——生产力与生产关系的矛盾入手，认为和谐社会是对立统一、动态变迁的，就是在社会结构变迁的过程中，各因素不断进行新的组合，使利益在矛盾、冲突中达成新的均衡，形成新的更高层次的和谐。在这里，矛盾和冲突发挥了其正面的功能——建设性功能和有益性功能。正如科塞所定义："冲突是指不涉及双方关系的基础，不冲击价值，是社会系统内部不同部分制度化的对抗形式。"② 不论马克思还是科塞都指出了重要的一点，即社会系统的和谐只有在不断冲突中才能实现，和谐社会是一种动态的变化的和谐，社会进程中利益通过矛盾、冲突达成均衡和谐，更是凸显了和谐社会的和谐。

所谓"和谐社会"，主要是指人与人之间相互尊重、相互信任和相互帮助，社会内部关系融洽、协调，无根本利害冲突，③ 其中强调的是社会和谐。社会和谐的内容主要包括不同社会成员之间的和谐，不同社会阶层之间的和谐和不同社会区域之间的和谐，这些和谐的实现都有赖于社会秩序的稳定与一致，社会功能的和谐与统一以及利益通过矛盾冲突达成均衡和谐，真正形成"全体人民各尽其能、各得其所而又和谐相处的局面"。④

要实现利益通过矛盾、冲突达成均衡和谐，必须做到以下两点。

一是社会群体奋斗目标的基本一致。这一点与上面一点是有联系的，上面一点强调社会基本事物的定义，或者说文化认同。这一点强调更宏观的、高层次的目标。这里讲的是在特定的社会制度、文化模式制约下，一个社会所产生的社会目标，它与政府的政策有关，但也不完全是政府可以控制的。该目标一旦形成，就会制约着普通百姓的行为，社会学家帕森斯称之为：目标实现。比如，改革以前中国社会是政治主题的社会，社会所规定的主要是政治目标。当时，追求富裕不是社会目标。人们积极地表现，希望能够政治进步，人们追求能够入团、入党，并以此为荣。在中国传统

---

① 陈成文、陈海平：《西方社会学家眼中的"和谐社会"》，《湖南师范大学社会科学学报》2005 年第 5 期。
② 〔德〕L. A. 科塞：《社会冲突的功能》，华夏出版社，1998，第 101 页。
③ 刘小敏：《和谐社会构想的伦理学探讨》，《理论学刊》2005 年第 4 期。
④ 中国共产党十六大报告。

社会，家族宗族占据重要地位的社会，强调的是家庭伦理目标，人们追求的最高荣誉是光宗耀祖、衣锦还乡。再比如，一些重视宗教的社会追求的是宗教目标等。今天的中国社会，经济目标变得异常重要。社会调查显示，越来越多的普通老百姓以追求富裕为目标。近年来的一次青年人的网络投票显示，青年人将"追求更多的钱"排在了第一位，占投票者的72.68%。当然，老百姓追求发财这无可厚非，但是，我国的社会转型太快，从过去的政治目标一下子就转到致富目标，不是每一个人都能跟得上的，人群中很轻易产生分歧，甚至出现社会群体奋斗目标严重分歧的情况，这就会产生冲突和争论。另外，财富的目标假如与社会的公平、正义的理念发生冲突，也会造成社会的不和谐与混乱。此外，设立了社会目标，还必须解决用什么样的手段去实现目标，这是第二点所要谈的。

二是建立了社会规范以限制追求上述一致目标所采取的手段。这里所说的对行为的限制，与第一点讲的目标是联系的。当一个社会设定了社会目标以后，还必须规定和提供实现该目标的手段。实现社会目标可以有多种手段，社会必须规定人们只能够采取那些合法的、合理的、公平的、正义的手段去实现目标，而不能够采取不合法的、不合理的、不公平的、不正义的手段。比如，改革以后，我们提出一部分人先富的口号，如上所述，追求财富成为很多人的奋斗目标。那么，用什么样的手段追求财富呢？一个和谐的社会必须对实现目标的手段有严格的限制。目前，社会上一些人为达目标不择手段，甚至采取违法的、违规的手段追求财富，这样，社会当然就不会和谐。此外，由于社会转型、社会变迁迅速，社会规范本身就不清楚，比如，河北省的孙大午事件，抓的时候称其有罪，判刑几年，放的时候又说无罪。一时间，社会上争论得沸沸扬扬，到底是否犯罪也说不清楚。一个社会假如连犯罪的标准都产生分歧、出现含混的话，社会规范就出了大问题。

三　得当与和谐

人作为有着主观能动性的高级动物，以自己的实践活动在改变、改造着自然界和人类社会，以更好更多地满足人类自身的需要，可以说，人类实践活动的领域、范围主要是自然界和人类社会。人类的实践活动即使作用于自然界，最终目的也是为了促进人类社会的可持续发展。得当是人类实践活动的一把标尺，它指导着人们用适度的实践活动推动人类社会以一种协调、均衡、持续的状态发展，而这种状态用社会学的概念来描述就是"和谐"。

和者，和睦也，有和衷共济之意；谐者，相合也，强调顺和、协调，力避抵触、冲突。所谓和谐就是指各组成部分之间协调地相互联系在一起，配合得匀称得当。和谐就是矛盾着的双方在一定条件下达到统一而出现的状态。用在人类社会就标志着人与人、人与社会、人与自然之间诸多元素实现均衡、稳定、有序，相互依存，共同发展。

首先，和谐是一种相对的次序状态，是一种系统各要素通过协调而达到的次序状态。[①] 这种状态是相对的，它是差异的统一，矛盾的协调。换言之，和谐不是没有差异、没有矛盾的状态，"不同"的存在是和谐的前提。矛盾和差异是普遍存在的。因为不同的要素具有不同的特质和功能，和谐就在于系统内部不同要素的协调与相互补充。它们各自发挥不同的作用，人尽其才、物尽其用，同时又能协同运动、配合得当，形成优势互补的组合，这种综合效能要远远超出各要素的简单同一。因此，追求和谐不是要消除一切矛盾与差别，而是存在着差异和矛盾但却能适度地协调矛盾，形成一种共生状态或共生的生活关系。

其次，"和谐"是一个动态性的开放过程。矛盾存在于一切事物的发展过程之中，矛盾一方的存在与发展是另一方存在和发展的条件。事物矛盾着的双方斗争性和同一性是在平衡—不平衡—新的平衡过程中循环往复、不断向前发展的。赫拉克利特就曾指出和谐之关键就在于对立面之间的斗争、冲突与抗衡，"同一事物既存在又不存在"[②]。和谐是一种动态的和谐。

和谐与得当在社会学领域内有着相一致的地方，主要体现在以下三点。

第一，"和谐"与"得当"都是适度。"得当"在前面已讲到就是适度。度，就是事物保持自己质的量的限度、幅度、范围，是和事物的质相统一的数量界限。所谓适度就是适当程度，指主观的认识和行为必须同客观事物的度相适当。得当在指导人类的社会实践活动方面就是指人类的社会实践活动尊重并按照客观规律，在适当的范围和程度上实施。而"和谐"同样也指适度。和谐在事物发展中有两大功能，即关系的协调、力量的平

---

① 廉清：《和谐社会的哲学解读》，《兰州学刊》2007 年第 11 期。
② 北京大学哲学系外国哲学教研室编译：《古希腊罗马哲学》，生活·读书·新知三联书店，1982，第 36 页。

衡都与适度相关。所谓关系的协调，主要包括三个方面。一是比例恰当，即各种要素及其相互作用的比例搭配适度。"和五味"才能"调口"，"刚四肢"才能"卫体"，"和六律"才能"聪耳"。要素多样并不是说要素越杂越好、越多越好，比例恰当的基本要求就是系统要素该多的则多、该少的则少。二是各得其所，即各种要素合在一起时能发挥各自的作用。"高者抑之，下者举之"①、"乾道变化，各正性命"②。人尽其才，物尽其用，条件适宜，就能各自将潜能合理释放，并与其他要素循环互补、有机关联。但是诸要素必须协同运动，诸要素的作用点、作用方向一致，表现出高度的有序性和生命力。显然，比例恰当、各得其所是达到协同运动的前提。而力量的平衡指事物的和谐在宏观状态上展现为力量的平衡，并相对稳定。这种力量的平衡就是因为系统中的要素力量保持适度才能彼此平衡，系统才能维持稳定状态。因此，"和谐"与得当都可用来描述事物的适度状态。

第二，"和谐"与得当都是在多样中达到统一，实现最优。"得当"是不过度、不欠度，是恰当，是合适，它是在诸多的标准中寻找一个恰当的点使得各种要素组合优化达到一个最佳的状态。而同样，"和谐"按《说文解字》中所说："和，相应也。"而"谐"的意思是"配合得当"。和谐旨在使不同事物"相应"且"配合得当"，使多样要素相"统一"。同时，和谐的事物又总是具有最佳的功能。"以他平他"，协调平衡，互动共振，便会如系统论中"整体大于部分之和"，表现出良好的对象性效应。两者都达到了最优，实现了功能的优化。因此，"和谐"与"得当"都是实现事物功能优化的一种选择。

第三，"和谐"与"得当"都是为了实现利益协调。"和谐"意味着社会各方面的利益关系都能得到协调。这里主要体现在保证不同利益群体的需要都能相应得到满足，在整个社会阶层结构体系中，各阶层利益群体能通过制度化的手段，通过正当途径满足自己的需要，这样阶层结构才是合理的、稳定的、和谐的。这样的规则也适用于不同地域、不同国家、不同种族以及代际的利益关系。"和谐"就必须互惠互利，不能在增进自身利益的同时去损害别的区域、国家、种族的利益，或者以当代人获得更多利益

---

① 《道德经》第77章。
② 《周易》。

为理由损害下代、下下代人的利益。同样，"得当"也是为了实现利益的协调，得当与否取决于利益关系是否协调、和谐。"得其所该得"，超出应得部分的就是不当，就是不和谐。这一点也适用于同一时期同一社会中不同群体、阶层以及不同代人的利益分配上。因此"和谐"与"得当"皆为满足实现利益关系的协调。

第四节　造福："得当"的伦理学指标

得当，作为人类实践活动的评价指标，从"度"到"合理"再到"和谐"，最终将落实到"造福"上。"造福"是"得当"的伦理学指标，"得当"的最终目的是实现人的"幸福"，"造福"也是衡量"得当"的最高标尺。

一　得当与幸福、造福

（一）得当与幸福

对幸福生活的追求是推动人类文明进步最持久的动力。在人类社会发展的历史进程中，人类努力自觉地以自己的能动性活动——社会实践活动改变着自然界和人类社会，促进社会不断进步，究其原因归根结底是为了更好地满足人类自身的各种需要，当自己的正当欲望在一定的社会条件下得到满足时，人便体会到幸福。

幸福是什么？什么样的生活才算是幸福的生活？可能一千个人会有一千种答案。幸福是使人心情舒畅的境遇和生活。这是《现代汉语词典》给出的解释。追求幸福不仅是人们人生中的重大主题，它更直接指导着人生的实践，但是它的解决不像初等数学那样简洁明确，一是一，二是二，也不像自然科学那样，正确的答案只有一个，各种不同的人都会有共识。幸福问题，不同时代、不同地区、不同阶段和阶层中的人们，在不同的情况下，会得出不同的答案。但有一点大家有着共识：从一定意义上说，一个人的幸福，很大程度上并不是由他本人随意决定的，而是由人和社会的发展水平和发展状况决定的。获得幸福、享受幸福的生活，这是每一个人都期望的人生目标和理想。[1] 虽然个人的生命只有短暂的几十年光阴，但是，

---

[1]　陈瑛：《人生幸福论》，中国青年出版社，1996，第1页。

每一个人为获得幸福而孜孜以求、奋斗不止的实践活动，组成了人类向往幸福生活的美好篇章。从人们对幸福的不同定义、不同感受中我们可以知道虽然每个人对幸福给出的答案不同，但人生幸福的实现，主要在于人的种种正当欲望的满足。对幸福的不同感受只是由于人们欲望的不同，或者说每个人对自己不同欲望的重视程度。有的人认为家庭和谐美满是幸福，是因为她看重家庭，能从家庭中满足自己的幸福感受；有的人认为事业有成是幸福，是因为他倾心于事业，能从事业成功中获得成就感从而感受到幸福。人的正当欲望是在人自身和社会的发展中不断丰富和发展的。因此，人的幸福取决于人和社会的发展水平和发展状况。当人和社会的发展水平有限时，个人产生不了超越这个水平的欲望，即使产生了，也只能是幻想，不可能得到满足。[1] 例如，原始社会的人们就不会有通过可视电话了解异地亲友情况的欲望及得到这种满足的幸福感。另外，人们是由于各种各样的需要难以得到轻松的、顺利的、完全的满足而追求幸福的。

人的需要和欲望随着社会的发展和进步不断地发展变化并丰富着。这其中既有与生俱来的本能需要，也有后天激发起来的需要；有周期性的、断断续续表现出来的需要，也有始终存在的需要；有强烈表现出来的需要，也有隐藏不露、下意识地存在着的需要；等等。在这多种需要中，与得当、幸福相关的是人的正当欲望的满足。人们要得到幸福，就不得不对自己多样的、强烈的种种欲望加以审视和权衡，去掉不合理的、不切实际的，尤其是有害的欲望，培养和发展高层次的有益于人生、有益于社会的欲望和需要。事实上，在很多情况下，人们不能感受到幸福，究其原因就是其需要不正当、不得当。他们的欲望不切合实际，没有朝有益于他人、有益于社会发展的方向发展和升华，而是向相反方向膨胀，这样就使他们和社会发展格格不入，也就不可能得到幸福感。得当作为人类实践活动的评价指标，当人们按照"得当"来约束自己，按照"得当"的要求开展实践活动时，人类社会就会避免过度或不足的发展，从而呈现出持续健康有序的发展状态。从此可得知，当每一个人都以"得当"作为自己实践活动的评价指标时，就必然带来人和社会的发展，使人和社会的发展水平迅速提高，有了个人欲望的形成、满足个人欲望更坚实的基础，从而更好地满足个人的各种正当欲望，也就更多地感受到幸福。从这一点上，我们可以得出结论，幸

---

[1] 高恒天：《道德与人的幸福》，复旦大学博士学位论文，2003。

福取决于"得当"，要幸福，要更多的人体会到幸福，就必须"得当"。

（二）得当与造福

得当是人进行实践活动的标尺，当人们的实践活动符合得当标准时，其结果必然会更好地满足人的需要，使人更多地体会到幸福的滋味，可以说"造福"是"得当"的伦理学指标，或者说能否"造福"是衡量人类实践活动"得当"与否的伦理学指标。

前面我们已论述过"得当"的意义在于它能更好地指导人类开展社会实践活动，促进人类社会可持续发展，而人类社会发展归根结底是为了促进人的全面发展，更好地满足人的各种需要和欲望，在人类的需要和欲望得到满足时人们便感受到幸福，因此可以说幸福是检验人类社会发展程度的标准之一，特别是对个人而言，幸福更重要。由此我们也可以说"得当"最终会落实到幸福上。或者说，人们越容易满足自己的正当需要和欲望，就证明人类社会越进步，也就证明人们的实践活动也越符合"得当"的标准。发展是人类社会的前行性目标，科学发展更是人类在历经几千年的发展过程中反复总结和思考得出的正确的发展途径，而科学发展则与"得当""造福"都息息相关。一是科学发展与"得当"。科学发展是什么？简而言之，科学发展就是又好又快地发展。在这里强调的是科学发展不能把"好"与"快"割裂开来、对立起来，要达到两者的统一，即维持"得当"状态。唯物辩证法告诉我们，质和量是同一事物的两个方面，任何事物都是质和量的辩证统一。在客观世界里，既没有离开一定质的量，也没有离开一定量的质；质量互变规律是自然界、人类社会和人类思维发展运动的普遍规律。就经济发展而言，"好"是其质的规定性，"快"是其量的规定性，二者相辅相成、互为条件，"快"离不开"好"，"好"也离不开"快"。从哲学上讲，二者没有高低贵贱之别。我们在实际中，既不能片面地强调"快"而忽视"好"，也不能因为强调"好"而否定"快"。而且，具体来说，与"好"相对立的是"坏"，而不是"快"；与"快"相对立的是"慢"，而不是"好"。所以，不要以"慢"求好，也不要以为"快了"就必然"不好"。科学发展就是"又快又好"，就是维持一种持续，一种"得当"。二是科学发展与"造福"。科学发展的核心是以人为本。我们知道，发展就是要解放生产力，而人是生产力中最活跃的因素，解放生产力就是要解放人的积极性和创造力，这是经济能发展、社会能发展的根本。同时，经济发展、社会发展的根本目的是人的发展，是要发展人的物质享受和精神享受的条件，以满足人的物质和精神需求。所以，归根结底，发展是为了人，人是发展的根本（既是能发展的根本，也是要发展的根本）。科学发展以人为本，就是说发展以人民的利益为根本，发展是为造福人民。胡锦涛同志在十七大的报告中指出："坚持以人为本，就是要以实现人的全面发展为目标，从人民群众的根本利益出发谋发展、促发展，不断满足人民群众日益增长的物质文化需要，切实保障人民群众的经济、政治和文化权益，让发展的成果惠及全体人民。"总之，科学发展就是为了造福人民。科学发展是为了造福人民，而科学发展就必须"得当"，因此，我们也可以说"得当"是为了造福人民，"得当"也必然造福，造福就必须"得当"。

总而言之，人的发展、社会的发展是人的正当欲望得到满足、获得幸福的根本途径，只有人类得当实践，人类才能幸福。而"得当"最终是为了促进个人的全面发展，人的全面发展中高层次需要都与成就、发展、安全相关，这些都使人身心愉悦，感受到幸福。因此，"造福，给人们带来幸福"是"得当"的伦理学指标。

二 幸福与人的内在尺度

幸福不是"实物"，但它是人自身在其生命活动、情感活动、精神活动以及社会活动中所体验出来的一种感受。[①] 同样的客观境遇或对象，不同的人会感到幸福或是不幸；而即使是同一个人，此时此情境下可能感受到幸福，彼时在同样的情境下则可能感受到不幸福。这说明了人是幸福的尺度，且这个尺度是因人、因时而异的，符合这个尺度的境遇或对象就使人感受到幸福，反之则使之感受到不幸。这一尺度存在于人的本体中。

要考察存在于人的本体中的这个尺度，必须先分析人的本性：人既是能动的，又是受动的。马克思曾指出："人作为自然存在物，……一方面具有自然力、生命力，是能动的自然存在物；……另一方面，人作为自然的、肉体的、感性的、对象性的存在物，和动植物一样，是受动的、受制约的和受限制的存在物，也就是说，他的欲望的对象是作为不依赖于他的对象而存在于他之外的；是表现和确证他的本质力量所不可缺少的、重要的对

---

① 高恒天：《道德与人的幸福》，复旦大学博士学位论文，2003。

象。"① 从人对对象的需要和欲望来看，人是受动的；从人通过自己的天赋追求或建造对象来看，人又是能动的。可见，能动和受动是人的本体论本质，正是能动和受动把人与外界对象勾连起来，在能动地改造对象的过程中，人凭着自己的内在尺度体验着幸福或不幸福。一般而言，当人追求、改造的对象符合人的内在尺度时，人会获得幸福感；而当人追求、改造的对象不符合人的内在尺度时，人则往往感受到不幸。这说明幸福在本质上就是对象符合人的内在尺度的状态，在这种状态中，幸福感是一种伴随现象。

人的内在尺度是人的本质力量，与自身的需要、欲望、激情等相关。人正是在自身的需要、欲望、激情的推动下去追求对象以及想把对象或环境改造成符合人的内在尺度的状态。这样，人的本质力量不但是人改造对象或环境的动力，而且是尺度，且这种动力和尺度在根源上是同一的。

作为内在尺度的人的本质力量是全面的、多样的。马克思深刻地指出："人以一种全面的方式，作为一个完整的人，占有自己的全面的本质。……他的个体的一切器官，正像在形式上直接是社会的器官的那些器官一样，通过自己的对象性关系，即通过自己同对象的关系对对象的占有。"② 因此，人的本质力量具有多样性的表现形式，它可以是视觉、听觉、嗅觉、味觉、触觉、思维、直观、情感、愿望、活动、爱等。总之，可以是个体的一切器官。或者说，人与外界对象或环境相勾连的通道对应其本质力量，对应着人的内在尺度。

人的内在尺度还是历史的、变化的。人类改造对象或环境因时代的不同而不同，同样人的本质力量和内在尺度因时代的不同而不同。这点可以从不同境遇下的人对幸福具有不同的理解这一事实中得到验证，"甚至同一个人也经常在不同的时候把不同的东西当作幸福。在生病的时候，他把健康当作幸福；在贫穷的时候，他把财富当作幸福"③。人的内在尺度还具有适应性，这可看作是变化性的一种特殊类型。因为如果人的内在尺度的变化与人的本质力量所引起的环境的变化处于严重的不协调状态，则人就会感受到不幸福。或者说，人会因为不知足淡化或无法产生幸福的感受，或

---

① 马克思：《1844 年经济学哲学手稿》，人民出版社，1985，第 124 页。
② 马克思：《1844 年经济学哲学手稿》，人民出版社，1985，第 80 页。
③ 亚里士多德：《尼各马可伦理学》，中国社会科学出版社，1999，第 5 页。

使人更多地感受到苦涩、辛酸和痛楚。但人会通过使自己的内在尺度与环境或对象处于协调状态，减弱甚至消除这种苦涩、辛酸和痛楚。他如果不能通过自己的本质力量改变环境或对象，并使之适应自己的内在尺度，那么，他可能就调节自己的内在尺度并使之适应内外环境或对象，这后一种情况其实就显示了人的内在尺度的适应性。无论是变化性还是适应性，表明了人无论在何种情况下都不会放弃自己对幸福的追求的特性。

三　"得当"的终极价值——造福

因为幸福与人的内在尺度和人的本质力量有关，人类的一切实践活动都是借助人的本质力量去追求幸福，所以作为评价实践活动的指标，"得当"的终极价值也最终体现在"造福"上，"得当"与否可以以是否为全人类造福而衡量，在这里全人类是超越时空的，既包括为所有当代人造福，也包括为所有后代人造福。

（一）造福全人类

造福有两层含义。一指造福田。佛教谓积善行可得福报，如播种田地，收获其实。《敦煌变文集·大目前连冥间救母变文》："父母见存为造福，七分之中而获一。"二指给人带来幸福。明代何良俊《四友斋丛说·史九》："故缙绅辈凡有志与朝廷干事与百姓造福者，独守令可行其志。"清代俞樾《春在堂随笔》卷二："据此，则王氏之造福闽疆，亦不让吾浙之有钱乐矣。"本书中的"造福"专指第二层含义：给人带来幸福，这里的"人"是超越时空的全人类，即造福于当代所有人和造福于所有后代人，同时造福也是超越时空的，不可只造福一方或一时。

讲到造福，首先要明确个人幸福与公众幸福的关系。幸福具有个体性，因为个人对幸福的直接的、当下的、个体的、终极的感受与领悟直接体现了这一个体性；同时幸福又具有社会性，因为人的本质力量本身及其对分化过程具有社会性，"无论是从广度上还是深度上看，人世间的幸福都贯穿着人的社会性"①。幸福的个体性和社会性二者既相互联系，又相互区别。在相互联系上，幸福的社会性以幸福的个体性为前提；同样，幸福的个体性也是以幸福的社会性为前提。因为个人在追求、创造具有个体性的个人

---

① 陈根法、吴仁杰：《幸福论》，上海人民出版社，1988，第100页。

幸福的过程中，是在社会所提供的制度环境中、利用他可以利用的资源并且在他人的社会合作条件下来进行创造或追求的。

由幸福的个体性和社会性决定了个人幸福与公共幸福二者之间也是不可分割的，正如德国作家爱克曼所说，"有我作为个人的幸福，也有我作为公民和广大社会中一成员的幸福"，并且公共幸福比个人幸福重要。

既然个人的、部分人的幸福与全体人的共同幸福是分不开的，而且全体幸福高于个人幸福，那么造福就应集中在为全体人创造幸福，不仅造福当代，而且要造福子孙后代。在为当代所有人创造幸福时，不可只造福一方，也不可造福一时。造福一方往往会因为局部利益而牺牲全局利益，走入只为个人或部分人创造幸福的境地，而因为没有全体幸福就无法保证个人幸福，最终个人也会失去幸福感。在这一点上，我们要像爱因斯坦所说的那样："请学会通过使别人幸福快乐来获取自己的幸福，而不要用同类相残的无聊冲突来获取幸福。"① 要做到思利及人，这样创造所有人、全体公共幸福的同时，使个人幸福感更加强烈、持续。同时还要防止造福一时。造福不能仅注重短时期的直接效果，不可为追求一时利益而牺牲长远利益。"科学的使命，是要造福社会，而不是造福个人。"② 同样，只造福一时带来短期好处或利益的科学技术也不是真正的好科技。我们在为当代人创造幸福时，还要关注我们的子孙后代，不可为了自己一时的幸福而给子孙后代带来灾难。

造福，就是给人创造、带来幸福，可以从以下四个方面来造福，即解决问题、克服困难、予人方便、谋取福利、推动进步。前面已论述了幸福感是因为人的内在尺度与和人所勾连的对象或环境相符合而获得的。一般来说，人的本质力量越强，也就意味着人对某种环境或对象的追求越强烈，相应的，如果这样的环境或对象能够为当代人所追求或创造，那么当事人就会充分地体验到某种强烈的幸福。由此可知，造福就是要为人协调与人的本质力量所勾连的环境或对象，使人、人的本质力量及其所勾连的环境或对象三者协调一致。所以造福的第一个方面就是为了解决人的本质力量与环境、对象之间不合的问题，克服其间的困难，使人、人的本质力量及

---

① 〔美〕海伦·杜卡斯、巴纳希·霍夫曼编《爱因斯坦谈人生》，世界知识出版社，1984，第44页。

② 陶行知：《名人名言》，Kaixinkanshu. cn。

环境或对象三者协调一致。现代医疗事业的发达给人们长寿的愿望攻克了一个又一个难关就是一个显证。袁隆平院士的团队发明了杂交水稻，促进中国粮食亩产提升到 800 公斤以上，不仅为中国解决 13 亿人口吃饭问题做出了突出贡献，而且推广到印度、孟加拉国、印度尼西亚、巴基斯坦、埃及、马达加斯加、利比里亚等众多国家，使那些地方的水稻产量提高 15% ~ 20%，为人类保障粮食安全、减少贫困发挥了重要作用。所以，袁隆平朴实而伟大的理想"让天下人都有饭吃"也是造福的体现。

予人方便是造福的第二个方面。人要获得幸福感必须感觉境遇舒畅，而这种舒畅从某种程度上来讲就是方便带来的。现在我国通过加强水、电、路、气、住房等基础设施建设，加快中心城市、县城、小城镇和中心村建设，为人民群众提供功能完善、生态优美、规范有序的生活环境，就是想给人们的生活带来方便。可以说，今天从铁路横贯、大桥飞架、堤坝高筑、汽车奔驰、飞机穿梭、飞船遨游、巨舰破浪、通信畅通，到成千上万的各种机械、自动化生产线、电视、电话，再到洗衣机、冰箱、微波炉、空调、吸尘器等家用电器，科技创新给人类生产生活带来了空前便利，特别是网络购物的发展让人们足不出户就可以满足许多需要，双"11"的疯狂很好地说明了这一点。因此，人们在感叹自己幸福时都会感谢电话、交通工具、网络给自己带来的方便。总之，造福就是要为人们带来方便，使人们更多地体验幸福感。

"福利"一词充分说明了幸福与利益的紧密关联，造福就是要为人做好事，谋求利益，谋取福利。李冰父子修建都江堰，在当时不仅治理了水患，而且发展了航运，为人们带来了实实在在的好处，所以才会惠及子孙后代，受人赞颂。现在国家一再强调让"人民得到更多实惠"，十八大报告更是将"继续改善人民生活、增进人民福祉"明确作为国家发展的目标。我们党作为执政党，明确指出"权为民所用、情为民所系、利为民所谋"；为人民服务，就要常怀为民之心，常思为民之策，常兴利民之举，常听为民之言，常记为民之托等，无一不在强调我们发展的目的就是要为民谋利。改善民生可以说是现阶段造福的代名词。

造福除了解决问题、带来方便、谋取福利以外，还有一个方面就是要推动社会的进步。人类的生存只有在社会合作中才能提高其效益与质量。在实践中，人要使其改造对象与自己的内在尺度相符合，必须不同程度地依赖于社会提供或凭着社会资源自己制造的手段和工具。可以说，没有社会的保障，人不可能实现自己的目的，也就不可能有幸福。只有推动社会进步，社会秩序进一步优化，社会条件的保障更充分，人才能获得更多、更强烈的幸福感。回顾人类文明历史，人类生存与社会生产力发展水平密切相关，而社会生产力发展的一个重要源头就是创新。创新源于生活需要，又归于生活之中。历史证明，创新驱动着历史车轮飞速旋转，为人类文明进步提供了不竭动力源泉，推动人类从蒙昧走向文明、从游牧文明走向农业文明、工业文明，走向信息化时代。在一定意义上来说，创新推动人类社会的进步就是造福人类。

（二）造福不够与造福过度

造福涵盖了解决问题、予人方便、谋取福利和推动社会的进步四个方面，切实促进了人类的发展，满足了人类的需要，使人获得幸福感。而让人获得幸福感，造福于人也存在着"得当"问题，造福也有个"度"，造福得当能给人带来幸福，造福不够或造福过度不仅不能让人体会幸福，而且会给人带来祸害。正如幸福与财富的关系一样，很多先哲们就论述了并不是财富越多，就越幸福。作为西方伦理思想史上第一个讨论幸福的思想家，梭伦提出了中等财富是幸福的最好保证。而在 18 世纪，爱尔维修和霍尔巴赫也认为富有的程度与幸福的程度并不成正比，有一笔中等的财富就可以保证公民的幸福。老子也深刻论述了不知足的危害。这些论述都指出了造福得当的重要性和必然性。

在实际生活中，造福不够和造福过度成为造福不得当的两种表现。"为官一任，造福一方"既是各级干部勉励自己的格言，也是群众对每一个干部的殷切期望。但在现实中，造福不够或造福过度却不鲜见。造福不够主要表现为干部们的浮躁、"面子工程"和造福能力不够。有一部分干部缺乏静下心干事业的心境，做事浮躁，不愿干那些似乎与当前利益无关、与自己没有直接利益的事，只在短期内干些立竿见影的事，而对于干了多少基础工程、上了多少长效项目、积蓄了多少后劲、人民群众得到了多少实惠等，则往往顾及得少，甚至根本不予考虑。这种"面子工程"就使得造福变了味，没有真正造福于民。还有一种就是有些干部想尽自己最大努力，多为群众办实事、做好事、解难事，造福老百姓，但自己的能力不够，因此无法真正解决群众的问题，也就无法真正造福于民。

造福过度就是没有长远目光，光想着"造福一方""造福一时"，不顾及其他地区，不顾及子孙后代。这主要表现为不顾客观实际，以损害环境、资源、人民的健康为代价，搞掠夺性开发。当时看，是多弄了几个钱，地方的 GDP "涨" 大了，群众的腰包 "鼓" 起来了，但从长远看，仅仅是几年后就会发现，这是在砸子孙的饭碗，断后人发展的路子。党的历任领导反复强调："多干群众急需的事，多干群众收益的事，多干打基础的事，多干长远起作用的事。" 这一段话可作为造福的基本标准。而在现实中，还有一种 "造福过度"，就是科技的 "双面刃" 效应。足够的力量，可以造福世界，过度的力量，可以毁灭世界。一方面，科学技术是生产力，并且是 "第一生产力"；另一方面，科学技术是破坏力，甚至是摧毁力。例如，核能的科学技术、核电站等能造福社会；核战争却将毁灭人类。同理，医疗卫生条件的改善，一方面造福人类；另一方面却有可能使人类的生理机能退化。生物的进化是建立在过度繁殖和少量生存的基础上的，而就人类社会现状而言，正在失去这个基础。计划生育和社会发展，将使人类的出生率不断下降；医疗条件和水平的不断提高，既使新生儿生存率不断提高，又使人们的寿命在不断提高。伴随而来的就是人类进化的停滞和退化，还有遗传素质的恶化。

人类文明在人类的实践中不断发展，人类实践活动是否丰富多彩都蕴涵着得当与否这一命题，"得当" 既是哲学的 "度"、科学的 "合理"，也是社会学中的 "和谐"，更是伦理学中的 "造福"。有了 "得当" 这一标尺，人类会减少甚至杜绝不当实践，推动人类社会持续发展。

第三章　创新得当：创新的
得当限定[①]

创新得当，是创新的得当限定。形成创新得当的共识，鼓励得当的创新，抑制不当创新，是创新在现阶段向我们提出的重要命题。所谓创新得当，是指创新既合理又有度，这样的创新以正确设定的目的为导向，受到基于客观规律和道德法则的合理尺度的约束，从而能够真正造福于人类并促进人与人、人与社会、人与自然的和谐。而创新不当，则是指偏离正确的目的、违背客观规律和道德法则的创新。

无论是创新得当还是创新不当，都是就创新本身（即创新的意图、创新的过程、创新的手段、创新的结果等）而言的。除创新本身有得当与不当之区别外，创新成果的应用也有得当与不当的问题。即使是得当的创新，其成果也可能被不当地应用。本章之主题，锁定在创新本身的得当与否问题。虽然不对创新成果应用中的得当与否进行专门的论述，但本章用来确认创新得当的基本分析原则也适用于人对创新成果应用中的得当与否问题。

第一节　创新与得当之合题

在论述"创新得当"之前，有必要对创新与得当之合题，即创新得当的必要性、可能性进行论证。

---

① 王建华、何小英：《创新得当：创新的伦理学要求》，《南华大学学报》（社会科学版）2009年第 4 期。

一　创新价值的双重性

创新存在的基础和创新的动力是人类活动所期待或获取的价值。创新的超越就因为人对新价值的期冀。但在实践中，创新既可能有正面的、积极的、肯定的价值，又可能产生负面的、消极的、否定的价值。

第一，创新可能产生正面的、积极的、肯定的价值。创新能不断满足人类的需要，提高人的能力，促进人类社会的进步。这是对创新的正值判断，即创新具有正面的、积极的、肯定的价值，是发展、进步和获得价值的代名词，是造福人类的。在人类历史发展进程中科学技术的每一次发明创造，都给人类带来了正面的、积极的、肯定的价值。马克思、恩格斯在《共产党宣言》中指出，资本主义革命使"资产阶级在它的不到一百年的阶级统治中所创造的生产力，比过去一切时代创造的全部生产力还要多，还要大"①。无论是现代科学技术创新，还是理论和制度创新，都给人类带来了巨大的正价值。

第二，创新可能产生负面的、消极的、否定的价值。创新除了产生上述正面、积极、肯定的价值之外，其本身也可能产生负面、消极、否定的价值。这其中牵涉到创新的意图，比如盗取银行密码的装置，这一创新的目的就应该被否定；再比如原子弹这一人类巨大的科技创新的结果在给人类带来了巨大价值的同时也给人类带来了风险和负值，而且这种风险和负值至今还困扰着人类社会；"大跃进""文化大革命"给国家和人民造成了严重的损失和危害。纵观历史，这样深刻的教训举不胜举。资本主义的创新，虽有正价值，但亦有负价值，包括近代史上的让我们恨之入骨的鸦片烟枪、今天的毒品，它们给人类带来的不是愉悦繁荣而是痛苦毁灭。

第三，创新的积极价值可能转变为负面价值。这里主要是指创新成果的应用。创新是一种创造性的实践性活动，也是一种带有强烈主体性的社会系统工程。任何创新活动都是在一定的社会环境中由具有一定的价值理想与目标的实践主体——人实施的。社会因素的多样性和复杂性，参与创新的因素的多元化，创新主体基于价值追求的能动选择性，决定了创新是个复杂的系统工程。其中，创新成果具有两重性，它是取得积极价值，还

---

① 《马克思主义原著选读》，高等教育出版社，2000，第234页。

是负面价值，是由主体——人来决定的。可以说，创新即使具有积极价值，推动社会的发展，但如果创新主体的价值取向不正，仅为个人私利，而非造福全人类的话，创新成果的应用就有可能使创新的积极价值转向负面价值，可能不仅使人不能受益，还有可能危害大多数人。因此，创新成果在应用过程中因使用者错用、误用或滥用而造成严重后果的恶性事件频频出现。第二次世界大战后八大著名的环境污染公害即是例证。"冰毒"的研制提炼也是一种科技创新，但它被一些人用于营利而非医学上，现今它对人类的伤害远远大于它的积极价值。创新活动是"双面刃"，还有一些创新在研究时的初衷是具有积极价值，但如果由别有用心的人用于不正当的目的，那么就会转变为负面价值。例如克隆技术的研究成功，为人类进一步认识自然、改造自然创造了新的条件，将来它可以在保全品种、挽救濒临灭绝的种植物物种以及提供人造器官等方面造福于人类；但是，如果克隆技术被别有用心的人出于不正当的目的或出于追求利润的目的而滥用，结果将是变利为害，它所可能产生的灾难也会是前所未有的。

　　正因为创新既可能有正面的、积极的、肯定的价值，也可能有负面的、消极的、否定的价值，且正、负价值之间的差距巨大，但同时创新的积极价值还有可能转变为负面价值。因此我们有必要为创新设定得当的限度，以尽量避免和防止创新负面、消极、否定价值的产生，使创新充分具有正面、积极、肯定的价值。

二　创新必须得当

　　创新无论是技术创新还是制度创新和理论创新，对人类及人类社会的发展都发挥了巨大的作用。但正如作用力和反作用力的原理一样，创新给人类带来巨大价值的同时也给人类社会带来了风险和负值。创新是人作为高级动物所必备的本能和基础，因此尽管它有负价值和风险，但是人类生存和发展又必须依靠它来再现和彰显。这样，建立一套创新的评估体系就成为创新活动的前提。以往的许多创新活动的预测和评估是粗陋、直观的，甚至只是一种感觉。在科学研究过程中学霸式的预测评估，在政治领域霸权式的预测评估，都给人类的创新活动带来种种负面影响。[①] 因此，需要建

---

　　① 王建华、何小英：《创新得当：创新的伦理学要求》，《南华大学学报》（社会科学版）2009年第 4 期。

立新的创新预测评估体系，预测评估体系的基础和核心是它所应有的价值标准，即应以"得当"作为评估的基本标准，创新必须得当。

从伦理学视角看创新，其价值具有两重性，其可能产生的正负价值都很大，因此我们必须对它设定价值标准即得当。创新只有得当，才能发挥它最大的积极价值，避免负价值和无价值；创新只有得当，才能把握度，做到"不过"和"不及"，恰到好处地体现创新的积极价值；创新只有得当，才能做到合理，既符合客观规律，又很好地为人类的目的而服务；创新只有得当，才能实现和谐，保持好自然生态和社会生态；创新只有得当，才能真正造福人类，为人类的持续发展不断贡献力量。

反之，如果创新不当，就会显现它的负价值，可能不符合客观规律，破坏自然生态，只为个别人或部分人的不正当目的服务，给人类带来不可估量的损失和严重后果。因此，创新必须得当。

三　创新不当

创新价值的两重性决定了创新这一实现人类自由理想的实践活动在发展过程中因为创新者的不良意图、创新过程中使用不当的方法途径会出现"创新不当"的现象。

人类活动的各领域都包含着创新，也可以说，人类一切有意识的活动都涉及创新问题和创新理性。创新由社会创新与个人创新两个部分组成，这两个部分是密不可分又都是必要的。社会的价值取向与个人的价值取向可能一致，也可能不一致。当个人创新的价值取向或者说个人创新追求的效果和目的与社会创新的价值取向相悖时，就成为"不当"创新。

创新活动是人有目的地自觉干涉世界的社会性活动，这种活动不可能脱离人的利益驱动，它在利益（包括社会利益和个人利益）的驱动下得到了进一步的发展。虽说创新活动的根本动力是实践，但作为人们现实利益关系之反映的价值观念往往对创新起着直接的激励和驱动作用。因此，创新的动力支持更多地来源于利益。利益分为社会整体利益和个人利益，当个人创新追求的效果和目的仅仅是为了个人的利益，而这种个人利益又恰恰与社会利益相冲突时，创新就成为"不当创新"。

创新的社会价值取向是为了满足更多人的各方面需要和促进人类社会的持续发展，而作为创新的个人价值取向大多集中在展现才华、获取利益和追求理想三个方面。当个人价值取向的三个方面与社会价值取向相悖，特别是获取利益与人类社会的持续发展相冲突时，创新必然是不当的。"不当创新"的主要特征是破坏自然生态和社会生态，这两者会从根本上影响人类社会的发展进程，甚至会遏制人类发展，给人类带来毁灭性的灾害。技术创新的双重效应就是显证。采掘技术的应用是人类的创新，它使人们能够在地层深处获取人类生产或生活所需要的各种矿物或燃料，这是正面的价值。但是，采掘可能造成水土流失、环境污染甚至地面下沉或断裂，这是负面效应。如果为了获取更多的经济利益，忽视它的负面效应一味进行采掘，那么这时它就成为破坏自然生态的不当创新。社会生态的破坏主要体现在传统技术创新引起社会生态的失衡。技术创新能力的差别，导致经济发展的不平衡，加剧贫富两极分化，引发世界范围内的技术移民潮，使发展中国家和不发达国家的人才流失日趋严重化，高科技人才在全球分布极不均衡，也导致世界各国相互依存程度的不对称，对国际经济、政治秩序的合理构建产生不利影响。[①]　因此，传统技术创新既放大了技术反自然的力度，对自然产生负面影响，又在社会生态方面引起了负面影响，仅以最大利润为唯一追求目标，成为"不当创新"。

　　在"不当创新"中，个人创新的价值取向与社会创新价值取向相悖，可能出于"有意"，亦可能出于"无意"。"有意"不当指的是创新成果应用者明知应用产生的负面影响和严重后果，但为了一己之利或小集团利益一意孤行，"冰毒"的制造提炼就是"有意不当"。"无意"不当是指应用者无法预测或没有预测和估计到应用会产生负面影响和严重后果而进行的创新实践。

第二节　创新得当的最高目的

　　创新必须得当，这是毋庸置疑的。在给创新设定的"得当"这一标准中，有着一些基本的，或者说是创新得当要达到的最高目的，即利国、利民、利永远。[②]　利国、利民、利永远既是创新本身得当的最高目的，又是创

---

① 彭福扬、何小英：2001 年国家社会科学基金项目"技术创新的生态化转向研究"结题材料。

② 关于最高目的，可能在此有人会提出疑问，既然是最高，为何有三个？利国、利民、利永远这三个最高目的是一个有机整体，三者涵盖面各不相同，缺一不可。利国强调公共利益优先，利民强调以人为本，利永远强调持续发展，三者都是创新得当必须遵循的，没有排名先后。

新应用得当的最高目的。

一　利国

创新是推动社会发展的动力之一，没有创新，推动社会进步的其他动力也就不会发生作用。没有创新，生产力就会停滞不前，生产关系就不会变革；没有创新，新的生产关系就不会生成，进步的、适合经济基础的上层建筑也不会建立。阶级斗争是阶级社会推动社会进步的动力之一，但只有具有创造力、创新精神的进步阶级（人民群众）才能不断推动着社会发展，可以说阶级斗争的主流价值趋向就是"弃旧创新"。因此，创新得当决定着社会发展的趋向，在创新得当的最高目的上首先要从社会发展方面考虑，要以公共利益优先。

国家是人们赖以生存的一个特定实体，它的安全与福利对其中每个成员来说都是休戚与共、息息相关的。① 亚里士多德在《政治学》中就指出城邦是一切结合形式的最高结合形式，人在本性是"趋向于城邦生活的动物"，"每一个隔离的人都不是以自给其生活，必须共同集合于城邦这个整体"。② 国家通过对内、对外两个职能对人们的生活进行调节和保护。正因为国家是在一定的历史发展阶段中，是由一个或数个民族组成的具有特殊权力形式的社会政治集团，是一种以民族为主体但又超越民族关系的社会政治组织形式。现实中，在同一时空范围内国家与民族所代表的社会群体是合二为一的。③ 所以，在创新得当的最高目的上，公共利益优先，在很大程度上要做到利国，只有这样，才能获得认同，也才可能满足国家存在和发展的需要。

同时，因为人类社会一定的历史发展阶段，作为社会基本单位的国家的物质生活水平得到普遍提高，政治文明、精神文明也相应提升，是全面繁荣而非一强他弱，才能维持社会的和谐，也只有所有国家普遍发展，才能实现利益的合理分配，符合客观规律和人的需要；与此相对应，只有国家兴旺发达繁荣富强了，作为国家成员的人民的生活才有充分的保障，才有真正意义上的造福。因此，创新要实现得当，达到度、合理、和谐、造

---

① 王秀芹：《论维护国家利益的重要性》，《科教文汇》2009 年第 9 期（下旬刊），第 227 页。
② Arist. Pol. 125 3a：25～30。
③ 陆正昭：《国家利益浅析》，《青海社会科学》2002 年第 5 期，第 3 页。

福，首先要实现利国的最高目的。

马克思主义认为，人类社会形态包括经济、政治、文化三个组成部分。与人类社会结构相适应，人类文明也应该是一个有机系统，包括物质文明、政治文明和精神文明三个方面。一个国家的发展，也是以三个文明的发展作为其进步的标准的。三个文明中每个文明既是相对独立的，又是相互作用、相互贯通、相互渗透的。物质文明为精神文明、政治文明提供物质基础；政治文明决定精神文明的性质和物质文明发展的方向；精神文明可以为物质文明、政治文明提供思想引导、精神动力和智力支持。三个文明相辅相成，成为国家发展和进步的标志。

（一）促进物质文明发展，实现民族强盛

马克思主义认为，物质生活的生产方式制约着整个社会文明、政治文明和精神文明，制约着人的存在，展示着人类不同的文明。

物质文明是人类改造自然界的物质成果，是人们在改造客观世界的实践中形成的有益成果，表现为人类物质生产的进步和物质生活（经济生活）的改善。在人类社会发展的不同历史阶段，物质文明所体现的是与一定社会的生产关系即经济制度相依存的生产力的发展状况和进步程度。它的发展在人类社会的发展中处于基础的地位，因为有了坚实的物质基础和物质保证，社会的发展才有了基础，物质文明为社会从低级向高级发展提供了动力。

创新得当，就要促进并有利于国家的发展，而一个国家的发展首先就体现在生产力的发展上，只有生产力水平得到提高，才能创造更丰富的社会物质财富，为社会向高级进一步的发展奠定更雄厚的物质基础。这种基础含义有三层。第一，这是指一个国家的发展必须以物质文明的建设为起点和前提，离开这个起点和基础，就不可能有国家的发展。尤其是当今时代，经济的发展是一个国家强盛的重要标志之一；第二，这是指物质文明建设是一个国家现代化建设的重点和中心，是应该和必须集中精力予以完成的任务；第三，这是指物质文明建设具有决定其他社会活动的地位和作用，其他社会活动应该为物质文明建设服务。因此，创新得当要利国就必须促进物质文明的发展，实现民族强盛。

创新得当必须促进物质文明的发展，这种促进深入涵盖到物质文明建设的各个方面，主要是指社会生产的各个方面。创新对经济、生产力的发展的巨大作用在历史和现实中已得到明证，但与此同时我们在前面也论证了创新的负价值和风险，创新必须得当，这个得当就体现在促进物质文明的良性发展，把风险降到最低甚至成为"无风险"。得当创新的这种对物质文明发展的促进就是发挥创新在推动生产力、繁荣经济方面的最大效能，丰富物质产品和成果，有效降低创新的负价值和风险，为社会进一步发展提供雄厚的物质基础。

(二) 提高全社会精神文明程度

精神文明是人类在改造客观世界的同时改造主观世界中形成的有益成果，表现为精神文明的进步。它是人类精神生产的发展水平及其积极成果的体现。[1] 精神文明包括两个方面：一是社会的文化、知识、智慧状态，人们在科学教育、文学艺术、卫生体育等方面的素养和达到的水平；二是社会的道德风貌、社会风尚，人们的世界观、信仰、信心、理想、情操、觉悟等方面的状况。精神文明所体现的是思想理论和意识形态的发展状况和进步程度。精神文明建设为促进社会发展提供精神动力、思想保证和智力支持。

创新得当要利国，除了促进物质文明的发展，还必须提高全社会的精神文明程度，因为一个国家的发展在以物质文明发展为基础之外，社会的精神文明程度也是社会全面发展和进步的一个重要指标，它体现的是一个国家精神生产和精神生活的发展水平，具体可表现在一个国家科教文卫的水平和国民素质上。主导作用主要表现在三个方面。一是思想道德的保证作用，这是一种正确价值的导向作用，它决定着一个国家物质文明建设的健康发展方向；二是精神动力作用，这是一种精神的驱动作用，为物质文明建设提供着巨大的创造动力；三是智力支持作用，这是一种科学技术力量，为物质文明建设提供着丰富的知识作用。在这三个方面，精神文明建设的主导作用最为集中体现在道德的保证作用中。思想道德的保证作用，主要表现为世界观、人生观、价值观和社会公德、职业道德、家庭伦理道德的社会作用上。

创新得当须提高全社会精神文明程度，这种提高主要是通过得当的理论创新来体现和发挥的。思想理论创新虽然不像技术创新那样具体，那样

---

[1]　中央文明办组织编写：《社会主义精神文明建设概论》，人民出版社，2008，第25页。

显而易见，但释放出来的力量却是巨大的，对于国家的兴盛往往起着先导性的作用，可以说得当的理论创新是国家发展和变革的先导。理论创新建立在实践基础上，同时对实践又具有指导作用，得当的理论创新能把握时代的脉搏，吸纳人类文明成果，推进社会成员思想道德素质的提高，防止认识相对于实践落后，使思想不会僵化，能不断研究新情况，解决新问题，总结新经验，探索新规律，丰富人们的理论思维，提升社会的精神文明素养。

（三）推动政治文明高度发展，不断走向法治

政治文明是指人类社会政治生活的进步状态，是人类在政治实践活动中形成的文明成果，包括政治思想、政治文化、政治传统、政治结构、政治活动和政治制度等方面的有益成果。① 它是反映特定社会的物质文明和精神文明建设的制度化、规范化水平的标志。政治文明建设为人类社会的发展提供政治和法律保障，决定精神文明的性质和物质文明发展的方向，进而推动物质文明和精神文明的进程。

创新得当要利国，一个重要的组成部分就是要通过得当的创新推动政治文明高度发展，使一个国家不断走向法治。虽然从本源和发展趋势上讲，政治同经济相比是第二位的，但是，政治一旦在一定的经济基础之上建立起来，就与经济一起决定着文化的发展，并以强制性的力量反作用于经济和文化。政治在社会结构中的这种地位，决定了政治文明在整个文明系统中的主导地位，决定了整个文明系统的发展方向，为物质文明和精神文明的发展提供有利的政治环境。在一定的程度上，政治文明的进步是社会进步的关键。同样，一个国家的发展和进步也必然要求高度发展的政治文明。繁荣发展的国家是一个民主高度发展、法制完善的国家。

创新得当推动一个国家政治文明高度发展，不断走向法治，这种对政治文明的推动作用主要是通过得当的制度创新得以体现和发挥的。政治文明的实质是制度文明，这主要是从政治文明的内涵和现实作用两个方面来看。从政治文明的内涵来看，制度文明是政治文明的核心，没有政治制度，政治理念便没有载体，政治行为就会迷失方向，政治文明也就失去了存在的根基。从政治文明的现实作用来看，主要表现为政治制度对社会生活秩

---

① 百度百科：baike. baidu. com/view/60010. htm 2010 - 12 - 23。

序和精神文明建设的保障作用上。制度文明建设需要制度创新，任何一种
制度都有其不足之处，制度的缺陷不仅表现在它的单一模式化规定与人类
思想的自由和行为的丰富多元之间的矛盾上，还体现在制度的僵化和有效
供应不足的发展趋势上。克服缺陷的唯一办法就是进行制度创新。得当的
制度设计和创新，能使政治文明中的核心和实质制度保持活力和更新，随
着社会的发展而保持生命力，解决政治文明进程中出现的矛盾和冲突，因
而使人类的政治生活不断进化。马克思对资产阶级的历史功过做总结时曾
指出，资本主义在其发展的每一个阶段，都有相应政治成就相伴随，即新
的政治制度产生。这些政治制度与种种自然科学和社会科学的发明创造一
样，也是人类智慧的凝结，它们的实施，使人类日益成功地解决了许多过
去没有也无法解决的政治问题。人类政治文明的发展史在一定意义上就是
政治制度不断更新的历史。因此，得当的制度创新通过推动国家政治文明
的发展进而推动了整个国家发展进步的步伐。

二　利民

人是一切人类实践活动的主体和最终目的。人类的一切实践活动都是
为了满足人的各种需要，把世界改造成为能够最大限度地满足人的各种需
要的属人世界，成为更利于人类生存和发展的世界，作为人的主观能动性
充分体现的创新活动更是有效地促进了人的自由全面发展。[1] 人既是创新实
践活动的认识主体，也是实践主体，还是价值主体。促进人的自由而全面
发展也是创新的价值追求，人"只有在现实的世界中并使用现实的手段才
能实现真正的解放"。[2] 得当的创新，应以利民，本质上来说应以促进人的
发展作为最高目的。

只有把利民作为创新得当的最高目的，才不致使创新偏离得当的轨迹。
创新活动只有利民，才能找到创新活动的度，这一尺度也应以全体人的合
理需要和发展作为基本内容，否则创新活动就会过度或欠度。利民，在本
质上与合理是一致的，都是满足人的需要，如果不利民，作为人类实践活
动的主要形式之一的创新，就谈不上真正的合理。同样，和谐作为社会发
展的最佳状态，无论是人与自然的和谐、人与人的和谐还是人自身的和谐，

---

① 《马克思恩格斯全集》第 43 卷，人民出版社，1979，第 368 页。
② 《马克思恩格斯全集》第 43 卷，人民出版社，1979，第 368 页。

归根结底都是促进人的发展，这无疑与利民是合拍的。而造福是为人类谋幸福，是在各方面提升人的生活质量，利民在最终目标上也是实现人的幸福，利民与造福都是促进人的生存和发展。因此，创新要实现得当，只有利民，创新才能适度、合理、和谐以及造福人类。

人的自由而全面发展，可理解为人的多方面需要的发展和满足、人的社会关系的发展和普遍化及个体能力的全面发展三个方面。得当的创新以利民为最高目的，就应进一步满足人的多方面需要，促进个人形成普遍的交往关系，促使每个人的才能得到全面的发展。①

（一）进一步发展和满足人的多方面需要

人的需要按需要层次划分包括低层次的基本需要如生存需要和高层次的非基本需要如发展需要以及自我实现的需要。人的自由全面发展首先是满足这些需要，而得当创新是满足不断提高的正当需要的唯一途径。② 无论是哪一层次的需求都需要通过人类的创新实践活动得以满足，得当创新在需要被满足以及世界被改造更适于人类生存和发展的过程中发挥着重要的作用。

生存需要是人的最基本需要，生存依赖于物质需要的满足，这一点与生产力息息相关。创新在提高生产力，创造品种多、品质高的物质产品，满足并进一步提升人的物质需要方面起着极大的促进作用。特别是得当的创新摒弃了创新蕴涵的风险和负价值，呈现出合理适度的特点，更好地满足了人类日益丰富的物质需要。这里得当的科技创新是显证。欧盟 1995 年在《创新绿皮书》中指出，科技创新是"在经济和社会领域内成功地生产、吸收和应用新事物。它提供解决问题的新方法，并使得满足个人和社会的需求成为可能"。

同样，作为高层次的非基本需要在人类满足基本需要后出现。这种需要呈现出个性化和不稳定化，在最初只是潜在的，要靠人的智慧去挖掘，变潜在需要为现实需要。正如马克思所说："消费本身作为动力是靠对象作为媒介。消费对于对象所感到的需要，是对于对象的知觉所创造的。"③ 个

---

① 王建华、何小英：《创新得当：创新的伦理学要求》，《南华大学学报》（社会科学版）2009年第 4 期。

② 成立芳：《创新与人的发展》，湘潭大学硕士学位论文，2002。

③ 《马克思恩格斯选集》第 2 卷，人民出版社，1972，第 95 页。

性化和高层次化的需求只有依靠得当的创新来满足。以人类的精神需要来说，通过得当的创新提升个体的素质，个体的精神需要得到满足的同时，个体的精神需要也以此为基础有了进一步的发展。因此，对于人的多方面需要，得当的创新是满足和发展的唯一道路和途径。

（二）进一步丰富人的社会关系

人是自然的人，但本质上是社会的人，处在一定的社会关系之中，人的活动也是在一定的社会关系中丰富并开展着的。可以说，"人的本质是人的真正的社会联系，所以人在积极实现自己本质的过程中创造、生产人的社会联系、社会本质"①。

个人的存在与发展是以他人、社会的存在与发展为前提的。人只有在交往中才能生产，人的世界就是一个交往的世界。而人的活动是在一定的社会关系中进行的。创新作为人类高层次的实践活动也必然在一定的社会关系中进行，而创新活动也反作用于人的社会关系。人的得当创新活动，创造了人的新的活动领域，扩大了人们的交往范围，产生了不断发展的相应的交往形式，形成了人与人之间的新型关系，使人们之间的交往关系越来越丰富、越来越复杂。

另外，得当的创新，创造了多样化的适合人的交往手段。它为人们之间更好地交往和协调乃至结合创造了条件，它所带来的社会的巨大进步、创造的各种交通工具，使人们之间的交往手段越来越简单，交往信息的容量越来越大，交往的速度越来越快，交往的形式越来越简单，交往需要传递的内容的精确度越来越高。因此，世界在变小，人们之间的关系日趋紧密，所以有了"地球村"一说。而人的发展与其生活的社会关系是一致的，在日益丰富的社会关系中，人会逐渐成为日益全面的人，而社会关系是在人们的实践中形成和丰富起来的，在得当创新日益丰富社会关系的过程中，人自身的发展也日益全面。

（三）进一步激发潜能，提升个体的能力

人的自由全面发展还可表现为人的能力包括潜能得到充分发挥，人们不再受社会分工及其他社会关系的限制，自由地从事各种生命活动。"任何

———————————

① 《马克思恩格斯全集》第42卷，人民出版社，1979，第25页。

人都没有特殊的活动范围，而是都可以在任何部门内发展，社会调节着整个生产，因而使我有可能随自己的兴趣今天干这事，明天干那事，上午打猎，下午捕鱼，傍晚从事畜牧，晚饭后从事批判，这样就不会使我老是一个猎人、渔夫、牧人或批判者"①。其中，能力的发展会达到一定的程度和全面性，或者说个人能力会达到一定的普遍性和全面性。

正如马克思、恩格斯所说："人的智力是按照人如何学会改变自然界而发展的。"② 作为改造世界主体的人是在不断创造中进步的，人的能力是在后天的生产实践和生活实践，特别是在创新认识活动和创新实践活动中产生、发展、提升的。可以说，创新的发展和人的能力的提高是同一过程的两个不同方向。

得当的创新活动有益于人的思维能力和实践能力的培养和提高。一个人能力的高低，虽与天赋有一定的关系，但绝不是与生俱来、一成不变的，实践在能力的培养和提高中发挥着重要的作用，特别是潜在的能力要在实践中显现、培养、锻炼。创新实践活动除了具有实践的一般特性外，重在创新，所从事的是一种前人未从事过的活动，面对的是新的实践认识，从思考到实践都是一次新的尝试。这些无疑都会促使人的思维能力和实践能力的提高，可以说，得当的创新活动是把人潜在的能力转变为现实能力的加速器。因此，得当创新与人的能力的提升是同时进行的，人的能力的不断发展提高正是得当创新实践不断进行的结果。

得当创新利民，就要惠民，使全体民众学有所教、病有所医、老有所养、住有所居，不断分享物质文明的进步，共享社会发展的成果，真正实现自由全面发展。

三　利永远

人类的发展是一个历史的过程，不仅包括当代人的发展，还包括后代的发展；人类的发展也是一个持续发展的过程，是人类在优美的环境、充足的资源中的发展。就人而言，人要生存，需要创设一定的生活质量，始终使自身的存在有着良好的运转势头；人更要发展，还要一代传一代地繁

---

① 《马克思恩格斯全集》第3卷，人民出版社，1979，第7页
② 《马克思恩格斯全集》第3卷，人民出版社，1979，第551页。

衍下去，要不断提高自身的存在层次，更加富有生命力。简而言之，人要可持续生存和可持续发展。因此，人类的一切实践活动要围绕人类的可持续生存和发展这个目标而展开，创新实践活动更应以此为最高目的之一，即得当创新活动一定要有利于人的永续发展，要维持和促进人类的可持续发展，也即利永远。

创新作为人类改善自己生存和发展条件的主要实践活动，在促进人类发展这一意义上，并非停留在某一时期，而应贯穿整个人类社会发展过程，换言之即要利永远。不利永远，人类就不可能实现真正意义上的持续发展，就不合乎创新得当的限定。因为不利永远，创新活动就会打破人类生存和发展的"度"，可能创造一时的繁华鼎盛，但不可能持续健康发展；因为不利永远，创新既不会遵循客观规律，也不会满足人的需要，也就不可能"合理"；因为不利永远，创新不会考虑自然与人类的关系，必然以当代人的需要为唯一考虑因素，不考虑后代，也不会去想均衡人与人之间的发展状态，必然造成不和谐状态；因为不利永远，创新活动可能会造某一时期某一部分人的福，但不会以全人类、代代人的幸福作为目标，所以也就不可能真正造福人类，而且有可能毁灭人类。因此，创新活动要达到得当，就必须利永远。

1989 年联合国环境规划署通过的《关于可持续发展的申明》中认可的"可持续发展"的定义："既满足当代人的需求，又不对后代人满足其自身需求的能力构成危害的发展。"这个定义强调了可持续发展不仅要满足当前需要，而且不削弱子孙后代满足其需要之能力。这是人类在 20 世纪 60 年代以来面临发展困境，遭遇南北经济的不平衡发展、自然资源短缺，以及严重的环境污染等问题，反思困境产生原因，探索走出困境道路过程中提出的发展模式理论。可持续发展的核心内容主要有三个，即在人与资源方面，保持资源的永续利用；在人与环境方面，建立生态文明；在经济与社会方面，提高生活质量，使资源、环境、人、社会、经济五大系统相互协调、共同进步。得当的创新实践活动要利永远，从持续发展来说，就是要保持资源的永续利用、维持良好的生态环境和促进社会的全面进步。

（一）资源得以永续利用

自然资源是指自然界中不同空间范围内一切可供人类需要和我们可能利用的物质和能量的总称。它是人类生存和发展的物质基础。自然资源可分为可再生资源和不可再生资源。自然资源是自然环境的重要组成部分，其数量是有限的，但可以不断扩大和提高其生产潜力。

自然资源是人类社会赖以生存和发展的必不可少的物质基础和条件，它给工农业生产提供了原料和能源，它是满足人类生活需要的源泉。得当的创新活动要利永远，保证人类的持续发展，就要保持资源的永续利用。自然资源在一定地区、一定时间内是有限的，同时在一定的技术条件下，人们利用资源的能力、范围和种类也有一定的局限性。但人类可以借助科学技术的进步，扩大资源的利用范围，使其发挥更大的作用。

要保证自然资源的永续利用，得当的创新活动要遵循规律，讲求社会、经济、生态效益三位一体的综合效益。对于可再生资源，得当创新要围绕保护和促进更新及充分加以利用的目标展开。保护自然资源，是指保护它的再生能力，保护是措施，利用才是目的，因此得当创新必须着力于搞好资源的开发利用与保护增殖的平衡。对于非再生资源，得当创新活动要围绕节约利用、综合利用和寻求新的替代品而展开。特别是生产可替代非再生资源的产品，如用工程塑料代替金属材料，合成金刚石用于工业。人们依靠科学的进步，不断寻找生产成本较低的新的资源替代非再生资源，使资源得到补偿。

资源是当代人和后代人共同的财富，当代人没有理由也没有权利耗尽地球上的资源，当代人一方面要自觉地减少过度利用资源的行为，另一方面更重要的是要应用得当的创新活动，既搞好可再生资源的开发利用，也寻找生产非再生资源的替代品，这样才能使资源得到永续的利用，为后代人的生存和发展提供物质基础，才能保证人类的永远持续发展。

（二）生态得以持续良好

人类环境可以分为自然环境和社会环境两部分。本部分的环境专指自然环境。构成自然环境的基本要素有大气、水、土地、动物、植物，以及这些自然要素与人类长期共处所产生的各种依存关系。

正如马克思说："历史的每一阶段都遇到一定的物质结果，一定数量的生产力总和，人和自然以及人与人之间在历史上形成的关系，都遇到有前一代传给后一代的大量生产力、资金和环境，尽管一方面这些生产力、资金和环境为新的一代所改变，但另一方面，它们也预先规定新的一代的生活条件，使它得到一定的发展和具有特殊的性质……人创造环境，同样环境也创造人。"①

自然环境对人类的生存和发展起着重要的作用。它的作用主要表现在：一方面，它是人类生存和发展的基本物质来源；另一方面，它承受着人类活动所产生的废弃物和各种作用的结果。构成自然环境的各种要素是人类生活和生产的物质基础。一个良好的生态环境是人类发展最主要的前提，同时也是人类赖以生存、社会得以安定的基本条件。环境不仅是一个自然学概念，而且是一个经济学概念。② 环境具有资源性和价值性。环境本身就是资源。生态环境是一种为人类提供各种服务的特殊的"资产"，它提供生命保障系统以维持人类生存与发展。如果人类盲目破坏生态环境就等于环境资产流失；相反，如果人类自觉保持生态平衡，保护环境，就等于为环境资产增值。人类自身的行为决定着环境作为资产为人类提供服务的数量和质量。这就要求作为人类高层次的创造性实践活动的创新活动要处理好与环境的关系，在创新活动的设想和实施中要符合生态规律，维持良好的生态环境。

人类的生存和发展与自然环境息息相关，但自然环境作为人类生存和发展的自然物质载体，它的承载能力是有限的。人类陶醉在丰富的物质文明的同时不能忽略的是人类在发展进程中因一些不恰当的行为污染和破坏了自身的生态环境，环境发生了变化而人类的生命功能结构基本上没有适应环境的变化，因此开始承受癌症、心脏病和其他种种"文明病"这些因环境变化的恶果。生物进化论为我们揭示了这样一个原理：当一个物种的生命功能结构不适应外部环境的巨大变化又来不及做出基因调整时，就可能引起这一物种的灭亡。人类也是生命体，不可能超越生命规律，同样可能因为自身的不当行为导致自身生存环境的恶化，引起人类的灭亡。

得当的创新活动要利永远，要促进人的持续发展，就要维持良好的生态环境。一方面，创新活动要立足开发更清洁、更有效的技术以及尽可能接近"零排放"或"密闭式"的工艺方法，来尽可能地减少人类对生态环境的破坏和损害，要改变传统观念，深化绿色技术研究，开发绿色产品，推行清洁生产，即通过科学技术的进步使环境的破坏减到最低限度；另一方面，创新活动要围绕减轻和逐步消除废气、废水、废渣和噪声这城市

① 《马克思恩格斯全集》第3卷，人民出版社，1979，第43页。
② 杨永杰：《环境保护与清洁生产》，化学工业出版社，2002，第1~22、33~34页。

"四害"的污染而展开，要用高科技的研究成果来解决已出现的环境污染问题，逐步改善已露出不适合人类生存和发展端倪的生态环境，使之有利于人类的可持续生存和发展。

（三）社会得以持续进步

人类社会的发展是一个持续的过程，在这个持续发展的过程中，经济与社会发展、国家与地区之间的发展都要是协调的。社会发展要与人口、资源、环境相协调和相适应，社会与经济要协调发展，国家与国家、地区与地区之间要平等发展，这就要求当代人不能浪费共享资源，污染公共环境，不能牺牲后代人生存和发展的权利，其核心简而言之就是要促进社会的全面进步。

创新活动作为人类的主要实践活动，对社会的全面发展有着促进作用，最显而易见的就是科技作为生产力对经济发展的巨大推动作用，但同时，得当创新要利永远，促进人类持续发展就要促进社会的全面进步。因此，得当创新要围绕"全面"两字而进行，除了推动经济发展，还要使社会的政治、文化等协调共同发展进步，应充分体现互利互惠与共富意识，促进整个地球领域中的每个国家和地区的全面发展。社会的持续进步要把握发展进步的空间和时间两个纬度。空间纬度主要着眼于城乡、区城等关系上的对称、平衡与和谐发展，以及经济与社会发展的协调。发展社会的各项事业，不能太少，也不能太多。太少不现实，太多会影响社会稳定。同时，这种空间体现在区域上，在国际范围内，是发达国家和发展中国家发展的协调；在一个国家内就是地区发展的协调。时间纬度，是把握好过去、现在和未来，特别是推动现在社会的发展和进步不能以牺牲未来社会的发展作为代价。生态环境的危机凸显出来的是无序的发展，一百年前的西方资本主义社会已证明：弱肉强食的竞争将最终导致整个社会生活的无秩序状态和自然环境的极大破坏。我们需要金山银山，更需要绿水青山。我们不能重蹈覆辙，并要通过得当的创新活动避免并积极改善这种状况。要充分体现公平、实现机会均等、实现公平竞争和资源公平利用，发达国家与发展中国家、经济发达地区与不发达地区之间在资源利用、经济发展、环境保护各个方面都有平等的权利，不能让发展中国家、不发达地区为了脱贫致富承受过多的环境污染的后果，呈现不平衡发展现象，而应实现互利互惠共同富裕的目标，使人类社会经济富强、社会进步、环境优美。

第三节　创新得当的根本尺度

创新得当是创新这一人类的实践活动必然要求的一个界定，既然有了创新得当的最高目的，为了"利国、利民、利永远"这三个创新得当的最高目的实现，需要为得当创新确立相应的尺度，即确立创新得当的根本尺度。根本尺度可概括为有利于自然生态的维护、有利于人种健康的繁衍、有利于生活方式的文明推进和有利于价值观念的科学变更。这四个"有利于"的根本尺度都为创新得当的最高目的而服务。

一　有利于自然生态的维护

人既不在自然界之上，也不在自然界之外，人包括在自然界的整体之中，自然界是人类生命的源泉和价值的源泉，人类必须学会尊重自然，保护自然。对自然界整体性的爱惜和重视，对生态平衡的爱惜和重视，对各种生物种群的爱惜和重视，是得当的创新要实现其利国、利民、利永远最高目的所要求的。如果不遵守有利于自然生态的维护这一根本尺度，自然界就无法为人类的生命过程提供其所需的物质支持系统，失去了生存的物质基础，人类自身的生存就无法实现。如果生存都不能保证，也就不可能实现国家的繁荣富强，也不可能实现人类全面发展以及持续发展，无法达到创新得当要实现的利国、利民、利永远这"三利"的最高目的。

（一）尊重大自然，体现"天道"

在人类社会的历史进程中，人与自然的关系一直是不平衡的。远古时候，人类的祖先匍匐在自然的脚下，对自然界的一切现象都深感神秘和恐惧。直至原始社会氏族和部落，自然是主宰，人是奴仆，人的生存状况是被动地依赖、适应自然。随着人类认识自然能力的提高，科学技术的发展，人们相信：自然界永远是人类的奴仆，它能承受住人类对它的任何宰割和鞭挞，我们对它鞭打得越厉害，它就越能为我们提供更多的财富。而这两种人与自然不平等的关系都是不适当的，随着人类文明的进步，人与自然的关系已空前的普遍化、深刻化，人不再是自然的奴隶，而自然也不甘当人的玩偶。人与自然相互规定、相互制约，任何试图挣脱自然、严重破坏自然生态平衡的行为都必将受到自然的抵制和惩罚。

　　人的创新活动形成并丰富着人与自然的关系。通过制造工具，人提高了认识和利用自然规律的手段和方法，为改善人与自然的关系提供了条件，将使人与自然的关系逐步达到和谐统一状况。创新得当要实现利永远，维持人类持续生存和发展的最高目的，就要促使人在实施、开展创新活动时树立尊重大自然的观念，体现"天道"——即自然规律。[1]　人类的需要和追求都基于一定的条件——地球资源、能源以及生态环境。一旦破坏这一基础和条件，人类的发展就会衰退。如果人类在物质生活愈来愈富足，文化生活愈来愈丰富的同时，却每天呼吸着污染的空气，饮用着污染的水，吃着污染的食物，生活在污染的空间，这是绝对违背人类生存的目的的。正如池田大作在《二十一世纪的警钟》一书中预言："如果我们继续同自然的挑战及室外的苦难相隔绝，我们很可能会失去机敏，作为生物的资质和耐久力就会衰退。如果我们由于某种原因，被迫从明天起就恢复自然的生活，那就会感到非常困难。因为现代人当中恐怕不会有人适应这样的生活。"因此，得当创新活动在设想、开展过程中除了满足主体——人的需要外，还要考虑自然因素，如何在创新活动中尊重大自然、遵循自然规律是与人的需要和追求处于同一时间要考虑的。这就要求得当创新在提出设想时要进行自然因素安全性论证，尽量使对自然的破坏降到最小，尽可能不干扰破坏自然生态系统的正常运行。[2]

　　（二）树立"人是地球生物共同体的成员"的观念，营造可持续生态圈

　　人与自然的关系，是对立统一的矛盾关系，这种统一包含着人与自然的区别与对立。如果把人与自然的关系看成无差别的同一，实际上就把人降低为动植物；如果把人与自然的关系看成绝对对立的关系，实际上就是把人看成是超自然的产物。人与自然之间总是存在着物质、能量的交换关系，而且这种交换关系要保持动态的平衡，否则将给人类带来严重的后果；人与自然的协调关系必须发挥人的主体能动作用才能达到。换句话说，就是在人与自然的关系中，人要树立"人是地球生物共同体的成员"的观念，积极营造人类可持续发展的生态圈。[3]

① 李莘：《中国古代的天人合一观念与现代环境意识》，《东南学术》1999年第6期。
② 余谋昌：《关注高科技发展的伦理问题》，《武汉科技大学学报》（社会科学版）2001年第4期。
③ 刘振明：《可持续发展伦理问题研究综述》，《道德与文明》2003年第4期。

创新活动是人类主体能动作用发挥的标志，也是人与动物的根本区别。在人类积极营造可持续发展生态圈的过程中，创新活动首先要确立这样的尺度，因为创新活动取得的作用无论是利还是害都要比人类其他的实践活动巨大得多。要遵循维护自然生态的尺度，得当创新应正确认识人，认识人与自然，了解"我们只有一个地球"，因为"人是地球生物共同体的成员"，所以要致力于"保护人类共同的家园"。除了尊重大自然，按照自然规律办事之外，更要合理利用、开发大自然，从而维持自然生态平衡。[①] 人类社会是自然界长期发展的产物，人类社会发展到一定阶段后应该也会把自然当成认识、利用、改造的对象。而在人类认识、利用、改造自然的过程中，创新活动扮演着重要角色。因此，人类的创新活动要得当，就应该既能利用自然，又能保护自然。在利用自然的同时，要考虑自然的"利益"及其各个部分的内在联系，尤其要考虑自然资源的有限性。在这一点上，我们可以借鉴古人的灾异赦宥制度。"灾异谴告"说认为"灾异"现象是政治不好的表现，统治者要施德行进行大赦；而祥瑞现象又是上天对施行德政的一种褒奖，所以也要进行大赦，这样就有了古代社会中的"灾异赦宥"制度。[②] 今天，我们借助科学更多地认识了人与自然的关系，并不会认为自然的灾异现象与政治统治有关，但应该把自然的"灾异现象"视为自然对人类利用、开发不当而发出的警报，进一步规范人的创新活动，在创新活动中把维持生态平衡作为评价指标体系的一个组成部分，合理利用、开发大自然，营造一个能提供人类持续发展所需物质、能量和适合人类持续发展环境的生物圈。

二　有利于人种健康地繁衍

人类的持续生存和发展，除了依靠自然所提供的物质、能量和环境之外，人类自身健康地繁衍同样重要。如果说物质、能量、环境是人类持续发展的外部因素，那么人类的繁衍就是其内在因素。人种的繁衍是人类生存和发展的生物基础，如果要为人种繁衍确立一个合理目标的话，只有健康能担当此任。因为健康不仅是对于个人的素质而言，而且也为人类干预自己繁衍的手段和目的确立了一个基本的尺度。创新活动应用于人类社会

---

① 刘大椿、段伟文：《科技时代伦理问题的新向度》，《新视野》2000 年第 1 期。
② 曾宪义：《中国法制史》，北京大学出版社，2004，第 342 页。

的各个方面，毫无疑问也会应用于人类自身的繁殖领域。有利于人种健康地繁衍，是得当的创新活动实现利国、利民、利永远最高目的所必需的一个根本尺度。如果不遵守有利于人种健康地繁衍这一根本尺度，作为创新活动的实践主体——人自身的发展就无法维持合理、健康、持续的状态，就会失去人种健康繁衍这一作为人的持续发展的物质形态的生物基础，就有可能陷入一个不确定的状态，那么每个人都可能担心自己的后代是否健康，有可能发展成为人人自危的情况。这样一来，人类连自身后代的健康的基本目标都无法保证，如何去实现利国、利民、利永远就更是水中花、镜中月了。只有在创新活动中坚持有利于人种健康地繁衍这一根本尺度，使人类自身维持优化的发展势头，人类才能在创新实践活动中有了"三利"的最高目的的动力，才会确立各方面提升的目标，真正实现利永远。得当创新要有利于人种健康地繁衍，笔者认为必须以人类优化作为核心，对其安全性进行论证，要保留人类的自然生育方式，保留人类基因的多样性，同时促进人类进化。

（一）人类优化的安全性论证

只要有人存在，只要我们对人有某种程度的认识，人就总是要尝试防止出现不符合其愿望的后代，或者力图实现他通过自然方式无法满足却又挥之不去的想要孩子的愿望。所以人类一直在追求优生幻想，设计一个"理想的生殖过程"，它所产生的后代，应当是一种完美的、没有任何缺陷、无所不能的人。

在柏拉图的《国家篇》中，我们可以发现其中存在的可能是最早的优生学的理想。从"理想的国家应该是由最优秀的人统治的国家"这一观念出发，柏拉图在他的政治代表作中，对"按人种选择上台执政的阶级"有很详细的考虑。[①] 柏拉图赞同在斯巴达实行的，已被他的叔叔奉为楷模的优生战略，他设计了一套由国家管理的婚配系统，以便生产出尽可能好的后代。经过两千多年培育人种思想的发展，19 世纪产生了优生学的科学学科，再到 1978 年 7 月 25 日第一个"试管婴儿"路易斯·布朗在英国的诞生和"克隆"技术的成功。人类似乎取得了一场人类繁殖技术革命的胜利，离人类的优生目标越来越近了。

---

① 〔德〕库尔特·拜尔茨：《基因伦理学》，马怀琪译，华夏出版社，2000，第 25 页。

创新在实现人类优生目标、促进人类优化的过程中发挥着巨大的重要的作用，但在这一片光明和呼喊之中，人们又开始了新的忧虑即人类优化的安全性问题。因为不管是谁，只要不把"改良人类"的想法当成痴言妄语扔到一边，而是予以认真对待并让它影响自己的想象，那么都难免会有某种程度的忧虑。正如汉斯·乔纳斯所说："只要一想到动物和人之间遗传物质的交换，以及人–动物的混种，便会感到恐惧——每想到此，那些古老的、早已遗忘的'亵渎'、'可憎'之类的字眼便跳了出来。"[①] 毋庸置疑，人类的基因–生殖工程中存在着风险和安全性问题。

首先，技术方面存在风险。与其他技术操作不一样，对人的繁殖进行干预所产生的风险始终直接影响人的个体。把一台功能良好的机器搞坏了，可以修理也可以拆除，但如果在体外授精或基因操纵过程中发生了失误，那可是无法挽回的。现在西方一些科幻片的拍摄就是这种情况的预想。

其次，政治–社会方面存在疑虑。这主要是担心新技术滥用的可能性。纳粹统治时期的"种族卫生"实践肯定也会让我们想到基因生殖过程工具化的危险；又比如有些虚荣心特别强的父母也许会把他们的孩子设计成业务水平特别高却丝毫不动感情的"专业白痴"。

最后，心理–社会方面也存在疑虑。这主要是由于人工生殖会弱化父母与子女关系的生物学基础，从而危及家庭中感情的牢固程度。而这一点，对于我们的社会生活，对于个体心理上的平衡，都是基本的前提。[②]

由于创新在人类生殖领域的应用，其安全性在技术、政治、心理等方面还存在着风险，需要对其进行安全性论证。笔者认为，人类进化是一个自然过程，人种的繁衍进化是逐渐朝着优化的目标前进的，因此得当创新必须有利于人种健康地繁衍，而健康的含义既包含了创新必须保留人类自然的生育方式和人类基因的多样性，又包含了创新要促使人类基因安全进化。

（二）保留自然生育方式

人是自然物，因而人类的存在和发展也应遵循自然规律，在人种繁衍上表现为保留自然的生育方式。进化论证明，从最低级的生物一直到人，

---

① 〔德〕库尔特·拜尔茨：《基因伦理学》，马怀琪译，华夏出版社，2000，第78页。
② 曾钊新：《伦理社会学》，中南大学出版社，2002，第398页。

都是逐渐发展的结果，从而说明，人的天生能力也是有可能提高的。"优胜劣汰"这一现象已充分说明了人的自然生育方式具有提高人种素质的作用。

尼采在这一点上可以说是一个赞成自然生育方式的思想家。他认为："如果把每个人都置于平等的地位，那么，便会危及整个人种，便会有利于导致人种毁灭的实践。"① 他要求停止对"弱者"的特殊照顾代之以残酷的选择。而 B. 格拉斯则对人类一味干预自然生育方式，把本应通过自然生育方式优胜劣汰的胚胎通过非自然方式保留下来的后果做了非常清晰的描述："想象一下明天的人吧，他们的一天这样开始：带上他的眼镜，把助听器插进耳孔，嘴里安上假牙，一只胳臂注射一针抗过敏药，另一只胳臂打上一支胰岛素；为了圆满完成这一天的准备工作，还得吞下一片镇静药。这不是什么愉快的事情。毫无恶意地讲：医学科学在不断地增加它不得不承担的负担。"② 这是一种无法想象的场景，也恰恰与人类优生进化的目的背道而驰。

人是自然界中的一员，在他不算长的生物进化过程中自然生育方式扮演着重要的角色。③ 除了一些不合格的胚胎自然流产这种形式之外，那些不育的个体本身存在着不足或缺陷并不适合孕育下一代，也是自然的生育方式在选择人种优化的表现。"试管婴儿"的诞生并不表明它是安全并是优化的，有很多是隐性因素，在一代甚至两代人身上可能都没有体现，试管婴儿安全且优化的论证过程需要至少三代人以上才能完成。大自然知道存在没有收获的季节，同样，人类也存在不适合孕育合格健康下一代的个体。因此得当创新在其应用过程中应当尊重人的自然生存方式，保留人的自然生育方式，而不是一味地改变。

（三）保留人类基因的多样性

生物物种的多样性是世界的基本特征，多种多样的生物物种构成了一个丰富的生物世界，也正因为物种的多样性才维持了整个生物世界的生态平衡。同样，作为自然物和生物体的人类，他的多样性就体现为人类基因

---

① 许志伟：《生命伦理——对当代生命科技的道德评估》，中国社会科学出版社，2006，第133 页。

② 〔德〕库尔特·拜尔茨：《基因伦理学》，马怀琪译，华夏出版社，2000，第54 页。

③ 张燕玲：《生育自由及其保障范围》，《中南民族大学学报》（人文社会科学版）2007 年第 5 期。

的多样性。人类从动物进化而来，拥有共同的祖先，同时，人类现有的基因和基因密码是人类适应几百万年大大小小的自然和社会变迁，经过世代发展，不断优胜劣汰，最终积淀下来的完善、精确、合理的基因组合。从这个意义上说，没有一个人的基因完全优于另一个基因的说法。[①] 基因的优劣不能凭一个时期的人的表现而判定，人类基因的多样性正是为了更完善基因的进化和完成提供基础，因此，得当创新活动要有利于人种健康地繁衍，就要保留人类基因的多样性。

另外，人类自身的存在和发展以及人类社会的发展就是因为不同个体发挥不同作用而促成的。试想一下，如果全世界都是清一色的"爱因斯坦"或"比尔·盖茨"，那么人类的持续发展是不能获得全面均衡状态的。从另一个角度说，也不存在一种十全十美的基因，除了智商，人还需要情商、受挫商等，"天才""神童"并不是人类持续发展的唯一目标。因此，在基因工程中，"克隆"技术是颇受争议的。在此，我们还要排除一部分人别有用心地应用创新技术。如果被人掌握技术复制了几千个"希特勒"或"本·拉登"，那整个世界将会导致毁灭。从极少数借助生殖技术仍无法生育的夫妇看，克隆人也许是福音，但从整体和长远看，会不会对人类生存和发展带来灾难呢？二者相比较，我们不难做出选择。

得当创新活动要促进人类持续发展，就要有利于人种健康地繁衍，一方面要尊重自然规律，保留自然生育方式和人类基因的多样性，另一方面要致力于制止遗传恶化的进程，减少那些威胁人类未来的人的潜在缺陷，使人进化发展到更高阶段。

三 有利于生活方式的文明推进

"人类好像在一夜之间突然发现自己正面临着史无前例的大量危机：人口危机、环境危机、粮食危机、能源危机、原材料危机等等……这场全球性危机程度之深、克服之难，对迄今为止的指引人类社会进步的若干观念提出了挑战。"[②] 罗马俱乐部在这里抛出了一个问题：人与自然的博弈，生态平衡还能走多远？或者说按照人类现在的生活方式人类还能走多远？

生活方式是指在不同的社会和时代中生活的人们，在一定的社会历史

---

① 邱格屏：《论人类基因的权利主体》，《中州学刊》2008 年第 3 期。

② 〔美〕丹尼斯·米都斯：《增长的极限》，上海译文出版社，2001。

条件制约下和在一定的价值观指导下，所形成的满足自身需要的生活活动形式和行为特征的总和。生活方式对促进社会生产的物质文明建设具有强大的推动作用，同时，生活方式的改变也是精神文明建设的重要内容。因为，精神文明建设最本质的是对人的生活理想、生活观念、生活目的、生活态度的建设，而生活方式的核心部分是生活理想与生活态度。人类的持续发展要求人类采用文明合理的生活方式，一个国家乃至人类社会的发展同样要求约束人的生活方式，达到人与自然的和谐。因此，得当创新要实现利国、利民、利永远的最高目的，就要确立一个基本的尺度，即有利于生活方式的文明推进。

困扰人类的环境污染和破坏问题，究其原因，一是由生产活动产生的废弃物造成的，二是由人类的生活活动浪费和过多消耗资源造成的。前者人类已认识并在积极采取措施予以改正，而后者人们缺乏相应的认识。如果不能遵守有利于生活方式的文明推进，人类不改善自己的生活方式，继续奢侈和浪费，以短暂的物质需要满足代替长远的发展，抢夺后代的生存资源，忽视人与自然的失衡问题，那么人类不文明的生活方式必然造成资源的提前耗尽，以一代人的过度物质需要满足代替几代人生存发展的基本物质需要，到时物质资源都没有了，失去了国家、社会乃至人类自身生存发展所必需的物质资源，是不可能实现得当的创新活动"三利"的最高目的的。

（一）树立崭新的道德观，在和谐中谋求幸福

人们在为现代科学技术和经济增长带来的生活方式的巨大变迁而喜悦和陶醉之际也发现了自然、社会对我们的生活方式发出的警告。20世纪以后，人的生活方式"物化"了，与物质富足相比，精神生活的贫瘠形成了巨大反差，呈现出物质生活与精神生活失衡的图景，同时，"过度消费"这种"不知惜物"的消费性生活方式，正在大量消耗着地球上不可再生的资源。另外，贫富差距进一步扩大。这种种问题和传统生活方式面临的种种困扰，体现了传统生活方式的伦理标准及其存在的问题，即失衡、利己、短视、经济价值优先。传统生活方式没有考虑子孙后代的利益，也必然导致人的发展的畸形化和失调，也使人与自然失衡。这些都强烈要求人们树立新的生活方式的伦理标准，树立崭新的道德观，在和谐中谋求幸福，或者说现代生活方式应坚持和谐、利他和生态价值优先的伦理标准。

和谐的第一个层次是身心和谐，即物质和精神生活的和谐。重建人类生活的第一个任务是，恢复自身的身心即物质和精神生活的和谐问题。[①] 人们注重生活质量，把生活的物质标准和生活的质量明确分开，社会、智力、文化和精神的进步尾随在物质进步之后。人们的物质生活资源越富足，对精神生活的需要也就越多。

和谐的第二个层次是人与自然的和谐，要求生活方式和自然生态环境之间保持和谐与平衡的关系，人本来是自然的一部分，我们要建立人与自然的一种新型关系，即生态价值观下的人与自然的协调发展关系。它以人与自然的协同进化为出发点和归宿，以尊重和爱护自然替代对自然的占有和征服行为；在肯定人类对自然的权利和利益的同时，要求人类对自然承担相应的责任和义务。因此，生态价值一旦确立，人与自然将由对手变成伙伴。这种关系既顺应自然又符合人类长远发展利益。总之，有了新的伦理标准，树立人与自然新的生态价值观，人类将在和谐中谋求幸福，实现幸福。

（二）以适度消费代替过量消费，以简朴的生活代替奢侈和浪费

按照历史唯物主义的观点，人类生存的第一个前提，也就是一切历史的第一个前提，就是人们为了能够创造历史必须能够生活。但是，为了生活，首先就需要衣、食、住以及其他东西。因此人类第一个历史活动就是生产满足这些需要的资料，也就是物质资料的生产消费。在这种历史活动中，人的消费生活在解决温饱问题之后，要求更多符合需要的高质量商品，过更好和更舒适的生活，这是很自然的，但如果为消费而消费、为需要而消费，就是畸形的过量消费。我们提倡以适度消费代替过量消费，以节俭为特征，反对"为地位而消费"的过量消费中的挥霍和浪费（而不反对随着经济发展不断提高消费水平）。这种过量消费的追求大大超出生存的基本需要，剥削了其他社会成员赖以生存的基本需要，而且它是资源浪费和环境破坏的直接根源。

同时，要以简朴的生活代替奢侈和浪费。简朴的生活是以提高生活质量为中心的适度消费的生活。"生活质量"，按照美国学者加尔布雷斯《富裕生活》（1958）一书的说法，是指"人的生活舒适、便利的程度，精神上所得到的享受和乐趣"。简朴生活是以满足基本需要为目标，随经济水平的

---

① 王雅林：《人类生活方式的前景》，中国社会科学出版社，1997，第198～200页。

提高改善生活质量，主要表现在消费需求的多样化，即商品和服务的种类、质量和数量的多样化，以适应消费者利于发挥自己个性的主观要求。当今社会，消费者个人的兴趣爱好，使人们有更多的选择消费的自由，特别是消费知识和智慧价值含量高的商品。这也进一步说明人类的生活开始在原来盲目追求奢侈的基础上更注重生活质量。

（三）推崇绿色消费

环境危机的严重性激发公众环保意识的觉醒和不断提高，使人们在购买商品和满足消费中，会考虑环境保护，也即推崇提倡"绿色消费"，绿色消费是俭朴生活的新表现。[①]

"绿色消费"是人们在购买商品和接受服务时，一方面要注意对自身健康和公众安全是否有利，选择无污染和无公害的绿色产品；另一方面要有利于节约能源，保护生态环境。绿色消费，是以过简朴和健康的生活为目标，在物质消费中偏爱"绿色产品"，在选购商品时宁肯多花点钱也乐意买绿色产品。"绿色产品"是指它的生产和使用对人体健康和环境无害、符合生态保护条件的产品。例如，"绿色食品"是无污染、安全和富有营养的食品。从"绿色消费"开始，通过"绿色贸易""绿色市场"，推动对"生态技术"的需求以及"绿色生产"的发展，从而推动整个生产方式和生活方式"生态化"的变革。推崇"绿色消费"就是要求人们不可以通过大量消耗资源、损害环境而求得生活上的安全、舒适，人们的消费心理和消费行为要向崇尚自然、追求安全和健康的方向转变，将环境保护融入我们日常的消费行为中，科学理智、健康安全地消费。

四　有利于价值观念的科学变更

创新对社会的全面进步起着巨大的推动作用，这种推动作用，尤其体现在理论创新对人们观念的重大影响上。每一次理论创新，都是人们思想观念的一次革命。得当的理论创新，促使人们的思想观念进步，对社会进步提供重要的理论支撑。在思想观念中，价值观念占据核心地位，它决定着人们的行为，人的自由而全面的发展是人类孜孜以求的目标，也是创新的价值追求。要实现促进人的全面发展的最高目的，得当创新就要有利于

---

① 包庆德、张燕：《关于绿色消费的生态哲学思考》，《自然辩证法研究》2004 年第 2 期。

人的价值观念的科学变更，实现从追求物的价值到实现人的价值的转变，追求人的全面发展。

价值观是社会成员用来评价行为、事物以及从各种可能的目标中选择自己合意目标的准则。价值观通过人们的行为取向及对事物的评价、态度反映出来，是世界观的核心，是驱使人们行为的内部动力。它支配和调节一切社会行为，涉及社会生活的各个领域。价值观是人们对社会存在的反映。人们所处的自然环境和社会环境，包括人的社会地位和物质生活条件，决定着人们的价值观念。价值观具有相对的稳定性和持久性，它不仅影响个人的行为，还影响着全体行为和整体组织行为。总之，价值观是一种内心尺度，是支撑人类生活的精神支柱，对人类的生活具有根本性的导引意义。正因为如此，价值观对个人的发展乃至"类"意义上的人的自由全面发展具有重要的基础作用，它决定着人的发展目标，决定着人会以什么样的心态和旨意去开创自己的新生活以及个人对社会的态度。

在得当的创新活动中要遵守有利于价值观念的科学变更这一根本尺度，只有这样，人类在进行得当创新活动中才会有一种合理的心态，确立合理的价值理念，才能把人类整体和自然界放入视野，除了必要的物质需要，注重精神需要，实现人的自由而全面的发展，才可能实现利民这一最高目的。同样，只有科学变更价值观念，才可能不以短期经济发展为唯一发展目标，才能实现四大文明和谐并进，才可能实现利国这一最高目的。而利永远这一最高目的也无例外地要以科学价值观作为基础，摆脱以个人为轴心，以刺激和鼓励个体自由追求实利为基本价值取向构建起来的价值理念体系，才能实现人与自然的和谐、人与人的和谐、人自身的和谐，人类才能永远健康、持续地发展。

（一）承认其他"存在物"本身的内在价值

人类生存利益高于一切，我们必须从根本上改变传统的价值取向，抛弃那种背离人类生存利益的价值取向，改变那种追求享乐的人生态度。这样我们就有必要反思人与自然的关系，承认自然界的生态价值。

传统价值观（工业文明的发展观）把人看成是一种绝对的主体，而外部自然界则仅仅被看成是一种供人"占有""消费""使用"的对象，自然界只是一种满足人类需要的"工业性价值"。在这种价值观的支配下，自然界是仅仅被作为人类的消费对象来对待的。人们相信，"知识就是力量"，依靠技术的发展，人类没有解决不了的问题。于是，"让高山低头，叫河水让路"就成了时代性的豪言壮语。因为人在理论和实践上都片面处理了人同自然的关系，因而造成了当今的困扰和危机。如今，我们有必要全面思考人与自然的关系，人与自然不仅包含主客体关系，而且还包含着整体与局部、系统与要素之间的关系。人是自然界系统之中的一个要素，在人与自然界整体的关系中，自然界整体是决定者，自然界整体的规律性和动态结构的阈值构成了人类实践活动的绝对限度。正因为此，除了人的主体地位之外，我们还要承认其他存在物也具有内在价值，而非仅仅的"消费性价值"，这种价值是生态价值，即自然界具有生态价值。

自然界的生态价值主要是指自然生态系统对人类的可持续生存和发展的价值，它是自然界本身固有的，而非人类的实践活动创造的。因为自然物在调解生态平衡中的重要功能，决定了它的生态价值。一方面，生态价值是人类可持续生存和发展的支持系统，另一方面也是维持自然生态系统平衡与稳定的机能。因而它无论对人类还是对自然界都是一种积极的价值。承认自然界的生态价值，并把生态价值纳入创新的评价体系之中，把人类的创新活动限制在自然界的生态阈值之内，节制人类的无限欲求和对自然资源的浪费是很有必要的。只有这样，才能维持整个生态系统的动态平衡，为人的全面发展提供物质基础。

（二）实现从追求物的价值到实现人的价值的转变

传统的价值观以经济增长为唯一目标，以财富的增值为核心，认为经济增长必然带来整个社会财富的增加和人类文明的发展，因而一味刺激和鼓励个体追求实利。创新活动中把经济的无限增长及物质财富的无限增加作为主要的价值目标。这样，创新追求的只是经济效应，只是在物质文明的范围内探求价值，它的最终目的不是满足人的基本需求，使人生活得更加幸福美好，而只是通过创新获取高额的市场利润，至多是满足了人在物质方面的需要。而且物质利益驱动下的创新使人们对外在于人的物质外壳的关注走向极端，发展的天平发生了倾斜，人们在意识中忽略了人对自身发展的深层关注。得当创新要实现利民的最高目的，促进人的全面发展，就要实现价值观的变更，实现从追求物的价值到实现人的价值的转变。①

---

① 彭福扬、何小英：2001 年国家社会科学基金项目"技术创新的生态化转向研究"结题材料。

人类的价值追求是多方面的，多元价值共存将是人类社会健康发展不可或缺的精神前提，但一种价值追求不能代替别的价值追求。传统价值观的唯利性造成了物的价值和人的价值的分裂以及物质价值和精神价值的分裂。科技异化以及人的知识结构单一使人丧失了丰富的主体明确性，变成了一种抽象的片面人格，离"全面发展的人"很遥远。得当创新应转变把追求经济价值的实现作为价值追求的唯一目标，把经济价值和社会伦理价值相结合的价值作为自己的追求，促使人类真正成为思维、情感、意志、性格、技能和想象力等全面发展的人。

创新，是人们的呼唤。得当创新利国、利民、利永远，是人们必然的选择。

第四章　创新"不可"

得当的创新成为人类追求并努力实践的创新活动，但在现实的创新实践中，部分创新活动实践主体没有按照得当创新要求的"利国、利民、利永远"的最高目的行为规范去做，也没有遵照四个"有利于"的根本尺度，致使他们个体创新价值取向所追求的效果和目的与社会需要的创新价值取向相悖，他们所实施的创新活动就成为"不当创新"。个体可能是出于一定的目的有意这样做，也可能主观上是无意识的；"故意为之"问题，可以依靠创新得当的制度建设和法律手段来解决，而"无意为之"问题，则要依靠正确评估创新的价值、大力宣传创新得当的社会责任以及培养创新主体具有创新得当的品格来加以解决。本书之主题，锁定在创新本身的得当与否问题上。因此，本章主要从创新得当所要求禁止的负面因素即创新"不可"来进行考量，也是针对创新本身而言。

第一节　不可抛弃继承

一　继承与创新的正确关系

唯物辩证法告诉我们，世界上任何一个事物内部的各要素之间是相互联系的，也就是说，任何一个事物都具有内在的结构性；任何一个事物与其他事物都处于相互联系中，事物是普遍联系着的。创新与继承是事物发展中的矛盾运动，两者相互联系，缺一不可。在这一矛盾运动中，事物要发展前进，创新就不能不占主要地位，继承也就相应地退到次要地位了。

但是，创新离开了继承，无异于痴人说梦，空中楼阁，无本之木，是不可能存在和实现的。同时，一味地继承，没有创新的继承，必定是照搬照抄，连"换汤不换药"都算不上，在现实世界中根本不可能成功。

马克思主义认为，新事物的出现，是在旧事物的"母腹"中孕育成熟的。所谓继承，就是吸收、保留并改造旧事物中积极的东西，就是对旧事物合理成分的肯定和保留。所谓创新，就是能动地改造客观世界的过程，是主体改造客体而进行的产生一定价值成果的首创性活动。①

潘天寿在其著作《听天阁画谈随笔》中写道："凡事有常必有变：常，承也；变，革也。承易而革难，然，常从非常来，变从有常起，非一朝一夕偶得之。"这些话恰如其分地对继承与创新的辩证关系进行了阐释。"常，承也"，即是指对传统的继承；"变，革也"，是指在继承的基础上，对传统进行创新。"常从非常来，变从有常起"，说明了"常"与"变"是一个不断循环的过程，也就是继承传统与创新的反复循环是社会发展的动力因素。

第一，继承是创新的前提和基础。没有继承，就没有创新，创新是在继承的基础上进行的，要创新就必须继承，不管你选择什么样的内容继承，因为知识的发展是一个历史的过程。没有"旧"就无所谓"新"，"旧"是"新"的母体，是"新"之源，是"新"的根本。今天在大力提倡"创新"的同时，一定要注意从传统中继承精华，但是这种继承绝不是"生吞活剥地毫无批判地吸收"，"无批判地兼收并蓄"②，而是要对传统内容进行批判的吸收，加以加工和改进，舍弃其消极的方面，吸收其积极的、精华的方面。可以说，继承是一个主动的学习过程，是一种选择性的学习，是以是否有利于进一步创新为标准的积极学习，它的实质是积极的；选择性的学习，是主动选择的过程，为进一步的创新做好充分的准备。③

第二，创新是继承的发展和超越。继承是保留事物延续其存在的肯定性因素，但也包含着放弃促使事物走向灭亡的否定性因素。当继承下来的肯定性因素不足以满足人们的需要、不足以促进事物的发展壮大的时候，创新便开始实现发展和超越。创新是一个没有止境的连续过程。没有"旧"就无所谓"新"，没有继承就没有创新，但是，有继承却不见得必然有创

---

① 肖萍、徐志远：《继承与创新：思想政治教育学的基本范畴》，《理论界》2007年第10期。
② 《毛泽东选集》第2卷，人民出版社，1991，第707页。
③ 卢红：《教育学发展中的继承与创新》，《教育研究》2007年第7期。

新，如果人们缺乏创造的动力，继承就只是因循守旧。所以，在旧的继承和新的创造之间必然存在一些中介性的因素，其中最为本质的就是人们对更高理想的追求。人们主观上的理想和客观的现实之间有一定的距离，这就为进一步创新提供了天然的空间，"新"是"旧"发展的方向和希望。①

由上可见，继承是前后相继的纽带，创新是发展的内核，创新内在地包含继承，绝不可只要创新而偏废继承。这就是继承与创新的有机联系。

二　以创新完全否定继承的后果

创新内在地包含着继承，二者关系密切，不可分割。但在现实生活中，有一部分人以创新完全否定继承，割裂创新与继承的有机联系，带来严重的后果，无法实现得当创新"利国、利国、利永远"的最高目的，也违背了"三利于"的根本尺度，创新就无法真正"得当"。

继承和创新是辩证统一的，我们讲创新，并不是完全否定过去的优良传统。当今社会，在一部分人中，普遍存在着一种错误的认识倾向，即新的东西，不论是实物、事件，还是思想都比旧的好，并且认为这种好是不证自明的。这种以创新完全否定继承的现象在文化领域尤为突出。"五四"新文化运动以"民主、科学"为口号，提倡新道德和新文学，是中国思想文化上的一场启蒙运动，这一运动中提出的"打倒孔家店"这个口号在一定意义上确实表现了这场启蒙运动的某种思想锋芒，因为孔子是举世公认的中国儒家文化的代表人物，选定"孔家店"这个突破口，无疑有利于冲破旧的以封建政治、伦理程序为核心的文化格局。"五四"时期的代表人物，激烈批判旧的道德、思想和文化，并不是完全否定孔子本人或以孔子为代表的儒家思想，而是主要把批判的锋芒指向三个方面。第一，反对把以孔子为代表的儒家思想定为一尊而限制、扼杀其他派别和思想，反对文化专制主义。第二，反对伦理与政事相混，以儒家的人伦秩序来论证和维护封建的皇权统治。第三，反对利用儒家经典来钳制人的思想与个性。② 因此，此时"打倒孔家店"是一种变革和文化创新，但还是在批判中继承。新中国成立后一度愈演愈烈的"左"倾思潮，最终导致"文革"的发生，恰恰与"五四"新文化运动的精神相背离，完全否定了中国传统文化。"文

---

① 李准：《继承与创新的指南》，《人民日报》2002年1月6日。
② 龚书铎：《关于五四运动"打倒孔家店"小议》，《群言》2002年第4期。

革"中，极"左"分子破"四旧"，立"四新"，砸孔庙，批孔孟，硬是把几千年的优秀传统文化的"命"给革掉了，把传统文化遗弃了，致使其断代。它人为地割断了持久的文明，粗暴地破坏了历史文化，使以后的几代人面对文化时不知所措。① 没有了优秀的传统文化，中国人的心理迷茫了，思想混乱了，价值扭曲了，是非颠倒了。断了根须的大树无法汲取其下肥沃土壤中的丰富营养，这是何等可悲可叹。

因此，我们进行创新，不能割裂继承与创新的有机联系，不能抛弃继承来说创新。没有了继承的创新，如无源之水，无根之木，无法持续发展，无法促进国家发展和人自身发展，也不可能推进人类社会持续发展，不可能遵守有利于生活方式的文明推进和有利于价值观念的科学变更这两个根本尺度，换言之，完全否定继承，就不可能实现真正的、得当的创新。

三　有继承的创新

我们在实践中要坚持有继承的创新。"人们自己创造出自己的历史，但是他们并不是随心所欲地创造，并不是在他们自己选定的条件下创造，而是在直接碰到的、既定的、从过去继承下来的条件下创造。"② 人类总是在一定的历史条件下创造历史，这是对继承与创新的关系的一个最好的阐释。事物的发展是"扬弃"，由继承到创新再到创新之创新，就是这样的扬弃过程，即新事物对旧事物既批判又继承，既克服其消极因素又保留其积极因素。一句话，唯物辩证法既包含对事物的否定方面的理解，也包含对事物的肯定方面的理解。

事物的辩证发展过程经过第一次否定，使矛盾得到初步解决。而处于否定阶段的事物仍然带有片面性，还必须经过再次否定，也就是否定之否定，实现事物对立面的统一，使事物的矛盾得到解决。事物的辩证发展过程就是经历"否定"与"否定之否定"两个阶段，向更高阶段发展，就是事物"扬弃"的结果。

否定之否定规律揭示了事物发展的前进性与曲折性的统一。这表明事物的发展不全是直线前进的，有时继承多一点，有时创新占据多数，但总的趋势是创新占据主导地位。这一原理对我们正确认识事物发展中的继承

---

① 杨雁鸿：《为创新正名》，《内蒙古师范大学学报》（哲学社会科学版）2007 年第 4 期。
② 《马克思恩格斯选集》第 1 卷，人民出版社，1995，第 585 页。

与创新，具有重要的指导意义。按照否定之否定规律办事，要求我们对待一切事物都要采取科学分析的态度，反对肯定一切的完全照搬式的继承，也反对否定一切的简单抛弃，而需要既继承又创新，从而把事物的发展推向前进。

鲁迅先生在《拿来主义》① 一文中写道："我们要运用脑髓，放出眼光，自己来拿！"他总结说："我们要拿来。我们要或使用，或存放，或毁灭。"从这里可以知道，鲁迅先生所说的"拿来主义"，就是要求我们在继承和创新的过程中，要合理继承，合理取舍，继承一切有用的东西。同样，毛泽东在谈到如何对待中国传统文化和外来文化时，曾经提出要"弃其糟粕，取其精华"，要"古为今用，洋为中用"，要"推陈出新"。他实际上提出了一套如何继承与创新的原则，并特别强调一定要以实践运用为目的，为我们指出了做好继承与创新的适用方法。②

在坚持继承与创新的辩证统一中，要做到有继承的创新，可以借助孔子之言"温故而知新"。这句话蕴涵了解开今人难解之谜的智慧。往往在一个领域不知何新之有，是源于对这个领域的一知半解。人文社会科学的创新尤其要重视学科历史的沿革。充分了解所要研究的学科的发展脉络，了解它的产生背景、发展过程和前沿问题，才有可能发现现有理论的局限性。

总的来说，我们要坚持有继承的创新，继承是为了更好地创新，创新是为了更好地发展。在创新中继承，在继承中创新，实现人类对更高理想的追求。

第二节　不可有伤文明

"文明"在人类历史上是一个源远流长、广泛使用的概念。古今中外的学者从不同的角度对文明进行了深入的研究，形成了各种各样的文明理论。本节中"文明"倾向于马克思主义的文明观，主要指人类改造自然和改造社会的积极成果。文明在人类的生活中起着决定性的作用，它是人类生存和发展的物质基础，也为人类的发展提供了思想条件和精神支持，对人类的生存和发展具有巨大的价值。

---

① 鲁迅：《且介亭杂文》，人民文学出版社，2005。
② 《毛泽东选集》四卷合订本，人民文学出版社，1973，第 342 页。

而创新在人类社会的发展过程中所起到的巨大作用也是不言而喻的。人类要进步，社会要发展，就必然要进行创新。创新分为理论创新、科技创新和制度创新。我们已经知道，创新从伦理学视角来看具有两重性，即各种创新既会造福人类，也可能给人类带来有意无意的伤害。这些伤害在人类文明的各个层面都有所体现。我们应该未雨绸缪，尽可能避免对人类文明有伤害的创新。

一　创新可能对文明造成伤害

（一）科技创新可能对文明造成伤害

科技创新推动了人类社会进步，但有些科技创新对人类道德文明层面可能有伤害，我们要避免这些可能对文明有伤害的创新。当前引起关注和争议的基因和生物技术方面的有些创新就是我们应该重视并最大限度地降低或消解其负面效应的科技创新。

"人类基因组计划"建立的人类基因组 DNA 序列图，被誉为"人体的第二张解剖图"[①]，它将从微观上或者说从根本上使人类清楚地了解自己。人类基因组图谱的绘就，是人类探索自身奥秘史上的一个重要里程碑，许多分析家认为是生物技术新世纪到来的标志。但同时人类基因组图谱成了一把双刃剑，如果稍微运用不慎，就必然会带来一系列社会问题。我们可以这样设想：当一个具有某种遗传疾病的人，在很小的时候就知道了自己活不了多久时，会怎么想，怎么做，还有什么信心生活下去？他还会和正常人一样上学读书、游戏娱乐和快乐生活吗？周围的人会怎么看他？他会在别人的议论下正常生活吗？答案应该是否定的，至少也会严重影响其生活质量。

人类生物技术创新不断发展，包括人类掌握了试管婴儿技术。这项技术创新，无疑给许多不育不孕夫妇带来了福音。但是，同样，生物技术创新也带来了对现有社会道德文明的挑战。"克隆人"这项技术创新，完全颠覆了人类的两性生殖传统，进而颠覆了人类社会的能力关系。类似基因技术和生物技术的科技创新，带来了许多社会问题和伦理问题。基因－生殖工程这一科技创新打破了人类自然生育繁衍的方式，在技术方面存在风险，在政治－社会方面存在疑虑，在心理－社会方面也存在疑虑，致使人类基

---

① 周光召：《基因科学简史——生命的秘密》，社会科学文献出版社，2009。

因的多样性呈减少趋势，不利于人种健康繁衍；同时因其弱化父母与子女之间的生物学基础，也可能危及家庭感情，也对家庭伦理提出了新的挑战①，这些都在一定程度上伤害了人类文明，也与四个"有利于"的根本尺度相违背，不是得当创新。

另外，有些科技创新在目的和意图上就是不正确的，不符合得当创新最高目的和根本尺度，也必然对文明造成伤害。如盗取银行密码的装置、形形色色的病毒等科技创新对于人类文明的伤害也是显而易见的。这些创新在一定程度上使人朝着不劳而获、损人利己等不良方向发展，严重伤害了人类文明，是不当创新。

（二）理论创新可能对文明造成伤害

人类的理论创新实践，是一幅多彩多姿、扣人心弦的画卷，但是，部分创新主体在进行某些理论创新时如果只考虑自己的利益而不顾他人的合理利益，就有可能对人类传承下来的文明造成伤害。国际问题学者刘道衡在《环球时报》上发表了《理论创新是大国崛起保证》② 一文，写道："古往今来的世界大国，其所走过的崛起之路各不相同，但有一点却是相通的，即在崛起的过程中，无不伴随着重大的理论创新。"他举了很多的例子，如"民主政治理念""门罗主义""马歇尔计划""星球大战计划"等，并且认为"这些伴随各个大国崛起的理论虽五花八门，但都有一个鲜明的共同特点，即对于当时的理论界，这些都是新鲜的、前所未有的理论体系"。但是，随着时间的流逝，我们发现这些理论创新仅仅是给这些大国带来了实惠，而给其他国家带来的是不平等和掠夺。不仅如此，这些被所在国家标榜的理论创新现在也开始在本国显现出弊端了，2008 年出现的金融危机就是一个显证。这些理论创新可能创造了短时间的辉煌，但对其他国家实行了不平等的掠夺，并给自身发展也带来了负面的影响，在一定程度上有伤政治文明和社会文明。

理论创新对政治文明和社会文明的伤害主要体现在这些理论创新以部分人（集团、国家）的利益为重，使部分人（集团、国家）受益，但对其他人（集团、国家）来说就是不平等，也造成对其他人（集团、国家）的

---

① 韩孝成：《科学面临危机》，中国社会出版社，2005，第 56 页。
② 刘道衡：《理论创新是大国崛起保证》，《环球时报》2008 年 3 月 26 日。

掠夺。这种不平等和掠夺必然造成人与人、集团与集团、国家与国家之间发展的不平衡，势必影响和谐社会的建设，人类文明的进程是以和谐为基调的，如果这些理论创新最终造成人与人、集团与集团、国家与国家之间的不和谐，肯定会对文明的发展和进步造成一定的影响。同时，政治文明作为人类政治活动的积极成果，是基于人而存在和发展的，也应是为了人而存在和发展的。① 而前面所述的这些理论创新造就了人与人的不平等发展，从终极的人学价值而言，必然会对政治文明造成伤害。因此，这些理论创新本身因其意图不当实际上造成了对文明的伤害。

（三）制度创新可能对文明造成伤害

制度创新是社会进步的制度保障，而且理论创新只有变为制度方可发挥更大的作用。而在现实中制度创新不当也可能会对文明造成伤害。高校招生领域的推荐制是中国教育制度的一项创新。在 2010 年高考来临之前，北京大学赋予全国 39 所中学的校长一项实名推荐的权力。这些最优秀的中学校长推荐的学生将在高考中加 30 分。② 这项制度创新遭到了公众的激烈批评，它成为像北京大学这样的中国名校争夺优秀生源的一项举措和权贵阶层的子女获得优质教育资源的一条捷径。这二者都可能造成教育的不公平。一方面，进入各大名校获得推荐权的中学大都是省级重点中学，这对于农村学校和一般中学来说势必是一种不公平；另一方面，由于推荐的指标主要由校长自己掌握，而在目前家长和学生心态都比较急躁的情况下，为了挤上除了高考这座"独木桥"之外的直达大学的便捷小路，这种新方法很有可能由制度设计者所想的学生"素质的竞争"演变为中学校长"后门的竞争"。多年来我国都是通过高考实现人才选拔，而这种推荐对一般的学生来说是不公平的。可以说，在条件不成熟的情况下，这项制度的创新涉及教育公平问题，很有可能造成教育资源的不均衡和教育不平等，不符合人类文明在传承过程中确定下来的一些基本原则，会因此形成一些社会问题，可能对人类文明产生伤害。这样的理论创新也不利于价值观念的科学变更，从根本上来说，与"利国、利民、利永远"创新的最高目的相违背，在现阶段是不得当的创新。类似的制度创新必须和其他的制度创新同

---

① 陈艳玲：《论政治文明建设的人学价值》，《河南社会科学》2009 年第 5 期。
② 田磊：《校长推荐制：能为中国教育带来什么?》，《南风窗》2009 年第 25 期。

步，在其他条件成熟的情况下方能成为得当创新。

二 在创新实践中遵循文明发展规律和基本原则，避免伤害

无论是科技创新、理论创新还是制度创新都对人类发展产生了巨大的推动力，但创新主体在进行创新实践时，都应始终遵循人类文明的发展规律以及文明传承中确定下来的基本原则，避免创新可能对文明造成的伤害。

人类文明具有多样性，但也有共性，在创新中要承认人类文明的共性，同时也要尊重文明在不同的历史环境和发展条件下呈现出的差异性和多样性。创新中要重视各种文明之间正常的交流，才有可能交融，但不能用一种文明侵略或干预另一种文明。因为文明具有强大的内聚力，通过强大的外力征服，不仅达不到目的，还有可能伤害文明。当今世界，英语作为世界语言对促进世界各地人民之间的交流具有很重要的作用，但如果因此形成"话语霸权"就不得当。

创新主体在进行创新实践中，要遵循文明的发展规律，不能以创新破坏其自然发展的规律，不能使人的需要产生异化，使人的需要被用来作为牟利的手段和支配他人的力量，使人的物质需要成为需要的全部。人类文明是人类实践的产物，在人类的不断实践中获得长足发展，它有着自身的发展规律，作为文明发展的主要推动力之一的创新实践，不能不顾其规律而肆意为之，否则其结果不是推动文明的发展，而是伤害文明甚至毁灭文明。

创新要避免对文明的伤害，还要遵循功利与效率相协调的原则。创新实践中往往会遭遇这样的难题：人类通过创新在创造灿烂文明的同时，也制造了许许多多的社会矛盾和社会危机。① 可以说，创新在创造着文明的同时也可能进行着文明的破坏。因此，在进行创新实践时要遵循协调原则，使人的自身、自身与外部世界关系处于和谐状态，要相互补充、相互推进、相互限制，不让一个事物过度发展而抑制别的事物发展，只有这样，才能使创新在推动文明发展的同时不对文明造成伤害，也才能不与得当创新的最高目的和根本尺度相违背。

---

① 林德宏：《创新：功利、效率与协调》，《南京社会科学》2003 年第 8 期。

第三节　不可危害生态

一　创新可能对生态造成的伤害

地球的所有生物及其生存环境构成了地球的生物圈。在生物圈中，各种生物围绕食物或以其他方式相互联系、相互作用和相互影响而构成的有机整体，就是生态系统。生态系统对人类环境具有重要的服务作用，也为人类提供着丰富的生物资源，可以说生态系统对于人类的生存举足轻重。

人类深刻影响着自然界，特别是通过创新实践把"自在自然"转化为"人化自然"的同时，也可能对生态造成了巨大的破坏。因此，不断有学者发出呼吁，警告着人类的创新实践对生态的破坏将给人类带来毁灭性的后果。最近一期《科学》杂志载文大声疾呼：人类伤害生态环境，生物大灭绝将重演。本节中的生态主要是指自然生态。

（一）　创新可能对生态环境造成的伤害

人类为了满足自身的需要，孜孜不倦地进行着创新，而部分创新在显示了人的强大力量的同时，也可能对生态环境造成伤害，这样的例子在现实中并不鲜见。

农业生产中片面追求高产，大量使用化学肥料、生长剂、除草剂和杀虫剂，而这些物质往往都有副作用，特别是除草剂和杀虫剂，往往造成高残留，既残留在农产品中，又杀死了害虫的天敌，还污染了水源和环境（包括土地环境和空气环境）。因此，国家不再批准有关单位生产一些曾经被广泛应用的农药和化学用剂。工业大发展，使人类改造自然的手段比以前丰富，但同时也大大加剧了对生态环境的影响。工业"三废"即废水、废渣、废气，废水污染江河湖水和地下水；废渣占用土地资源；废气污染大气环境，二氧化碳过多，造成温室效应，导致全球气温上升，气候异常。目前，全球气候异常，大面积干旱、洪涝、暴风、暴雪等灾害频仍，对生态环境造成破坏的严重后果已经初步显现。

在重大的技术创新中，很少有什么比巨型大坝更令人神往，但现在有几个巨型大坝工程颇有弊大于利的势头。例如埃及的阿斯旺大坝，它虽然抵挡住了尼罗河的滔滔洪水，但也使尼罗河两岸失去了洪水冲积后留下的肥沃土壤，取而代之的却是一个病态的大水库。如今水库积满泥沙，几乎发不出电来。与此同时，印度的纳赛尔大坝出现的问题就更多了。尽管世界银行的顾问曾说，该大坝会给那里的普通百姓带来灾难，并且会破坏那里的生态环境，但是无济于事。如今该是世界各国从阿斯旺大坝等事例中吸取教训的时候了。

（二）创新可能对生态系统及其循环造成的伤害

人类向大自然索取了巨大财富，但也加速了许多物种濒危甚至灭绝的进程。如农业生产中追求高产，常常推广遗传基础狭窄的单一品种。作物品种单一化，导致作物病虫害频繁发生，这种人工选择排挤掉了许多天然物种的生存机会。

以基因工程为核心的现代生物技术，使人类能够按照自己的意愿，通过对生命遗传物质的直接控制，改变生物体的性状。人们普遍认为，生物技术是以现有生物多样性为物质基础的技术，在解决粮食短缺、维护人类健康、维护生物物种和生态环境等诸多社会重大问题中将发挥重要作用，生物技术产业很有可能成为 21 世纪国民经济的支柱产业。然而，值得警惕的是，基因工程技术及其产物，在给人类带来好处的同时，也会给人类健康、生物多样性和生态系统的其他方面带来潜在的威胁。

二　得当创新应避免危害生态

创新是人的自觉活动，如果说新陈代谢是人类的生物生命，那么创新就是人类的社会生命，它相对于守旧、相对于自然界的演化而存在，是人有意识的实践活动，更是人类的进化。而在这一人类主要的自觉活动中，生态显得非常重要，因为它是人类生存和发展的物质基础，也是人类进行创新实践的"生态园区"。如果在创新中仅以功利作为唯一目标罔顾对生态的危害，失去生态这一基础，人的生存都成问题，更不用说社会的发展。因为人是一种物质实体，是一种高级动物，人必须同环境进行物质交流和能量交换才能生存，而生态系统则负责提供不断更新的物质和能量，包括空气、水和其他的动植物等，以及人类生存环境，这些都决定了生态的根本性。如果创新实践危害生态，无疑不利于维护自然生态，不利于人类健康地生存和发展，与得当创新的根本尺度是背道而驰的，也就不可能是得当的创新。

三 在创新实践中遵循现代生态环境价值观，建设生态文明

人类在处理与自然界的关系时，由不了解自然、畏惧自然、崇拜自然、神化自然，到处理人类自身的相互关系，追求自身的幸福，进而对自然造成破坏，再回到理性处理人与自然的关系，其间有一个不断调整自身与自然相互适应的过程。在调整的过程中，人类不断调整自身的行为，不断规范自身的行为，从中总结经验和教训，更新思想观念，目的是达到"两个和谐"：人类与自然界的和谐；人类自身的和谐。

党的十七大报告一再强调，加强能源资源节约和生态环境保护，增强可持续发展能力，并首次在党的报告中提出了"生态文明"的概念。生态文明是人类社会继农业文明、工业文明后进行的一次生产方式、生活方式和价值观念的世界性革命。它的核心是"人与自然的协调发展"。[①] 十八大又进一步强调促进经济社会发展与人口资源环境相协调，建设资源节约型、环境友好型社会（简称"两型社会"）。在创新实践中要避免对生态可能产生的危害，建设生态文明是最佳选择。

建设生态文明必须以科学发展观为指导，从思想意识上实现三大转变：[②] 必须从传统的"向自然宣战""征服自然"等理念，向树立"人与自然和谐相处"的理念转变；必须从粗放型的以过度消耗资源、破坏环境为代价的增长模式，向增强可持续发展能力、实现经济社会又好又快发展的模式转变；必须从把增长简单地等同于发展的观念、重物轻人的发展观念，向以人的全面发展为核心的发展理念转变。党的十八届三中全会再次强调建设生态文明，必须建立系统完整的生态文明制度体系，实行最严格的源头保护制度、损害赔偿制度、责任追究制度，完善环境治理和生态修复制度，用制度保护生态环境，为我们建设生态文明提供了有益的思考和有力的制度保障。

我们在实施创新实践时要树立"生物物种平等"的新观念。生物物种平等观念，是对人类，特别是对西方旧有文化和道德价值观念的"人类中心主义"的挑战。尽管人们对于"生物物种平等"观念有不同的理解和争

---

① 申曙光：《生态文明及其理论与现实基础》，《北京大学学报》（哲学社会科学版）1994 年第 3 期。

② 杨悦：《以科学发展观为指导建设生态文明》，《法制与社会》2010 年第 16 期。

论,但它作为一种现代环境价值理念,有益于人类重新认识人在大自然中的位置。人类应当成为大自然生命共同体的平等一员和"善良公民",而不应当是大自然中的狂妄主宰。①

第四节 不可有害机体

机体,又称有机体,泛指一切具有生命活动的生物个体。《辞海》中对"有机体"的定义是:有机体又称机体,指自然界有生命的生物体的总称,包括任何一切动植物。而据《现代汉语词典》,"有机体"是所有生命的个体的统称,包括植物和动物以及最低等、最原始的单细胞生物与最高等、最复杂的人类。

有人借用生命有机体各个要素之间相互紧密联系的基本特征形容机体,也用于指非生命个体如人类社会。本节的机体特指人类机体,即人自身的身体。

一 创新可能对机体造成的伤害

人类要生存下去就离不开衣食住行。创新实践的发展,极大地拓宽了人类的生活空间,生活用品也比过去时代丰富。但是,创新实践给人类带来便利的同时,也可能给人类脆弱的身体带来巨大的伤害。

(一) 食品行业与药品行业的创新可能对人体产生的伤害

"民以食为天",过去,人们吃的是天然的粮食、自然喂养的动物肉类制品和绿色蔬菜。现在,我们的食谱已经发生了明显的改变,吃的粮食还是那些粮食,可是味道有点不一样了,原因在于在粮食生产过程中化肥、农药和除草剂使用过量,农作物的生长期也比之前变短。蔬菜的种植也离不开各种生长素的运用,比如西红柿,现在的西红柿个大,颜色鲜红,可是颜色越鲜艳人吃起来越不放心。动物肉类制品更是离不开各种添加剂,生猪两三个月就催肥了,养鱼的人给鱼喂激素,养鸡鸭的人也一样。引起全球热议的"转基因"食品,其安全性现在还难以预测。常言说得好,"病从口

---

① 熊进:《走不出的"人类中心主义"》,《中国地质大学学报》(社会科学版) 2004 年第 6 期。

入"，可是在这种状况下，人们没有选择，不可能人人去种菜、喂猪，回到农业时代自给自足的状态。

还有医药行业创新，也让我们担心不已。研制的新药不断涌现，为我们战胜一些疾病提供了新的手段。但是，这些新药尽管经过重重严格的检验，还是会有一些我们不愿面对的威胁存在。特别是有些药品没有经过足够的临床试验，在没有充分的安全保障的情况下，研制者出于利益需求将产品投入生产，以致对部分患者造成了极大的伤害甚至是危及其生命。现在经常看到的有些药品在使用后不久被国家药监局紧急叫停就是例证。

（二）新材料科技创新实践的运用，也有可能伤害人的机体

目前，全世界人工合成高分子材料的产量已接近 2 亿吨，体积总和早已超过钢铁，应用范围遍布世界的每一个角落。人工合成高分子材料，包括塑料、合成橡胶、合成纤维和各种薄膜、黏合剂、涂料等。它们的制成品不仅每时每刻伴随人们的生活，为我们带来缤纷多彩的现代化生活，成为人类日常生活中不可缺少的必需品，而且其广泛应用于国民经济和国家建设的各个产业部门。纳米材料科技更是异军突起，前途远大。可是，这些功劳卓著的新材料，可能给人类身体带来实实在在的伤害，如化学纤维服装、高分子涂料以及其他高分子材料制成品的危害是有目共睹的。人们有更多的穿衣选择，但化学纤维服装穿在身上却总是不那么舒服，痒得难受是小事，一旦得了稀奇古怪的皮肤病就让人后怕了。人们对住房极尽美化之能事，装潢住用的钱比建造房子用的钱都多了。装修材料五花八门，品种繁多，材料越多给人带来伤害的可能就越大。花岗石和大理石装修物中的放射性物质、漆类中的有害物质、屋子粉刷物中的有害物质，无时无刻不在伤害和侵蚀我们的机体。越来越多的因为装修房子引发疾病的例子证明了新材料的应用如果没有经过充分的安全试验和论证是会伤害人体的。

（三）电磁波辐射也可能对人体造成伤害

电磁波辐射能量较低，不会使物质发生游离现象，也不会直接破坏环境物质，但在到处充满电子通信用品器材的现代生活中，对其电磁干扰特性却不可掉以轻心，因为它随时可能使人处于危险之中。因此说电磁辐射是看不见、听不到、摸不着的"隐形杀手"。电子设施如通信设施、发电输电线线路、工业设备等，已经形成了一个庞大的电磁辐射场，如雾一样覆

盖了地球，被称为"电子雾"，无时不在，无处不有。现代生活离不开电子设备，电磁炉、电脑、复印机、无线电仪器均会产生一定强度的电磁辐射，对人体有一定的危害，常表现为头晕、疲乏、身体不适等症状。特别是手机的普及，更是让电磁辐射如影随形，近在咫尺。而电磁辐射严重时可能会对中枢神经系统、机体免疫功能、心血管系统、血液系统、生殖系统和遗传基因带来危害甚至致癌。[①] 现在越来越多的年轻人在生育方面遇到问题，很大程度上是因为长期接触超短波发生器，男人会出现性机能下降，由于睾丸的血液循环不良，对电磁辐射非常敏感，精子生成受到抑制而影响生育；女人会因出现月经周期紊乱，卵细胞出现变性，破坏排卵过程，而失去生育能力。

二 创新要有利人的身体健康

创新是人进行的社会实践活动，创新是人的创新，进行创新的根本目的是为人服务的，是为了提高人类的生活质量，让人得到更加全面的发展，让人更加自由。各国的宪法和法律都规定，人的身体凛然不可侵犯，生命不容伤害。生存权是任何人最根本也是最起码的权利。人权既是一个法律概念，又是一个道德概念。它的第一要义是生命权和健康权，人失去了生命和起码的健康，奢谈其他的权利就没有什么意义了。如果创新可能给人类带来巨大的负面影响，对人的身体造成巨大伤害，这就违背了创新的初衷，应该给予纠正。

党的十七大把科学发展观确定为"是我国经济社会发展的重要指导方针，是发展中国特色社会主义必须坚持和贯彻的重大战略思想"，"科学发展观，第一要义是发展，核心是以人为本，基本要求是全面协调可持续，根本方法是统筹兼顾"。"以人为本"，成了新时期最响亮的行动指南。科学发展观，也是解决和抑制创新实践负面影响的根本方法论。在创新实践中切实贯彻科学发展观，始终坚持把"以人为本"作为行动的指引，热爱生命，尊重生命的尊严和价值，并以维护和增进人类的身体健康，提升人的生命质量为目标。满足了人的身体健康这一基本需要才能实现其他更高层次的需要，真正促进人的全面发展，这样的创新实践才是得当创新。

---

① 姚文忠：《教师科学素养读本》，四川大学出版社，2004。

第五节　不可急功近利

一　急功近利的危害

人类社会具有相当的复杂性，是以生产方式为基础的各种社会因素相互制约、有机联系所构成的有机整体，它是囊括了全部社会生活及其关系的总体性范畴。人类社会根源于人们的生产实践，在人们的相互交往活动中形成，是一种具有自我意识的系统组织，其再生和更新的内在机制是物质生产、精神生产和人类自身生产的统一。如果人们都变得急功近利，将危及社会秩序的正常运转，其结果只能是自私自利、损人利己现象泛滥成灾，极端利己主义盛行，人人自危，成了托马斯·霍布斯所说的"人对人像狼"的尴尬状况。[①]

在现实社会中，创新中急功近利的现象并不鲜见，其造成的危害也是显而易见的，主要表现在以下几个方面。

（一）在创新中只顾当前利益，忽视长远利益

创新是人类社会发展最重要的驱动力，给人类带来的好处和正面价值是显而易见的。但正如前所述，创新是有双重价值的，如果在创新实践实施过程中，急于求快、求成，一味追求"新"和创新的转化率的话，事必欲速则不达，可能取得短期的效益，但却只是昙花一现，行之不远，无法取得长远利益，实现持续发展。

1. 技术创新领域

在技术创新领域，本应突出技术创新的前瞻性，注重技术创新的广泛性、有效性、长期性和社会价值，但现实中因急功近利，表现为大跃进，只关注当前利益，只关注研发出来的产品马上就能取得经济效益，忽略提升内功，忽略研发的基础性工作，最终导致一时的繁盛表象，很快命运就被终结的例子不在少数。在 2007 年 4 月德国慕尼黑重型机械展上，我国一家重型制造企业号称"世界第一"的吊臂当场断裂便引起世界哗然。还有一些国内知名品牌如当年以天价标得央视天气预报后的第一黄金时间的

---

① 《全球化的人文审思与文化战略》（上、下卷），海天出版社，2002，第 378~381 页。

"秦池"等品牌从短时的繁盛到最终的销声匿迹，都在说明一些企业在创新中急功近利，最终形成"泡沫"的现状。一些企业将"嫉慢如仇"作为企业文化口号，一是急功，把企业发展和技术进步寄托在引进国外先进技术装备上，偏重于跟踪、模仿国外先进技术，游离于企业创新与市场竞争之外。二是近利，这些企业站在巨人的肩膀上却忘记了基础性的工程，热衷于一步登顶，盲目追求"世界第一"，从而走向另一极端或是过于关注社会对品种和花样的需求，不断在品种及概念上"创新"玩花样，忽略了研发体系的打造，而技术创新却滞后，跟不上宣传的脚步，造就喜人的短时效应，却难以维持"长盛久赚"的局面。"三株"和"巨人"就是中国企业界因"超常规扩张"和"超常规多元化"发展而失败的典型。"三株"在创立的短短 3 年时间内，就在全国各地注册了 600 个子公司，成立了 2000 个办事处，促销人员超过 15 万人，总部根本无法控制员工违规行为的大量发生。"巨人"同时涉足电脑、生物保健制药和房地产三个毫无关联的产业，在缺乏房地产经营经验的情况下，把巨人大厦从 38 层改为 70 层，结局是"一分钱难倒英雄汉"。更有甚者，一些企业千方百计从生产与服务环节中捞取利润，片面地追求企业利润最快和最大化，把握不了企业利润的取向空间和时间，把握不了企业的发展方向，急于求成，不仅损害国家、消费者与其他企业的利益，而且从事非法生产与服务，牟取暴利。[①]另外，有部分企业因只看眼前利益，单纯追求经济上的效益，忽视对生态环境的破坏，最后导致生态环境的急剧恶化，对人类的生存环境造成了不可弥补的伤害，结果是得不偿失。小造纸厂的禁而不止也是一部分企业急功近利的表现。

2. 理论创新、制度创新领域

著名哲学教授叶秀山先生曾说："学问这一行要求慢工出细活，最忌急功近利，可是做学问的还很容易犯这个毛病。"[②] 在理论创新、制度创新领域，也存在着急功近利心态，耐不住寂寞，吃不得苦，单纯以满足社会需要，实现转化率，取得立竿见影的成效为目标，结果是伪科学时有发生，理论创新形式新、称谓新而内容和本质没有发生根本的改变，或者制度创新上一味追求强调"新"，而忽视可能会对长远利益产生的损害，以及"面

---

① 毛宗良：《民营企业急功近利的表现、危害与对策分析》，《生产力研究》2005 年第 5 期。
② 叶秀山：《哲学作为创造性的智慧》，江苏人民出版社，2003。

子工程"的形成。当前在新农村的建设中出现的"四重四轻"的偏差就是"面子工程"的一个例子。所谓"四重四轻",是指重路轻田、重房轻人、重点轻面、重小轻大,这是一种较为普遍的不良倾向。部分地区为在新农村建设中尽快取得成效,热衷于建新房、修公路等面子工程,而没有在农民的技术培训、农田水利基础设施建设等事关农民增收、农业增效的新农村建设长远大计上做出实事、取得实效,本来在这方面动脑筋、创新制度和形式是大有可为的,但现实中不少地方负责人因急功近利,急于看到成效,所以热衷于"短、平、快"项目建设,只注重眼前利益,忽视长远利益,个别地方甚至出现了"农民举债建新村"这种"创新",不仅加重了农民的负担,也不利于农村的长远建设和发展。

在科研工作领域中,有的科研人员为了名,有的为了利,有的为声名所累,有的承载着社会过高的期望,急功近利,心态失衡,道德失范,容易滋生学术造假,从而形成"泡沫科研"现象。还有现在教育领域中存在的各色各样的"特色实验班",号称"创新"式教育,但却仅以在各种竞赛中取得成绩作为衡量、评价一个学生的标准,这种创新值得商榷。可以说,这种创新体现了"重物轻人"的教育理念,往往带有急功近利的倾向,过分强调教育工具价值的"物"的方面的发展,而忽略受教育者"人性"方面的全面发展。

(二) 在创新中只顾当代人利益,忽视后代人利益

创新给人类带来的巨大的好处和价值是毋庸置疑的,但在创新过程中往往有些创新只着眼于眼前,着眼于当代人利益,忽视后代人的利益,其结果是当代人享用了创新成果以及创新带来的各种利益好处,但给后代人带来了不可估量的毁灭性的伤害,最终阻碍人类持续发展。

在创新领域,这种只顾当代人利益、忽视后代人利益的例子时有发生。有些企业为了追求经济效益,片面追求自己企业利益的最大化,大量应用一些还不是很成熟或者是还不完善的技术创新,忽视这些创新会给生态环境带来破坏,最后导致生态环境的急剧恶化,对后代人的生存环境造成了不可弥补的伤害,用后代人的幸福换取了当代人的利益。在管理者层面上,有些管理者急功近利,标榜制度创新,以"新"吸引眼球,以突出自己的能力和水平,没有对这些创新的制度或做法进行全面的衡量和客观的评价,就急于决策,把这些制度或做法大面积推广,这些创新虽然短期内给当代

人带来了明显的效益，但时间一长，不足就不断呈现出来，特别是利用不可再生而后代人又必需的资源来创造短期效益以满足当代人不必需的利益和需要，其结果也是用后代人的利益成全了当代人的利益。《读者》上曾刊发一篇名为《哭泣的草原》的文章，讲述的是某国以前是在自己国家养山羊，但很快发现山羊不但吃草，而且吃草根，破坏生态环境，于是他们进行了产业转移，与中国某毛纺厂合资成立了羊绒厂，而这最终给内蒙古大草原带来了噩梦。在这个羊绒集团崛起的背后是草原的退化，是生态环境的急剧恶化，而且由于绒山羊的大量增加，羊绒已由 20 世纪 80 年代 280 元一斤降到现在的 70～80 元一斤，牧民的生活并没有大的改善。牧民为了维持生计，只好再多养一些。管理者如此急功近利，导致了草原生态的恶性循环。这个实例只是中国近年来在发展中因为管理者急功近利而进行的决策取得了明显的短期效益而对长远利益造成损害的其中之一。

二　在创新实践中克服急功近利

事实证明，无论是技术创新还是理论创新、制度创新，急功近利的心态都是不可取的，创新与急功近利绝缘，须耐得住寂寞、吃得了苦，十年磨一剑，才能真正实现真、善、美，真正造福人类。正如俄国哲学家赫尔岑所说："科学决不能不劳而获，除了汗流满面而外，没有其他获得的方法。"

（一）在社会实践中遵循创新的规律，克服急功近利的创新

创新是有规律性的。创新来源于实践。创新是抛弃旧的、创造新的，其实质就是要突破旧观念、旧思想、旧模式的束缚，在实践基础上发现事物的新属性、新规律、新问题，从而有效地认识和改造客观世界，实现人真正的自由。"实践永无止境，创新永无止境。"实践需要创新，创新服务实践。可见，创新的产生本身是有规律性的，它在实践中产生，实践是创新产生的源泉，离开了实践谈创新，那是无济于事的空谈。创新是在实践中产生的，但天上不可能掉馅饼，创新也不可能在实践中自动产生。

创新的产生，是一项艰苦的工作，是一个艰辛的过程，也可能是一次偶得。"踏破铁鞋无觅处，得来全不费工夫"，只有先把"铁鞋"踏破，才可能出现偶得。创新又是异常困难、不可能一蹴而就的。每一项创新都需

要人们时间的付出、精力的付出甚至生命的付出。科技创新中的发明创造更是不容易的，大量的实例证明了科技创新的艰辛。理论创新则更加困难，往往需要经过无数的积累，牛顿发现万有引力定律就是例证。马克思主义的诞生，更是在广泛吸收、博采众长的基础上发生的。

无论科技创新还是理论创新、制度创新，"创新"的特殊，决定了创新的复杂性和艰巨性，因此作为创新主体，在社会实践中要实现创新，就必须遵循规律，不经历众多的失败是很难实现创新的，必须要克服急躁心态，不能如"多快好省建设社会主义"一般，不然就会最终导致失败。

（二）在创新中兼顾特殊利益与共同利益，正确评价创新的社会价值

创新的范围广阔，创新的层次众多，创新的艰难人所共知，创新往往又涉及利益变动，这就可能在创新中产生急功近利的现象。克服急功近利的创新的根本办法在于把特殊利益纳入共同利益的背景下通盘考虑，在适当顾及共同利益的同时，照顾好特殊利益，具体的做法就是正确评价创新的社会价值。急功近利的创新往往只顾及局部利益、小团体利益，忽视整体利益。个体利益往往是人们进行创新的原动力之一，必须照顾好个体利益。在这个问题上，只要认清大局，认识到整体利益被破坏了，局部利益也是保全不了的，就可能解决问题。但是，一味强调国家利益、集体利益，忽视个体利益，也必然压抑人们创新的积极性。

急功近利的创新往往只顾及眼前利益、近期利益，忽视长远利益、根本利益。眼前利益由于看得见、回报快而往往对人吸引力很大，进而导致有意无意地无视长远利益、根本利益。在解决这一问题时，一定要把眼前利益、近期利益与长远利益、根本利益有机结合起来，在适当照顾好眼前利益、近期利益的同时，考虑好长远利益、根本利益的引导工作。其中，制度引导和政策引导是必不可少的。

教育部部长周济就曾批评现在有些科研有急功近利的倾向。他说，高校要提高科研水平，要把高水平的论文写在实践的基础上，论文不是抄下来的，应是在解决现实问题过程中不断创新出来的。他强调，高校应有"顶天立地"的发展思路，一方面高度重视现代科学问题的解决和前沿技术的研发，不断增强自主创新能力；另一方面要高度重视面向生产第一线，特别是着力解决经济社会发展的重大问题，造福人民。周济主张要到实践中去找课题，去改造思想，"绝大部分科技工作都要在解决实际需要的过程

中攀登世界高峰",要在实践中找到中国特色的创新成果。①

同样,在经济的发展上管理者也应如此,比如在对生物的引进方面就要考虑以下三个方面。一是任何生物的引进都要十分慎重,应了解清楚该生物的生物学特性,避免造成生态性灾难,因为生态环境一般比较脆弱,一旦破坏难以恢复;二是引进的生物要与本地的生态环境有机结合,对引进的生物进行科学规划,使之维持一个适度、合理的种群;三是对引进的生物要科学管理,如山羊要尽可能舍饲,即使放牧也要划区轮牧,并密切观察草场的恢复情况。

(三)在创新中以人类持续发展为目标,避免对后代人利益的损害

创新是求是、发现、发展,它的本质是实现人类从必然到自由的杠杆,在这一过程中,是以整个人类持续发展为对象的。急功近利的创新往往只顾当代人利益,以尽可能满足当代人的需要为出发点,这一点本无可非议,但如果在满足当代人需要、照顾当代人利益的同时是以牺牲后代人的利益为代价就值得认真对待并反思改正了。因此,在创新中的任何一项成果,无论是技术创新、理论创新,还是制度创新,实施之前,必须以"利永远"为标准来进行测试衡量,要准确判断此创新有没有损害后代人的利益,充分估计对后代人利益的损害程度,以此作为创新能否实施的标准,这样才能避免对后代人利益的损害。以企业的技术创新为例,可以以行业规则的形式,把对生态环境的保护作为一个重要的技术指标纳入创新体系,保证实现企业经济效益的同时不损害周边环境的生态平衡,实现当代人利益和后代人利益的双赢。

总之,创新是人类艰辛的实践,是造福人类、不断提升人类能力的实践,需要从长计议,要有长远目光,不能急功近利,不然会给人类带来无法弥补的伤害。

第六节 不可破坏均衡

均衡,在《现代汉语词典》中与平衡同义,一是指对立的各方面在数量或质量上相等或相抵;二是指几种力同时作用在一个物体上,各个力相

---

① 周济:《在加强高等学校学风建设座谈会上的讲话》,2009年3月16日,来源:教育部。

互抵消，物体保持相对静止状态、匀速直线运动状态或绕轴匀速转动状态。《辞海》中的解释为：均衡是指矛盾暂时的相对的统一或协调。是事物发展稳定性和有序性的标志之一。平衡是相对的，它与不平衡相反相成，相互转化，一般可分为动态平衡和静态平衡。均衡多用于社会均衡，是一种理想的社会状态，指的是社会秩序和谐、社会资源配置合理以及社会利益分配的公平化。① 本节的均衡主要指人类社会的均衡。

一　创新对均衡可能造成的危害

（一）创新打破原有社会均衡并不总是坏事情

社会均衡是一种理想的社会状态，指的是社会秩序和谐、社会资源配置合理以及社会利益分配的公平化。社会均衡可以说是每个人乃至每个国家的理想期盼，但同时它也是一个相对概念，是一个在平衡和不平衡之间进行摆动的动态平衡过程。人类社会就是在这种从不平衡走向平衡，而后平衡被打破变为不平衡的动态过程中不断获得发展动力、不断进步发展的。如果社会绝对均衡了，社会也就停止发展了。利益均衡是社会均衡的基础和根本，社会均衡作为一种理想的社会状态，应有能力解决和化解利益冲突，使产生的矛盾能够通过纠错机制和缓解机制得到有效的化解，并由此实现利益大体均衡，实现多元利益的协调、容纳和共存，以此来维持良好的秩序，从而使整个社会达到一种动态的平衡状态。利益不均衡主要指经济利益的不均衡，尤指收入分配格局的不合理。

在社会主义市场经济条件下，创新在获得新的生命力的同时，也意味着毁灭，意味着旧组织在公平竞争中被消灭，更多的经济组织更快地转化为一种经济实体内部的自我更新，而那些赶不上创新节奏或没有意识到创新意义的经济组织都将被无情地淘汰出局。创新与破坏之间的对立关系是沿着正相关方向裂变的，从一定意义上来讲，创新也意味着旧生产组织的死亡与新经济组织的诞生，破坏原有均衡才孕育着新的生产力、新的生产关系乃至经济形态、经济结构。每一次"创新"思想的突然出现和短暂完成，意味着新一轮的创造性毁灭，而这种毁灭中恰恰孕育着新的创新的胚胎，所以，在这个意义上，破坏反而变成了推进力量。如果每一次创新成果被固定化了，或被神化了，那恰恰意味着创新的死亡，意味着真正的破

---

① 阿迪力·买买提：《从非均衡发展到均衡发展的战略》，《理论月刊》2009 年第 5 期。

坏。实际上，"创新"本身也是个时间概念，具有天生的转瞬即逝性，所以，任何循规蹈矩行为或垄断"创新"的企图都是徒劳无益的，也正是这种无声的创新悄然改变了人的思想、经济的结构、社会治理模式。1942年，创新理论的鼻祖熊彼特把"创新"发挥成是一个"不断地破坏旧结构、不断地创造新结构"的过程，是一个"创造性破坏的过程"。由此可见，创新打破了原有均衡并不一定就是坏事情。[①]

（二）创新可能给社会均衡带来危害

什么情况下的创新才会对社会均衡造成危害呢？创新对社会均衡产生的影响，一方面改变了社会原来的不均衡状态，使其变得相对均衡，这当然是大家希望出现的。另一方面打破了原有的社会均衡状态，使社会资源配置出现垄断情况，这必然带来利益分配的非均衡化，造成社会危害。这时，创新对社会均衡造成的危害就体现出来了。

1. 创新危害了最广大人民的根本利益的时候，就必然会危害社会均衡

当年苏联在内有叛军、外有强敌的特殊情况下，创造性地提出优先发展重工业，来巩固国防。这一创新措施尽管取得了很大成效，但却是苏联解体的深层次原因之一。根源在于这一创新忽视了轻工业与重工业的均衡发展，要求人民勒紧裤腰带搞重工业建设，而导致人民日常生活用品奇缺，弄得怨声载道。后来不但优先发展重工业的建设成果没有了，而且催生了导致苏联解体的其他因素。

2. 创新的制度变成为特殊利益、为小集团利益谋取好处的工具时，同样会危害社会均衡

目前，我国高等院校普遍扩大了招生规模，这本身是教育发展的好事情，国家允许有条件、有能力的单位举办独立学院，作为第三本科批次的学校招生，并且学费收取规定也相对自由。于是，有的高等学校开始搞创新了，但是其目的不言自明。它们把独立学院设在了大学之内，教学设备没有增加，任课教师也还是那些老师，其他教学基础设施也没有变化，可是却比非独立学院招生收取的学费高出几倍。这种创新事实上危害了教育公平，这样的创新还不如没有。在从计划经济体制向市场经济体制转轨的过程中，我国出现了多元化的利益主体；并且在市场经济条件下，多元化

---

① 〔美〕约瑟夫·阿洛伊斯·熊彼特：《经济发展理论》，何畏等译，商务印书馆，2011。

的利益主体开始有了多样化的经济利益来源，不仅有货币收入，还有财产性收入，以及一些个人利用国家所赋予的权力获得的"寻租"收入等。同时，随着改革的继续深入，利益主体的自我意识日益强化，在利益主体追求自身利益的过程中，由于各种利益主体内在的和外在的条件不同，利益实现的程度也有差异，从而导致各种类型的经济利益差距不断呈现扩大之势，如城乡之间、行业之间、地区之间的收入差距拉大。这也是改革在发展过程中打破了均衡，没有及时进行改进带来的后果。

3. 创新造成垄断局面出现时，也会危害社会均衡

创新使处于垄断地位的行业或企业占据社会资源配置的强势位置，借此收获额外利益，就会破坏其他利益主体的正当利益。或者创新使科学技术出现不应有的垄断情况，也会阻碍科学技术的正常发展，造成不当得利，危害社会均衡。这些都是应该警惕的。这种垄断情况同样出现在国家之间。目前，发达国家和发展中国家在发展过程中所呈现出的差距，就是由发达国家掌握了科技创新技术，进一步垄断资源所造成的。因为资本等资源大多都流向实力雄厚的一方（发达国家），并且它们利用自身各方面的优势，强占公共资源，或散布相互矛盾甚至错误的信息，获取更多的资源和转嫁发展的负面影响；而偏弱的一方（发展中国家）因创新能力不够，不仅占有的资源使用效率不高，还会带来很多问题，使得社会的均衡无法保持。

二　在创新实践中避免社会非均衡

从根本上说，创新是人们的一种行动、一种手段，要求手段与目的的一致、行动与价值的统一，也就是要达到均衡。我们由此可知，创新与均衡本身具有相容的一面，并不只有对立面，所以创新对均衡的破坏是在可以解决的范围内的。解决创新与均衡相对立的一面，可从如下方面入手。

（一）创新的目标要指向社会均衡

"实践永无止境，创新永无止境。"实践是创新产生的源泉。在实践的过程中，只要把握维护社会均衡的原则，树立创新实践是为了实现新的、更好、更多的社会均衡的目标，创新就不会干扰甚至破坏社会均衡。在牵涉到解决社会不均衡问题时，创新的思想、创新的制度着眼的目标也必须是为了实现社会均衡。"社会均衡"并非要回到绝对的共同贫穷的前提下，而是客观地承认个体间因能力、智慧和获取财富的差别及社会不同利益需求阶层的存在。换言之，就是在创新实践过程中，要根据不同个体、不同阶层（群体）、不同领域（行业）、不同国家（地区）的差异实现相对应的而非数量上绝对的均衡。

目前，随着全面小康社会以及和谐社会建设进程的加快，进一步调整城乡关系、缩小城乡收入差距、实现社会均衡发展已经成为迫切需要研究和解决的重大课题。在理论创新和制度创新领域应着力解决好以下两个方面的问题。一是深化制度改革，弱化二元结构。缩小城乡差距要从国家政治和管理制度的层面上改革城乡二元结构，尽快实现城市和乡村劳动力和其他生产要素在城乡之间的自由流动，尤其是在就业上应使农民享有和城市居民同等的权利；加快户籍制度改革，取消城乡户口差别，取消城乡居民入学求医等各方面的户籍限制。二是加大农村投入力度，调整收入分配格局。把农村建设作为投入的重点，调整财政支出结构，增加农村地区和贫困地区基础设施的投入力度，重点加强对农业农田水利设施、农村交通、农民住房等基础设施的投入，提高农业补贴水平，实行工业反哺农业、城市支持农村的政策，不断加大对农村经济社会发展的投入力度，大力提高农民收入，缩小城乡收入差距。而在科技创新领域应提高农业产业化水平，进一步增加农民收入。大力发展高产高效的现代化农业，提高农业产业化水平，培育壮大一大批产业化龙头企业，引导非农产业快速发展。继续认真落实各项惠农政策，大力减轻农民负担，提高农业生产效率和农民收入水平。在牵涉到解决社会不均衡问题时，创新的思想、创新的制度着眼的目标也必须是为了实现社会均衡。要做到这一点，就必须大力宣传得当创新的社会责任——造福全人类，而不是为了某个人、某个群体（阶层）、某个领域（行业）、某个国家的利益去进行创新实践。

（二）创新过程中应力求促进资源配置均衡化

在所有创新中，制度创新最可能对资源配置产生影响。资源是指对人有用或有使用价值的某种东西。当资源配置处于均衡状态时，就必须审慎地做好创新的制度对资源配置影响的评估，如果负面影响过大，这一制度可能就行不通了；当资源配置不均衡时，也必须审慎地做好创新的制度对资源配置发生改变的评估。按照前文所述，就是创新的制度也不能改变市场在社会资源配置中的基础地位。并且，就算是采用计划配置方式，也同样要求利用间接的、宏观的计划配置方式。

在创新实践中，出现了一种新的资源形式即创新资源。创新资源是一种以新技术、新知识和创新人才等为主要内容的全新的资源形态，是创新活动所涉及的全部资源，是创新活动的核心要素，是产生创新成果和带动区域经济超越简单再生产和扩大再生产的创新经济要素、制度要素和社会要素的总和。在创新资源配置过程中要对创新资源与创新主体需求之间的复杂关系进行组织，提高创新资源与用户需求的匹配程度，从而形成一个面向创新主体最终需求的创新资源有序结构；要注重创新资源空间分布的有序性，是指通过一定的导向与调控手段协调地区间、产业间和部门间的创新资源分布状况，在"效率优先，兼顾公平"的基本原则下，缓解创新资源分布的不均衡，从而形成一个与地区科技、经济社会发展相适应的创新资源有序结构。

在资源配置均衡化的过程中，国家的治理能力和治理体系至关重要。正如全球治理委员会的研究报告《我们的全球之家》中指出的："治理是各种公共的或私人的机构管理其共同事务的诸多方式的总和，是使相互冲突的或不同的利益得以调和并采取联合行动的持续的过程，既包括有权迫使人们服从的正式制度和群体原则，也包括各种人们同意的非正式的制度安排。"在创新过程中资源配置要实现均衡化，配置机制要注重资源的合理利用和优势互补。进行区域资源优化配置，可以通过借鉴国内外成功的模式和经验，结合我国区域资源的现状，对区域资源进行整体规划和部署，最大限度地实现资源的合理利用和优势互补。同时要保证资源结构的合理化配置。党的十八届三中全会以全面深化改革为议题，提出了"完善和发展中国特色社会主义制度，推进国家治理体系和治理能力现代化"的总目标，这可以说是我国顺应时代发展，在理论、制度创新中为实现资源配置均衡化做出的有益尝试。

（三）创新涉及利益重新分配时应力求避免利益非均衡化

马克思设想的社会均衡，是指各个社会阶级之间不存在剥削、压迫关系。这只有在消灭了剥削阶级的社会中才可能实现。现阶段我国已经消灭了剥削阶级，初步具备利益分配均衡这个条件。而按照涂尔干的社会劳动分工在很大程度上打破了手段与目的一致性的理论，利益分配均衡化只有在每个人承担的社会功能完成了相应的社会任务并获得了社会承认时才会出现。而目前社会的不均衡主要表现为，因利益及获取的方式向强势群体倾斜，整个社会弱势群体在经济利益和政治权利上力量更为萎缩。倾斜度越大，整个社会的发展离均衡就越远。各项创新都必然对利益分配产生影响，其中制度创新产生的可以评估的影响可能是最大的。我们知道，任何一项新制度出台，都会引起一定的利益分配主体的改变、一定的利益分配数量的改变甚至利益的重新分配。这也说明了制度创新的影响之大，进而也就要求对创新的制度进行正确的价值评估。在进行制度创新时，必须把最广大人民的根本利益放在首位，同时适当兼顾各方面的正当利益，这样的制度创新就会照顾到绝大多数人的利益，尽可能少地破坏社会的利益均衡。在这点上我们可以借鉴法、美、日等国经验，这些国家为了平衡私人投资对成熟企业的青睐，公共部门将资助重点放在投资边际效益更大的中小企业身上，通过各种优惠政策鼓励促进中小企业技术创新，加强科技成果转化，在一定程度上减少了不公平竞争现象。美国政府各部门留出专用资金支持中小企业的科技研究；日本和德国采取了许多政策措施帮助广大中小企业培养人才，提高技术创新能力和科技成果转化能力。如日本大力推行中小企业设备现代化和企业集约化政策，通过低息设备资金贷款，向中小企业出租先进设备，努力改变广大中小企业技术设备落后的面貌。与此同时，日本政府还加强对中小企业的技术指导，帮助中小企业培养技术人才，促进先进技术向中小企业转移，设立面向中小企业的国家实验室，向中小企业提供科技情报等来促进中小企业科技创新和技术进步。德国重点支持中小企业科技成果转化，具体措施包括：积极资助向小企业转让知识；加强筹措创建基金和风险基金；强化中小企业与科研单位的合作等。

第七节 不可成为掠夺

创新对社会发展的推动和促进作用是有目共睹的，特别是在经济发展方面对于生产力的发展起着巨大的促进作用，而这一作用直接体现为利润的获得或经济利益的满足。因此，创新成果本身不一定具有掠夺性，但使用者可能为了使自己的利益最大化而不当使用创新成果，这种别有用心的使用，造成了不顾他人利益和后人利益的掠夺，使创新沦为掠夺的手段或工具，这也是当今我们在进行创新实践时应力求避免的一种状况，即创新不可成为掠夺。

一 创新蜕变为掠夺的可能性

"掠夺"在《现代汉语词典》中的解释为凭借暴力拖动,强取货物。本书中的掠夺大致接近此说法,但在此"创新蜕变为掠夺"中的掠夺并不一定为使用、凭借看得见的暴力,但一定是违背被掠夺者的意愿,同时这种掠夺特指掠取他人或后人的应得利益为其自身所用,而且这种掠夺是不讲规则或者是利用创新巧妙地不触犯规则而实际上违背了规则的。创新成果的应用具有双重性,既可成为得当创新,也可成为不当创新,创新蜕变为掠夺是不当创新的一种。在现实中,掠夺式开发、掠夺式农业等不断出现,也给我们敲响了警钟。创新可能蜕变为掠夺主要基于以下三点。

(一) 人性中的逐利性

人性中的逐利性是创新可能蜕变为掠夺的人性基础。根据马克思主义的人性理论,"人性"是指人所具有的区别于其他动物的质的规定性。[①] 具体来说,人性包括人的自然属性和社会属性。所谓自然属性,是指人的肉体存在及其特性,是人在生物学上区别于其他动物的特征,包括生理结构、生理机能和生理需要等方面;所谓社会属性,是指人作为社会的人所具有的各种社会性质和特点,是人之为人的根本规定性。人的自然属性是社会属性得以存在的前提,以人的生理结构为前提的食欲、性欲及自我保存这三种基本机能是全部人性存在和发展的物质前提,承认人的自然属性,就为人性生成和发展找到了根本源头。正如恩格斯在《反杜林论》中所说,"人来源于动物界这一事实已经决定人永远不能完全摆脱兽性,所以问题永远只能在于摆脱得多些或少些,在于兽性或人性的程度上的差异"[②],人的趋利避害特点恰恰是动物自然本性的体现。马克思、恩格斯在其他许多著作中也曾论述过,人的需要和利益是人的劳动和人的社会关系形成的内在动因,是把人的类本质和个体本质贯穿并统一起来的纽带,人们永不满足的贪欲是一切历史发展的前提。在人的趋利避害的本性驱动下,人在社会中尤其是在市场竞争中追逐利润、追求经济效益是一种必然的选择。正是人性中的这种逐利性才使部分个体(个人或组织乃至国家)有掠夺他人利

---

① 王晓广:《权力异化及其人性根源》,《天中学刊》2009 年第 3 期。
② 《马克思恩格斯选集》第 3 卷,人民出版社,1995,第 442 页。

益为自己所用的最初想法。

（二）创新能满足人的多方面需要

这一点是创新可能蜕变为掠夺的前提。马克思在《1844 年经济学哲学手稿》中系统阐述了人的需要，马克思"人的需要"的基本内涵有三个。首先，它生成于人之后，是人的实践活动，因而也是历史文化的产物。人的需要区别于动物，必须超越生存需要，应以人的发展性需要为基本内容。其次，它是由人的本质所派生的，且符合人的本性。人的本质是自由自觉地活动，只有与这种本质相一致的需要，才真正符合人的本性。最后，它有助于发展人的本质，增进人的本质力量，巩固人的实践主体地位。[1] 前文已论述了创新对于人的全面发展的作用，尤其是创新可以进一步满足人的各种需要。在人类社会发展过程中，随着人的主体地位的加强，人的各种能力和潜能在创新活动中得以充分发挥。而创新活动的不断开展和深化逐步改善了人的生存条件，也在一定程度上满足了人在自身发展和社会发展过程中的各种需要。创新可以满足人不断发展的各种需要，使一些个体（个人、组织乃至国家）为了自己的利益萌生利用创新成果的想法，而且，创新越复杂，对他人或后人利益的掠夺就越凶狠和迅速，对他人或后人利益的掠夺造成的后果也越严重。

（三）个体逐利与整体利益的受损

这是部分个体利用创新成果为自己谋利必然造成掠夺他人或后人利益后果的理性基础。这个问题其实也是个人利益与整体利益的辩证关系的进一步延伸。假设整体利益是一块蛋糕，每个个体的应得利益是这块巨大蛋糕中的一部分，那么，当其中部分个体想要夺取自己可得的蛋糕之外的份额（利益）时，就势必产生对别的个体的蛋糕（利益）掠夺。或者说，当部分个体想多吃一块蛋糕、多得一点利益时，整个大的蛋糕（整体利益）必然会减少一块，这时整体利益势必受损。

另外，个体逐利造成整体利益受损，最后也会造成对自身的伤害甚至毁灭。个体的逐利一开始并不会带来自身的毁灭，而是在大量个体将逐利行为演化到贪婪极致之后，不仅使整体利益受损，而且可能造成整个市场

---

[1]　朱志勇：《"人的需要"与需要异化》，《河北学刊》2008 年第 6 期。

的毁灭和所有个体的毁灭，即所谓"覆巢之下无完卵"。

二 创新蜕变为掠夺的危害

创新一旦蜕变为掠夺，可能造成的危害，主要体现在一些利益主体在进行创新的时候，掠夺自然资源，危害后代的生存基础和有意设置一些准入门槛，形成垄断局面，从而获取更多的利益，掠夺别人的利益。

（一）掠夺自然资源，造成巨大浪费和破坏，掠夺了后代人的物质生存基础

蜕变为掠夺的创新为了掠夺到更多的利益份额，会不顾一切地掠夺自然资源，这种疯狂掠夺造成的生态危机，严重危害了人类的生存基础，特别是后代的生存基础。一些人为了追求经济的高速增长，会把生产建立在对自然资源进行高度掠夺的基础之上。因此，这种掠夺式创新在给部分个体带来巨大利润的同时，也给人类带来了消极效应，破坏了自然资源，造成生态危机。掠夺式农业和掠夺式开发就是显证。掠夺式农业是指以获取当年（季）或近期利润为目的，滥用土地资源的农业经营方式。这种经营方式不考虑培养地力和保持生态平衡，常使土壤肥力枯竭，气候环境恶化，从而产生严重后果。如历史上美索不达米亚草原上的土地和森林资源，遭到滥垦滥伐，致使这一地区的经济文化衰落，这就是掠夺式农业经营的结果。

同时，一些利益主体在进行创新的时候没有顾及对自然资源的浪费，单纯追求利润。手机充电器的生产就是典型例子。几乎每一个手机品牌的每一款型号，都有自己单独适用的充电器，插头接口不一样，电压高低也各不相同。看上去是创新保护了产品的专利权，但实际上换手机就必须换充电器，以至于资源浪费不少。当代人肆无忌惮地消费着地球上的有限资源（包括浪费自然资源和破坏自然资源），并将地球当作一个巨大的垃圾场，无疑对人类的生存造成了危害，这不仅严重威胁了当代人的生存，更重要的是，他们也"透支"了后代人的资源，损害着后代人的利益，特别是影响了后代人的物质生存基础。

（二）掠夺社会资源，造成社会发展不平衡，掠夺了部分当代人的应得利益

掠夺社会资源，主要是利益争夺。这一点主要体现在整个世界范围的

社会发展不平衡和国家内部的行业垄断上。

利用创新掠夺其他国家的资源（包括自然资源和人力资源）是当今世界一个凸显的问题。在发达国家，一些利益主体把创新用于追求最大利益的目的，亟须寻找本国独立而完整的工业化体系之外的利益点，为降低技术创新成本，充分利用国外廉价的人力资源和自然资源，大型企业或企业集团纷纷向外扩张，成为跨国公司。原来封闭的国内工业化体系，逐渐呈现向外扩张之势，而且借助于通信技术和国际互联网的飞速发展，跨国公司的经营活动不断地向零距离逼近，从而使技术创新在跨国经营中的成本得以最小化，利润得以最大化。而在这一过程中，发达国家掠夺发展中国家的自然资源和人力资源（主要是技术移民和发展中国家人才流失），使得发展呈现出越发不平衡的趋势，加剧了贫富差距。现在关于基因和生物资源的掠夺行为已逐渐引起人们的关注。许多科技大国竞相实施人类基因组计划而到发展中国家采取基因，掠夺基因资源，变成他们自己的专利。而一些跨国公司利用野生动植物资源开发生物药品，却不与这些野生生物的原产国分享产品利润。[①] 这种掠夺资源并以此牟取暴利的行为是掠夺性创新的一个例证。

在国家内部这种掠夺性的创新主要体现为行业的垄断。北京理工大学胡星斗教授发表的《特权垄断利益集团：中国最大的祸害》一文，阐述了中国的特权垄断利益集团包括国家电网、中国石油、中国石化、中国航空、中国烟草、中国电信借创新巧取豪夺的巨大危害；并以国家电网带有掠夺地方电网的嫌疑的特高压输电网这一创新为例说明了危害。"国家电网公司正在以地方'倒逼'中央的方式推行特高压输电网，已经同24个省区直辖市签订了电网发展和农村户户通工程纪要，以发展特高压电网为条件，国家电网公司许以巨额投资建设地方电网。如此，试图从技术上、体制上堵死地方电网发展的可能性，形成牢不可破的垄断局面。但是，全国形成的一张百万伏特高压电网隐藏着巨大的国家风险，一旦遇到军事打击或者事故，全国电力将陷入瘫痪，世界上没有哪个大国是风险如此集中的，美国有三大电网、十大安全管理区，发达国家早已中断了特高压电网的研究，日本、俄罗斯等国的少量特高压电网也在降压运行。"[②] 还有电子通信业领

---

① 王俊鸣：《联合国制订措施对付"生物资源掠夺"》，《科技日报》2002年4月29日。

② 胡星斗：《特权垄断利益集团：中国最大的祸害》，光明网，2007年1月15日。

域，电信企业天天都在创新，可是创新的目标并不是提高服务质量，为顾客提供便利，而是捆绑住顾客。

三 在创新实践中避免蜕变为掠夺

掠夺式创新的目标指向在于获取不合理的利益或是属于他人（国）的利益。无论是理论创新、制度创新，还是科技创新，都是在社会现实中发生的，必然对现实社会产生一定的影响，其中，有好的方面的影响，也有不好的方面的影响。而现实社会异常复杂，往往一种影响会在社会中传递甚至被放大，使大众的合理利益受到伤害。因此，应避免创新可能对社会整体利益造成的伤害，维护好社会的和谐与稳定，而这些除了首先依靠法律手段以外，还必须在创新中做到目标正确，必须将创新得当的社会责任时刻牢记心中，以公平正义为衡量标准，努力做好创新正确性的价值评估，维护好社会物质系统和社会意识系统。

（一）创新要维护好社会资源的合理配置

物质决定意识，社会经济发展是全部社会生活的基础，避免创新蜕变为掠夺就必然首先要合理配置社会资源。这可以从两个方面入手，一是大力发展社会生产力，促进社会经济发展，满足人民的物质文化生活需要。当生产力发展到一定程度，能完全满足人类的物质需要时，就从物质基础上消除了掠夺的动机。二是处理好与自然界的关系，保护好生态环境，避免资源浪费，促进人与自然的和谐化。只要朝这两个方面努力创新，就可以合理配置社会资源，至少将造成伤害的机会大大降低。这里主要是针对科技创新而言的，因为科技创新的主要内容就是促进社会生产力的发展。

（二）创新要维护好先进的社会意识

意识反作用于物质，社会意识对社会存在具有反作用。这种反作用表现在可以加速或延缓社会的发展。与此相适应，创新对社会意识系统的维护，一是要抑制社会意识对社会存在的延缓作用；二是要有利于社会意识系统对社会存在的促进作用。制度创新对社会意识系统的影响最为深刻，一项制度的变革往往影响巨大，甚至影响整个社会，由此可见创新得当的社会责任的重要性。理论创新对广大人民的思想意识往往影响深远。一种好的理论创新，可以解放人们的思想，克服因循守旧，破除习惯偏见与思维定式。如此，必须在创新中树立服务于人民、服务于社会、服务于进步的思想，服从"利国、利民、利永远"的最高目的，才能发挥好创新的积极作用，维护好先进的社会意识系统。

（三）创新要处理好个体利益和整体利益以及短期利益和长远利益的关系

任何一种公共利益实质都是个体利益的集中与组合，公共利益不是抽象而是具体的，是可以还原为具体的个人利益的。两者并没有必然的、内在的、不可调和的矛盾，而是可以和谐共处并可以保持一致的，两者之间具有一种"小河无水大河干，小河有水大河涨"的逻辑关系。大多数时候，个人利益和公共利益都应当具有较大的一致性。当然，有时候公共利益和个人利益也有因某种重要理由而无法达成一致的时候，这时消解其中的矛盾应当遵循两个原则：第一，确保公共利益的真实有效性，尤其要防止公共利益为少数利益集团劫持而异化为他们牟取暴利的得力工具；第二，在确保第一条原则的情况下，个人利益需要服从公共利益。一个整体的维系与发展，是靠个体利益的损失换来的；而个体利益的获得，又是靠整体的壮大做后盾的。同样，长远利益和短期利益也是如此。短期利益要服从长远利益，在两者不冲突的情况下也可获取短期利益。

因此，创新要处理好个体利益与整体利益、短期利益与长远利益的关系。这一点包括三个方面。一是个体利益的最大化是其前提，整体利益植根于个体利益，整体利益是建立在个体利益基础之上的社会整体利益。二是公共生态利益大于个体经济利益。要按照"生态人"的思维进行创新，创新要满足个体经济利益的需要，更要满足社会公共的生态利益需要，公共的生态利益优于个体的经济利益。三是实现个体利益的持续化是创新利益观的升华。创新所追求的个体利益持续化，是指不简单地追求暂时的利益最大化，而是通过对当前发展的合理调节与限制，保留和创造未来的发展空间与发展条件，既满足当代人的需要，又不对后代人满足需要的能力构成危害，使得个体利益可持续发展，最终实现个体长远利益的最大化。

第五章　营造创新得当的文化氛围

创新不仅是一种行动和文化，而且是一种思想和文化。任何创新活动都离不开一定的创新性环境，特别是离不开创新的社会氛围，作为人类社会最活跃的因子，文化对创新活动具有重要作用。因此，要创新得当，首先要营造创新得当的文化氛围。营造一种崇尚得当创新、激励得当创新、追求得当创新的文化氛围和文化环境对于得当创新很重要。这种良好的氛围，可使人们产生创新激情，且人人以得当为创新的最高目标，从而引导创新主体走上得当创新之路。

第一节　文化氛围的保守与开放

文化自从被人类创造之后，就与其发展密不可分，并成为人类社会发展的重要动力资源。文化资源在现代化进程中体现出来的能量愈来愈显著，文化成为一种生产力，文化也是一个国家综合国力的重要反映，文化引导着社会的发展方向，也推动着社会变革。[①] 文化有其独特的个性，尤其是文化氛围，这对创新具有重要的作用。只有正确认识文化氛围的保守性与开放性，才能防止保守变成守旧、开放却否定继承的倾向，真正形成有利于创新的文化氛围，推进得当创新。

社会文化环境是人类在特定的社会环境中依靠自己意识、精神的创造力造就的氛围或环境，包括许多因素，如价值观念、风俗习惯、文化传统、

---

① 张金华：《文明与社会进步》，上海社会科学院出版社，1998，第7页。

生活方式、学习态度、进取精神以及教育水平、人才利用状况等，它是影响和制约创新的一个重要环境变量，它以一种无所不在且强有力的力量来弥补制度、法律、政策以及市场因素在规范现实的创新性活动时的弱点。①由于文化的长期积淀，其自身形成的道德、风俗、习惯、价值观等，在广泛和深层的范围内，影响着创新主体的价值选择、目标设定和行为方式，任何创新，不得不依从既有的社会文化价值规范，力求得到社会的普遍认可。创新活动和创新组织、创新方法都包含着文化的品性。文化氛围对创新的演化方向、进程和结果等产生重大影响。文化氛围不仅影响创新的社会价值规范体系，同时它还成为社会制度赖以创生、演变或发展的基本依托。崇尚创新的文化氛围是创新的基础、源泉和强大的动力。

一　文化氛围的保守与创新

文化氛围包括了社会成员个人的行为、思想、感情、信念、习惯等，它是经过长期的历史积淀而形成的，包含了一个民族或一个国家许多稳定的精神因素，一旦形成，具有相当的稳定性。从一定的程度上来讲，文化氛围因其稳定而具有保守性。

（一）文化氛围的保守性

文化是一个民族和国家生存发展的根脉，它是一种精神，是一种氛围，是一种价值导向，具体可体现为民族心理、民族精神等。文化之所以为文化，不仅仅是一套游离于人心之外而只在思维层面活动的精神符号，它不可避免地会内化到人的心灵深处，建构人的精神世界，培养人的人格，形成人的文化心理，使他们形成一定的价值观念和行为模式。这种内化的过程是缓慢的，但一旦定型，便很难改变。这表明文化的发展从来就是渐进的，从来不可能"建构"，这就是文化的保守方面。

文化氛围的保守性首先体现在其稳定性上。文化氛围的形成非一时一日之功所能达到的，因为文化的内在性和对社会成员个性的内化作用，是

---

① 可以说，社会文化环境从软件方面给予得当创新支持。它具有无形的特点。这种氛围或环境是以精神、理念等观念形态存在的，人们可以认识它、理解它、感知它，甚至可以用语言表达它，但都不能说出它的形状、长短、方正、圆缺、颜色等；而且它的作用往往不可能立竿见影，对人的作用常常是间接的、潜移默化的，但它对人的作用是巨大的，具有很强的渗透力和化成力。

需要得到一定层面、一定范围的人群的认可，再经过长期的历史积淀形成的，是一种观念形态，一旦为人们所认可接受成为人们共同的价值观念和行为模式，就很难改变。如同俗话中所说"江山易改，本性难移"和"积习难返"一样，文化氛围因其载体包括民族精神、民族心理、民族发展历程的观念形态，呈现出相当的稳定性，在相当长的一段时间内发挥作用，就不容易受到外界影响而发生改变，尤其是触及本质、深层，更难改变。①

文化氛围的保守性还体现在其地域性上。不同的国家、民族、地区之间，由于不同科技水平、经济状况以及人们的生产方式、价值观念、风俗习惯、宗教信仰等的不同，因此人们的文化观念不同，对文化资源的认识就存在着很大差异性，文化氛围也呈现出不同的地域特征。南北方人们思想观念的不同以及对新事物的不同态度就是显证。因不同地域文化氛围的不同，一个地域对另一地域呈现的文化氛围会表现为不予接受的态度，这也从另一个侧面说明了文化氛围的保守性。

（二）文化氛围的保守性对创新的阻碍倾向

文化氛围的保守会阻碍创新，不利于创新，英国的兴衰可以作为一个显证。英国从一岛国变成欧洲强国，最终成为世界霸主，凭借的是它所创造出来的一种新的制度文明，而这种文明一直引领着人类进步的潮流，吸引着世界各国争相效仿。1870年以后英国开始衰退，也是因为它文化中的保守因素阻碍其继续创新，因而慢慢落伍，成为二流国家。

文化氛围的保守是文化对其稳定性的一种保护措施，但要维护稳定就必然排斥变革和创新这些可能影响稳定的因素，也呈现出对创新的阻碍倾向。

（三）保守非守旧

今天我们所需要的文化氛围，要有利于得当创新，就要做到保守非守旧。保守，是一种渐进式文化的保守，不是简单地重温昔日文化的旧梦，更不是为陈腐的文化资源提供辩护；不是简单地把自己扎进纸堆中，沉溺于旧梦，而是坚持在文化的发展上绝不能一夜之间翻天覆地、开天辟地或洗心革面；不是死守旧的文化传统不放，而是反对文化上的激进取舍和急

---

① 吴圣刚：《文化资源及其特征》，《河南师范大学学报》（哲学社会科学版）2002年第4期。

功近利。①

　　文化氛围的保守和守护是有选择性的，即选择"优秀"的文化资源，而"优秀"与否是要确立一种价值标准，这种价值标准往往要经过一段较长的时间而形成才能进行评价。因此，某种文化资源在未得出其价值是否优秀之前，不能简单粗糙地进行取舍。文化氛围的保守还指绝不会因为现实需要什么、流行什么，就马上改弦易辙、趋之若鹜，因为文化本身就具有对社会现实的评判和反思功能，能引领人们的思想。由于其守护具有选择性，它也反对文化上的守旧和不思进取，其保守的最终目标是文化的源远流长、推陈出新直至最后人类文化的昌盛。

二　文化氛围的开放与继承

　　任何文化资源，一经产生既是民族的，更是世界的、全人类的共同资源和共同财富。② 同时，它作为客观存在，是一种观念形态的东西，经过了长期人类创造性劳动的积累，也是一种历史的积累。它是在不断纳新变革中进步的，然后以自身的进步推动社会的进步。因此，无论是不同文化资源之间的交流、吸收和融合（空间、地域性质上），还是同一文化资源不断的更新、变革，都说明了文化资源是开放的，而非封闭的，是在不断否定中进步的，特别是文化资源新旧因素的更新，最终合理的因素和成分代替旧的因素和成分使文化获得不朽的生命力。

（一）文化氛围的开放性

　　人类文明的发展过程，是一个不同文化相互影响、相互融合而又相互排斥、相互冲突的辩证发展过程。任何一个国家、民族的存在与发展都不可能是完全封闭的、与世隔绝的，也没有一种文化和文明能在自我封闭的状态中永恒。我国春秋战国时期之所以能够呈现出人才济济、学者如云的大好局面，古希腊和文艺复兴时期之所以能产生"流芳百世"的创造性成就，最根本的原因在于当时文化的开放性。③ 近现代以来西方国家经济和科技之所以高速发展，其成功经验之一就是实行了广开门户、兼容并包的文

---

①　刘铁芳：《保守与开放之间的大学精神》，北京师范大学出版社，2010。

②　吴圣刚：《文化资源及其特征》，《河南师范大学学报》（哲学社会科学版）2002 年第 4 期。

③　凌云志：《中国传统文化对创新教育的阻碍及对策研究》，《产业与科技论坛》2006 年第 4 期。

化开放政策。

所谓开放，是指解除封锁禁令，思想开通解放。鲁迅先生说过，"民族的就是世界的"，文化应是开放的、流动的。文化氛围的开放性是指文化氛围的不封闭性及其在文化交流中的纳新以及兼容并蓄的特征。这种开放性主要体现在文化的交流和纳新上。梁策先生在《日本之谜》一书中提出，人类文化若"近亲繁殖"会产生退化，"杂交"则能产生优势。① 通过开放的交流，向世界各民族开放，不断吸收世界一切民族优秀的文化因素，这种交流吸收是无国界的、无时间性的，无论哪个国家的民族，无论哪个时间，只要是优秀的，就可以进行对话、交流、分享、吸收，在对话中交流，熔铸出更优秀的新质的文化来。开放性还体现在纳新上。文化是人类智慧的结晶，它随着历史的演进而不断生长、不断递进，文化的这种递增性与人类思维和人类的创造活动密不可分，通过人类思维不停止的创造活动，人类文化不断丰富、发展、创新，并不断形成新的特质。因此，从这个意义上来说，文化的开放性体现在它的这种否定旧因素、旧成分，形成新的因素、新的成分，从而获得新的特质上。任何事物都是通过不断的否定而获得进步，文化也一样。究其本质，文化因其自身所具有的开放性，所以会接纳新成分、新因素的涌入。新成分、新因素是对文化资源中部分旧成分、旧因素的否定，这些旧成分、旧因素是因时间的推移和条件的变化而成为消极、不合适的东西，通过对它们的否定，文化发生根本性的变化，实现进步。

（二）文化氛围的开放性有对继承的否定倾向

文化氛围的开放性体现在交流融合和纳新否定上，这无疑和创新具有一致性。上文已论述了客观事物的变化发展是开放的圆圈，否定是事物发展和联系的环节，任何事物都是通过不断的否定而获得进步。文化也一样。从根本上说，事物的发展是新事物的产生和旧事物的灭亡，而这只有经过否定这一根本环节才能实现。同样，文化资源中的某些成分、因素在一定发展阶段和历史时期，对它赖以产生的条件来说，有其存在的理由和旺盛的生命力；但随着时间的推移和条件的变化，它历来存在的理由会逐渐丧失，会变成消极、不合适的东西。这时，通过开放，有了对话和交流，通

---

① 梁策：《日本之谜》，贵州人民出版社，1986，第193页。

过否定，这些消极、不合适的东西会发生本质变化，成为新的、适时的、有生命力的东西，实现文化的发展和进步。①

从某种意义上说，否定是吐故，是对原来的东西的舍弃。开放为否定提供了基础，有了开放，就有了对话和交流，有了比较才可能发生否定。这样，文化氛围的开放性就呈现对原有文化继承的否定倾向。在现实中，开放性往往演变为形而上学的否定，变成一味或盲目地否定文化资源中所有旧的成分和因素，变为一股脑或全盘接受新的成分和因素。我国改革开放初期，有部分人一味地开放和引进，全盘接受外来文化中的一切东西，舍弃了我们民族文化中所有的东西，其中包括很多优秀的值得继承的东西，甚至有了"外国的月亮比中国的月亮圆"的荒唐说法，提倡"全盘西化"就是一个值得深思和反省的例子。

（三）非否定继承的辩证开放

无继承就无所谓发展，新文化只有在固有文化的基础上才能创新和发展，这是文化发展的客观规律。文化氛围的开放性决定了不同异质文化的涌入，在不同文化涌入时，我们应坚持辩证的开放即选择的开放、不否定继承优秀文化传统的开放。②

选择的开放、不否定继承优秀文化传统的开放，就是辩证的开放。也即对一种文化形态的否定，并不是一概地否定，而是具有肯定的否定；对一种文化形态的肯定，也不是一概地肯定，而是具有否定的肯定。李大钊先生在对待中西文化的态度上就体现了这种辩证开放的特点。他主张"既不是将中国传统文化和西方文化完全对立起来，也不完全抛弃两种文化形态；既不是固守中国传统文化的保守主义，也不是盲目崇拜西方文化的全盘西化论。他虽然彻底地否定了中国封建专制制度，但保留了中国传统文化的合理因素；虽然主张吸收资本主义民主、科学精神，却也洞察了资本主义的罪恶，为选择更为理想的文化准备了思想条件"。③ 辩证的开放是允许甚至鼓励文化之间的交流和碰撞，哪怕是对立的文化。在这种交流和碰撞中所产生的新思路、新学说、新学派，会成为创新精神的不竭源泉，唯

---

① 陈锦华等：《开放与国家盛衰》，人民出版社，2010，第 15 ~ 16 页。
② 俞吾金：《当代中国文化的内在冲突与出路》，《浙江大学学报》（人文社会科学版）2007年第 4 期。
③ 陈锦华等：《开放与国家盛衰》，人民出版社，2010，第 43 页。

有开放，才能面向世界、面向时代，才能不断吸纳新鲜的文化资源，增强文化的创生力量，并营造有利于人们敢于创新、善于创新的文化氛围。同时，辩证的开放不否定继承，恰恰相反，辩证的开放是建立在继承的基础上的，它保留了文化资源中积极的成分和因素，有了继承的基础，为文化的进一步发展创造了更充分和完善的条件，促使文化在继承和创新中发展。

综上所述，文化氛围的保守性会对创新有阻碍倾向，而文化氛围的开放性又有对继承的否定倾向，我们应该克服这两种倾向，营造一种既包含非守旧的保守和非否定继承的开放，又适于得当创新的文化氛围。要努力促进文化资源的开放，但也要肯定其自身历史积累的一面，在深厚的文化传统和文化资源的基础上积极创新，辩证否定，不断创造新知识，开创新文化以及新的文化传统，真正做到"继往"而"开来"。创新是一种能力，同时也是一种精神。只有将作为一种精神的创新融入文化之中，才能形成一种有利于创新的文化氛围和文化环境。得当创新是在创新的基础上进一步反思，有利于社会发展的一种最佳选择，因而尤其需要营造有利于得当创新的文化氛围。创新文化是创新活动之"魂"，是其理念先导与文化支撑，也体现一种文化"软实力"。胡锦涛同志在全国科技大会上指出："创新文化孕育创新事业。"我们要按照费孝通先生提出的"各美其美，美人之美，美美与共，天下大同"① 的原则来对待文化，为人类不断进行得当创新实践活动营造一个浓厚的文化氛围。

第二节　创新得当对文化氛围的要求

人类的创新活动表明，文化对创新具有重要作用。创新的软环境、人文社会环境，是创新一刻也离不开的土壤和空气。文化是创新的基础，创新的人文环境是培育创新的肥沃土壤。文化是一种精神，是一种氛围，是一种价值导向，我们要倡导得当创新，就必须促进文化资源的开放，使我们的文化系统中融入越来越多的得当创新精神，不断巩固和强化有利于得当创新的文化因素，削弱甚至消除不利于得当创新的文化因素，使我们的文化系统越来越有利于创新，真正形成有利于得当创新的文化氛围和文化

---

① 费孝通：《关于"文化自觉"的一些自白》，载《人类学与文化自觉》，华夏出版社，2004，第 117 页。

环境。

创新得当作为创新的必然选择，对文化氛围的要求主要有以下五个方面：要树立以得当创新为荣的价值观；在创新中贯彻可持续发展观；要具有理性的批判精神；要培养开放协作的竞争观；培育不畏创新失败的风险意识和允许创新失败的宽容精神。唯其如此，人们才能从思想深处真心实意地崇尚得当创新，进而去实施得当创新的实践活动。

一　树立以得当创新为本、为荣、为重的创新文化价值观

任何一种理论创新，都需要相应的文化来推动。得当创新作为创新的一种导向，固然是现实的客观需要，但是，由于文化深深地作用于人们的创新理念中，它无时无刻不在深刻地影响着创新个人和创新群体的价值观念、道德水准、思维模式、行为方式以及社会制度，所以，得当创新能否顺利进行并成为人们今后创新的必然趋势，还有赖于能否建立与之适应的创新文化。

迄今为止，在我们已了解到的建立起来的创新文化中，可能更多的是解决创新与守旧的关系，研究创新可能导致人与自然的不和谐，但还未深入到"得当"这一深层次问题上，或者说没有对创新造成人与自然不和谐的深层次即社会生态的不和谐予以追问或追问不够。因此，要建立与得当创新相适应的创新文化，要减少长期以来功利文化的影响，打破功利文化存在于人们既定的观念和心理中的惯性势力，夯实创新文化的伦理底蕴，建立新的创新文化是至关重要的。

文化，在最广泛的意义上包括人类社会活动及其物质和精神产品的总和。在文化的整体结构中，价值系统是核心。文化对群体和社会的作用，以及对于个体生存的行为规范和意义评价，都是以一定的价值系统为核心进行的。人们对于创新的价值观从根本上影响着创新活动所处于的氛围和环境的性质。一般而言，人们越是普遍地在思想深处真心实意地崇尚创新，就越能够形成有利于创新的文化氛围和环境。因此，要形成有利于得当创新的文化氛围，首先要树立以得当创新为本、以得当创新为荣、以得当创新为重的社会价值观。①

一旦树立了以得当创新为本、以得当创新为荣、以得当创新为重的价

---

① 吴晓江：《创新价值观是创新文化的核心要素》，《文汇报》2009 年 8 月 3 日。

值观，人们的一切实践活动都会围绕得当创新而进行。在这种价值观的影响下，得当创新的行为和成果，都会受到人们的普遍支持和称赞，也会给予有得当创新重大成果的创新实践者极高的荣誉；而得当创新实践者本人也会因自己的得当创新行为和得当创新成果而感到无比的光荣和骄傲。在这样的文化氛围和环境中，得当创新者成为人们普遍推崇和效仿的对象，人们纷纷进行得当创新的实践活动，得当创新将成为一种社会风气和主流文化。

以得当创新为本，就是要求人们在进行任何实践活动时以得当创新作为目标和根本，注重培养人们的创新精神和创新能力，并把得当创新纳入任一实践活动中的评价指标体系中，使人们把得当创新作为自己的一种自觉行为。以得当创新为荣，就是要求人们把得当创新作为自己的价值目标而追求，以进行创新为荣，以保守循旧为耻；以得当创新为荣，以不当创新为耻；以成功取得得当创新成果为荣，以不愿进行得当创新活动实践为耻；以取得得当创新成果为荣，以创新不当为耻。以得当创新为重，就是要求人们把得当创新置于社会活动领域中的突出和优先位置。人们要在任何领域中积极进行得当创新实践，取得得当创新成果。

二　创新中要贯彻可持续发展观

发展是指事物由小到大、由简到繁、由低级到高级、由旧物质到新物质的运动变化过程。它是个历史范畴，随着历史进程而变化。传统的狭义发展指的只是经济领域的活动，其目的是产值和利润的增长、物质的增加。随着人们认识的提高，人们注意到发展并不是纯经济性的，发展应该是一个很广泛的概念。它不仅表现在经济的增长，国民生产总值的增长，人民生活水平的改善，它还表现在文学、艺术、科学的昌盛，道德水平的提高，社会秩序的和谐，国民素质的提高等。发展除了生产数量上的增加，还包括社会状况的改善和政治体制的进步；不仅有量的增长，还有质的提高。简言之，既要经济繁荣，也要社会进步。

通常认为，发展受三个方面因素的制约：一是经济因素，即要求效益超过成本，或至少与成本平衡；二是社会因素，要求不违反基于传统、伦理、宗教、习惯等所形成的一个民族和一个国家的社会水准，即必须在社会反对改变的忍耐限度之内；三是生态因素，即要求保护自然，保持好各种陆地的和水体的生态系统、农业生态系统等生命保障系统以及有关过程的动态平衡，其中生态因素的限制是最基本的。发展必须以保护自然为基础，它必须保护世界自然系统的活动功能和多样性。

可持续发展观强调的是经济、社会和环境的协调发展，其核心思想是经济发展应当建立在社会公正和环境、生态可持续的前提下，既满足当代人的需要，又不对后代人满足其需要的能力构成威胁。① 可持续发展改变了传统发展观以经济的高速增长为单一目标的模式，谋求平衡条件下的经济、社会、人的全面发展，是一种综合发展。它以人为本，以人为主体，从人与自然、人与经济社会、人与人、经济社会与生态环境四者全面和谐协调发展的角度，促进经济社会的可持续发展和人的全面发展。它包括生态环境的持续发展、经济的持续发展、社会的持续发展、人的持续发展四方面的内容，其中，生态环境持续是基础，经济持续是条件，社会持续是目的，人的持续是最终归宿和价值目标，四者相互依存、相互促进，共同组成了一个系统的整体。自然生态的可持续发展，即在自然规律的作用下，通过技术创新，合理地利用自然资源，实施更加清洁的生产技术，创造接近零排放工艺，建立低能耗、无污染的技术系统来实现。社会生态的可持续发展，通过创新（包括制度创新）营造一个保障人人平等、自由、健康的社会环境，促进社会福利、劳动就业、收入分配、人口调控等方面的公正与和谐有序的发展，最终促进人的全面和可持续发展，实现人的生态化。

创新作为人类重要的实践活动，无疑是推动社会发展的重要力量，而创新要得当，要将创新活动引向得当的轨道，对社会文化氛围一个重要的要求就是要在创新中贯彻可持续发展观。可持续发展观应包括以下思想。首先，确立经济、社会、环境协调发展的目标。发展既包括经济的发展，也包括社会的发展和保持良好的生态环境的发展，只有三者协调发展才是可持续的，才能实现可持续发展的终极价值目标——人的全面而又自由的发展，最终实现人与自然、人与经济社会、人与人的和谐协调。其次，保障自然资源的永续利用。自然资源的永续利用是保障社会经济可持续发展的物质基础。可持续发展主要依赖于可再生资源特别是生态资源的永续性。必须把发展置于当代人之间、当代人与后代人之间公平、合理、持久利用自然资源的基础之上，即发展应是"在不损害未来世代满足其发展要求和

---

① 丁占良：《浅论可持续发展观与科学发展观的关系》，《阴山学刊》（自然科学版）2009 年第 4 期。

资源需求前提下的发展"。最后，建立以人的全面发展为核心的整体价值观。可持续发展的核心是解决人与自然之间的矛盾、冲突，建立二者之间的互利共生、协同进化机制，确认自然的价值、环境的价值，肯定人内在于自然、依赖于自然，人与自然之间有着共同的利益和命运。人的全面的发展不只是人的基本需要的满足、人的素质的提高、人的潜力的发挥，而且也是人与自然的协调、发展与环境的相融。在这样的发展观的指导下，创新主体在进行创新实践时不会经济效益唯上，而是会将经济效益、社会效益与生态效益高度统一起来，而这三者的结合和统一，无疑会使人们的创新活动达到得当的"三利"最高目的，不会与"四个有利于"的得当创新的基本尺度相违背。

三　弘扬理性的批判精神

在得当创新文化氛围和环境中，理性的批判精神是人们所不可缺少的。批判与创新是天然相关的一对概念。一般来说，创新以批判为前提，没有批判就没有创新，批判通常都会孕育或生成创新。哲学批判是最根本的批判，所以创新的文化氛围和环境一旦形成，以哲学批判为代表的理性批判精神必然成为人们普遍的精神状态。特别是得当的创新还要理性分析"创新不可"，使得当成为创新主体的创新活动的必然选择，因此理性的批判精神尤为重要。

批判精神是科学理性的核心要素，是一种积极入世态度，并且是建立在民主与科学基础上的独立自由的人文精神。[①] 批判是理性的反映，是客观的审度，是站在不同角度的深思熟虑。因此，一个成熟的社会，一定有充满了批判精神的人文环境。反过来说，有无批判精神，是衡量一个社会是否开明、是否开放，甚至是否为现代文明社会的重要标志之一。正如河南大学副校长宗纯鹏在 2007 年 10 月 31 日《中国青年报》上所说："一个民族、一种文化能否树立起真正意义上的批判精神，成为能否真正地鼓励创新、鼓励进步和发展的关键所在。"

"批判"源自古希腊词语 Krino 及其名词 Krisis。其原意为"区分"、"选择地评判"、"分隔"并加以筛选。自古希腊的苏格拉底和柏拉图以及亚里士多德以来，人们始终把"批判"看作理性思考的一种形式，理性的批

---

① 李惠国：《关于加强自主创新能力建设新型国家的几点思考》，《学术探索》2006 年第 2 期。

判活动，主要是为了考察、评判思想产品和创造物的理性本质，表达批判主体对被批判对象肯定或否定的态度，确定其美或者丑等的价值。近代启蒙运动，笛卡尔·培根和洛克等人最早在他们的著作中提倡和贯彻一种符合启蒙精神的批判原则。这种批判精神被康德和马克思所继承和发扬。马克思的批判精神和原则，实现了物质和精神、主体和客体的辩证统一。

　　所谓批判，其实就是站在一个更高的层面上，对历史和现实做甄别和审视，对人或事进行分析和解剖，以期发现问题和解决问题，其最终目的是为了更好地发展，其着眼点是广阔的未来。理性的批判精神应成为社会发展常态。批判，就是直言不讳地发言，坦荡无私地挑刺，胸怀真理，毫不隐讳，大胆争鸣，不遮遮掩掩，不含糊其辞，更不模棱两可。① 观点相左，或利或弊的分歧，可以借助批评、批判得到互通有无的进步，得到多角度、多层面、多领域的思维收获。批判也是社会发展的助力器，是思想进步的活水。批判能够促进社会发展，批判是人类社会不可或缺的精神力量。

　　理性的批判精神应包含怀疑意识。怀疑所能带来的是在接受一种事物或认识时的不确定和再思考。这是对盲从的一种主体性觉醒。一种事物或认识只要被怀疑，就会被关注、被思考。一些怀疑是通过思考走向肯定和认同，一些怀疑则因思考而深化，并通过批判而达到创新。具有怀疑精神是防止思想僵化、停滞、狭隘、片面，是思维保持内在活力的主观动力。怀疑也是破除成见和思想障碍的手段，是人类认识发展过程中的一个环节，没有怀疑，就不能发现新的真理，正如学者陈章所说："小疑则小进，大疑则大进。疑者，觉悟之机也。一番觉悟，一番长进。"

　　批判的过程实际上也是一个甄别的过程，是把最初的疑问上升为理性的判断。如在 18 世纪，牛顿力学已成为统治一个时代的普遍的思维方式，如没有对其突破，也就不会有之后的自然科学的进一步发展。② 批判是有理有据地把正确和错误、合理与不合理区别开来，打破社会对问题的习惯性认识和依赖，使社会重新认识似乎是理所当然的事物，从新的高度重新评价它们的合理性与价值，从而做出新的选择。因而批判也是一种理性分析。得当创新就需要创新主体对创新活动进行理性的判断并加以选择，摒弃那

---

　　①　雷振岳：《批判精神应成为社会发展常态》，《社会科学论坛》2008 年第 2 期。
　　②　冒从虎：《欧洲哲学通史》（下），南开大学出版社，1988，第 2～3 页。

些"不可"行为，按照"四个有利于"的根本尺度规范创新活动，使得当的创新活动成为创新主体的必然选择。

四　培养开放协作的竞争观

创新是不可能避免竞争的。开放有序、友好协作的竞争是创新健康持续发展所必需的。在创新得当文化氛围和环境中，人们是在开放协作的竞争中进行各种得当创新活动的。① 恶性的竞争有时也可能促成人的某些创新，但这种创新可能因为恶性竞争导致"不当"，因而是为真正的创新文化氛围和环境所不容的，它只能是创新得当文化环境的异质和对立因素。

竞争，指互相争胜。《庄子·齐物论》："有竞有争"，郭象注："并逐曰竞，对辩曰争。"竞争是生物界和人类社会的一个普遍现象，达尔文的进化论中对竞争给出了精辟的解答：同种或异种生物为了争夺有限的资源而互相施以不利影响的现象。"物竞天择，适者生存"，对人类社会当中的竞争也可从这个角度理解，人们互相争夺的有可能是金钱、地位、权力、机遇还有时间等。

竞争，才能文明，才能进步。人类从蒙昧时代就已经开始竞争，在人类社会生活的每个角落和方方面面都可以感受到竞争有形或无形的气息。现代社会因竞争而不断进步，更因竞争而充满活力，你追我赶的发展竞争可使落后成为先进，社会就是遵循这种永恒的竞争法则走向理性、走向未来。竞争有利于社会造就、发现、择优使用人才。正如列宁所说："竞争在相当广阔的范围内培植进取心、毅力和大胆首创精神。"② 竞争乃社会进步之母。

对个人而言，竞争的前提是都有机会参与竞争，其结果必然是优胜劣汰，这就保证了社会公平。竞争的过程就是各尽其能，这又激励了个人积极性的发挥。竞争能激起一个人无尽的智慧与竞争意识。每一个人都有一种拼搏取胜的愿望、一种展现自我价值的意愿，大量科学家的研究证实了竞争并获得胜利的重要意义。他们断言：获取胜利在一场游戏、一项运动或任何一件事情中对于一个人的自尊心和健康具有深远的意义。不断的竞争并获取胜利的过程，能改变一个人对未来生活的态度，不断地取得成功

① 徐冠华：《大力构建有利于创新的文化环境》，《中国软科学》2001年第3期。
② 《列宁选集》第3卷，人民出版社，1979，第392页。

会建立一个人的自信以及鼓起人的高昂的志气，重燃起内心中的热情，最大限度地发挥出一个人的创造力。竞争还能令一个濒临绝境的团队重获新生。古代日本的渔民发现如果将几条生性活泼的沙丁鱼放入一群被打捞的懒惰的鲇鱼当中，则好动的沙丁鱼就会在鲇鱼中乱窜，给鲇鱼带来一种危机感，使鲇鱼奋力游动，从而避免了窒息而亡。这便是有名的"鲇鱼效应"。它同样适用于社会团体。充满活力、积极行动的人会促使团体中的元老们为了维护自身的利益不得不解放思想和积极行动，以适应激烈的竞争，从而使团体焕发新的活力与创造力。

培养竞争观念，就必须破除知足常乐的旧观念。所谓"知足常乐"，就是满足自己的眼前所得，保持自己的安乐，是一种保守主义的人生哲理。知足者的知足，无论是夜郎自大还是甘居中游，都是形而上学思想的表现。它不仅违背事物发展的规律性，而且也不符合人自身进步的内在要求。事物是不断变化发展的，人生也总得有所发现、有所创造，永不知足地积极进取，自强不息。在学习、劳动和工作中，永不满足自己已有的成绩，总是看到不足，以成绩为起点，向着更高的目标积极进取，就会不断获得新的成就。[1]

培养竞争观，就必须清除传统的中庸价值观。传统的、保守的、惰性的中庸价值观非常不利于创新，尤其是不利于得当创新。在这种环境下，枪打出头鸟，谁冒尖就把谁打下去，尖子人才无法脱颖而出，创新人才难以成就大业；在这种环境下，众人不患寡而患不均，结果平均主义盛行，尖子人才大量流失；在这种环境下，大家习惯于四平八稳，谁也不想冒险，也不愿意承受失败，结果不易看到创新闪光，更不可能创新得当。

培养科学竞争观，还要学会协作，因此科学竞争观是开放协作的竞争观，协作与竞争都是社会进步、人生成功的动力。竞争与协作是一对好搭档。正当的目的、手段和方式下的竞争，能使每个人的智慧、才能得到充分的发展和表现，它也是群体发展和富有创造力的根本机制。但是，竞争也必须协作。因为竞争本身就需要互助、信息交流。如果只注意竞争，而忽视协作，是不会获胜的。正如联合国前秘书长安南所说："不论今后你们选择什么样的职业，都要学会与人合作相处。"创新是一项前无古人的事

---

① 张兰霞、周蓉姿、孙建伟：《竞争合作理论述评》，《东北大学学报》（社会科学版）2002年第 3 期。

业，更需要我们在竞争中协作、在协作中竞争。特别是得当创新，要求树立得当的目标，运用得当手段和方式进行竞争，这样的竞争才能促使创新主体选择与人协作，选择得当的创新之路。

五　培养不畏创新失败的风险意识和允许创新失败的宽容精神

创新意味着打破常规、勇闯禁区、挑战习惯、冒犯权威，因而很容易受到传统习惯势力的压制，致使创新的风险和代价较高，甚至可能遭到失败。① 再加上创新是走前人没有走过的路，过程可能很曲折，结果又往往具有极大的不确定性，有时甚至要付出高昂的代价，因此，创新就意味着冒险，意味着承担可能失败的风险或者说要创新就有风险。对创新而言，不论是自然科学、社会科学的创新，还是技术、制度、实践的创新，都需要承担风险。创新是高风险的事业，历史告诉我们，在成千上万献身科学理想的科研人员中，真正能有重大发现的只是凤毛麟角；而经验研究表明，在技术创新活动中，从新的设想到新产品的开发，再到走向市场，成功率只有2%～3%。② 特别是得当创新不仅要追求经济效益，还要追求社会效益和生态效益，达到三者的高度统一，所以需要在创新成功的基础上以"三利"为最高目的和"四个有利于"为根本尺度进行评价，一旦创新与之相违背就是"不当创新"，需摒弃，这些都需要勇气，需要培育正确的风险意识和允许创新失败的宽容精神。

创新的风险来自传统习惯势力、权威的反对，任何创新都是对已有理论、制度秩序、做法的批判和否定，否则，就不是创新。创新与原有的理论相对立，为传统习惯势力所不容。新的理论往往被视为谬误毒草、异端邪说，斥为离经叛道。新的理论在开始时只为少数人所掌握，经过斗争才逐渐为多数人所承认。这是真理发展的规律，不大胆，就不可能提出新的见解，不冒同习惯势力和权威斗争之险，就不可能创新发现真理。创新的风险还来自保守势力的反对、打击和摧残。创新本质上是革命，是推动社会前进的动力；创新也是推动社会进步，冲破保守、否定保守的行动。因此，创新会受到保守势力的反对、打击和摧残。在人类发展史上，创新者遭到反对势力的迫害和杀戮，更是屡见不鲜，即使在现代，社会科学和社

---

① 许全兴：《创新与冒险精神》，《理论前沿》2003 年第 3 期
② 许玉乾：《创新文化：建设创新型国家的新课》，《探索》2006 年第 3 期。

会实践方面的创新仍要冒很大的风险。

培育正确的风险观，就是要不畏失败，扭转"速胜论"的价值取向。风险是指在某一特定环境下，在某一特定时间段内，某种损失发生的可能性，它强调了不确定性。创新的不确定性，主要是指创新可能成功获利，也可能失败无获利。创新者要不畏失败，要勇于承担失败的风险。而且要在创新成功能获利但因不得当而摒弃时，放弃巨大利润继续研究使之得当。任何一个新的认识，都需要有由实践到认识，再由认识到实践的多次反复才能完成。因此，创新主体要尊重创新规律，摒弃急功近利、急于求成的"速胜论"倾向，要不怕失败，不怕挫折，进行得当创新。

同时，要形成有利于创新得当的文化氛围。创新是对未知世界的探索，没有先例可循，也无法预料结果。创新总是与风险共存，与失败相伴，由于客观对象的不确定性，以及主观上对事物认识的不全面，创新具有较大程度的不确定性，成功率很低，失败的可能性很大。因此，对于创新实践的失败，社会必须采取包容的态度。对实施得当创新的实践失败者，要给予他们必要的尊重和鼓励；而且，创新者往往是在某些或某一方面有超众之长，但在许多方面则有常人之短，可能是偏才、奇才甚至是怪才，与其超凡才华相伴的是某些缺点、性格缺陷甚至怪癖。因此，包容创新者的缺点，扬长避短，把每个人的特长发挥出来，把创新的欲望、潜力、激情、才华发掘出来、调动起来，就会形成争先创新的局面。同样，因为得当创新比一般创新要求更高，需要更长时间的探索，可能经历更多的失败，也就更需要宽容。

宽容失败与激励成功同样重要，因为真理是发展的，人们只是不断地从相对真理向绝对真理前进。"失败是成功之母"，人们的认识规律决定了，不经历许多次的反复，没有失败的洗礼，真理性认识就不会出现。创新是一个主观见之于客观的过程，它首先必须符合人类实践和认识规律。创新应善待失败、允许失败，因为没有一系列的失败告诉我们哪些路走不通，我们是不可能找到正确的方向、实施真正的创新的。从这个意义上说，失败也是有价值的探索过程，没有失败，就没有创新，更没有成功的得当创新。任何人都是生活在一定的社会历史条件之中，所以任何人的见解或多或少总会带有这样或那样的局限性。任何伟大的学说同人类认识世界的总体过程相比都相形见绌。在前赴后继、持续不断的创新中，一项创新获得成功的概率很小，甚至可能为零，一般总是失败的次数多于成功的次数。

如果不允许犯错误，不允许失败，就等于取消创新。① 在这一点上，包容失败与激励成功同样重要，包容失败，才能形成失败与成功同样重要的价值取向，为得当创新活动提供精神动力和文化支撑。与奖励成功相比，包容失败对创新有更强的激励作用。从一定意义上说，没有宽容就没有创新。着眼于发展，着眼于改革，给改革者提供一个宽松的环境和包容的氛围，有利于思想观念的激荡，有利于推动创新事业的步伐。因为宽容是对所有创新者的人文关怀，犹如一道心理保护屏障，鼓励更多人走上创新探索之路，走上创新得当之路。

一项真正的得当创新，开始的时候往往被认为是"不可能的"。失败的意义在于规避后来创新者的风险，积累数据，为得当创新的研究探寻方向。因此，失败者虽败犹荣，因为创新就意味着可能失败，而失败又有可能孕育成功的得当创新。因此，我们要培育允许失败的宽容精神，强化"失败是成功之母"的意识。只准成功、不容失败的文化，必然导致不求作为、无所作为。不许失败，就是不许创新、不许创新得当。

第三节　既有文化氛围的改造

文化氛围和环境是培育得当创新的肥沃土壤，在鼓励得当创新、不怕失败、包容挫折的氛围中，人们推崇得当创新，敢于、善于得当创新。而在现实社会中，既有的文化氛围因为传统、因为习俗、因为惯性思维，有这样或那样阻碍创新得当的因素，不利于得当创新，使人们对于得当创新顾虑重重。因此，我们要大胆对既有的文化氛围进行改造，消除那些不利于得当创新的因素，采取措施营造有利于得当创新的文化氛围和环境。概括起来，改造主要从以下五个方面着手：变传统的自然价值、主体利益价值观为整体生态价值观和群体利益价值观；变传统发展观为可持续发展观；变怕出风头为敢于冒尖；变因循守旧、害怕失败为推崇得当创新、包容失败；变等级分明、文人相轻为平等竞争和开放协作。

一　创新得当的价值观转变

人类理性及其发展是建立在文化价值观念基础上的。从发展的观点看，

---

① 林秀梅：《创新总自冒险始》，《创新科技》2005 年第 3 期。

人类理性和认识能力是无限的。任何问题均可随着认识能力的提高和理性的发展而解决。但理性的进步需要人的创造性活动，而人的创造性活动指向理性发展，毫无疑问是受文化价值观念支配的。资源与生态环境危机，包括人类在科学应用、生活消费等方面的非理性趋势，实际上是人类理性发展方向长期以来受错误的文化价值观念局限或支配的结果。只有改变长期以来形成的不合理的文化价值观念，建立起新的文化价值观念，才能使人类更理性，才能有助于解决人类社会发展所面临的危机。创新作为一种人类改善自己生活的重要实践方式，其主体的价值取向深刻地决定着创新活动及后其果。要从根本上解决创新得当与否的问题，就必须深入价值观层面。要让创新走上得当的道路就要进行价值观的转变，即要从传统的自然价值观、主体利益价值观转变为整体生态价值观和群体利益价值观，使创新在成功实现经济利益目标的同时，努力促进人与自然的和谐，使整体生态健康持续地发展。

（一）从狭隘的自然价值观到整体的生态价值观的转变①

创新价值观念决定着创新的目的选择和发展方向。当代人类社会面临的资源与生态环境危机，实质上是人与自然关系出现的危机。创新要实现得当，就必须对传统创新价值观进行反思和批判，从狭隘的自然价值观向整体的生态价值观转变。

人与自然的关系，大体经历了"父子关系"到"主奴关系"再到"一体化"的三大阶段，可以说前面两个阶段都是狭隘的自然价值观。农业文明时代的自然文明主义是不允许人和自然的分离，在中国最突出的就是以"天人合一"的整体观来看待人和自然的关系。老庄道家认为，人是自然整体所生的一个部分，由道的本源所创造的天地自然，是人和万物的本源。人和自然的关系应是亲如父子的关系，人的生命应与自然的生命融为一体。但是老庄把自然无为之道与发展科学技术完全对立起来，主张"绝圣弃智"，毁绝技巧，完全返回到蒙昧时代人与自然混沌不分的状态，则是片面的。在这一方面，儒家的一些看法弥补了老庄的不足。儒家主张"裁成天地之道，相辅天地之宜"，既要顺应自然，又要发挥人的能动性，使自然的物理性得到充分的体现。总之，从中国古代自然人文主义的主要代表儒家

---

① 何小英：《技术创新的生态化与可持续发展研究》，湖南大学硕士学位论文，2002。

和道家来看，道家主张以人合天，主要倡导顺适自然，要求人们按照自然的天性行动，包含着深刻的生态智慧；儒家则主张以天合人，具有发挥人的积极能动性的思想。但是，无论是道家，还是儒家，只是致力从天人合一的整体观去理解人的生存方式，它们都缺乏对认识论和方法论问题的重视，没有深入、精细地探索自然本身的复杂结构，没有发展出专门化的分析方法和实验技术，因而难以充分认识到自然的规律和属性，使自然本身包含的潜力通过人的创造作用得到更大程度的实现。这既不利于人类生存的物质条件的改善，也不能真正做到人和自然在更高进化水平上的有机统一。而科技人文主义是工业文明时代的产物，它内在的价值观，就是经济利益至上的价值观。它是在"人是自然的主人"的哲学理念指导下发展起来的，只注重追求人类自身的经济利益，以物质第一主义作为价值取向，以物质生活水平、物质生产力的发展程度衡量一个国家及其文化的发展，从而导致了人类社会异化于自然的畸形发展方式。人的全面发展需要，应是人的创造力发展和在此基础上适应力提高的需要，是人类进入自由王国的需要。但追求物质享受的文化价值观念却将其归结为摆脱自然控制和征服自然能力的需要。人的创造力因而被误导为追求物质享受的能力。它使作为自然一部分的人逐渐异化于自然，导致人的生存和发展需要只是对物质的需求的增强。正是因为如此，人类在创新过程中对自然资源进行开发利用时，只考虑自身的物质需求，只追求单一的经济利益，没有考虑自然界、自然生命的发展及进化，人们不断增加的物质需求已超过自然界满足其需求的能力，对自然界和自然生命造成破坏或不利影响，人与自然的关系发生失衡甚至恶化，这是当代社会所面临的资源与生态环境危机和可持续发展危机的根源所在。

创新要遵循"得当"的最高目的和根本尺度，就必须改变自然价值观，树立整体的生态价值观。概括来讲，整体的生态价值观主要包括以下几个方面的内容。

第一，在哲学世界观上，坚持人与自然相统一的"一元论"，其基本点是"人与自然的和谐相处"，即坚持生态系统中任何事物相互联系的整体主义思想来看待和处理环境问题。整个生物圈是一个整体，包括物种、人类、大地和生态系统，作为整体的大自然是一个内部因素相互影响、互相依赖的共同体。最简单的生命形式都具有稳定这个生物群落的作用。人类的生命维持与发展，依赖于整个生态系统的动态平衡，因此在人与自然的关系上，人本身就是自然的一部分，不应凌驾于自然之上。注重人与自然的相互依存关系，改变人与自然的敌对关系，使人与自然的关系和谐，人的进步与自然和生态进化同步，实现人与自然、人类文化与生态的协同进化。

第二，强调生命的丰富和多样性与物质上的足够使用和再利用观念。从现代生态科学认识的角度看，保持地球生物圈中生命形式的丰富性和物种的多样性，对于维持生态系统的动态平衡，以及生物之间、生物与环境之间的物质、信息和能量交换具有极其重要的价值。同时，地球的资源供给是有限的，为了节约和保护自然资源，必须反对传统的、无限扩张的生产和消费观念；为了节约和保护自然资源，必须倡导物质上的足够使用和再利用观念。

第三，在社会生态方面，提倡普遍人权，看重人的生存权和发展权。①整体的生态价值观在社会生态方面强调主客体和谐，要求人们从人与人相互关系的社会性角度去尊重作为客体的他人、其他民族及其文化的价值，并以自己的创造性努力促进人与人关系的和谐与提高自身的素质。它强调尊重每个人、每个民族的生存权与发展权，任何个人、国家和民族的发展都不能侵害他人、其他国家和民族以及人类共同的生存和发展，在平等的生存权与发展权前提下，和睦相处。

第四，得当创新非主宰的科学观念。创新实践活动作为主要手段，在人类战胜、统治自然过程中起到了重要作用，它是否得当对维护整体生态具有不可替代的作用。整体的生态价值观要求创新"生态化"，把是否有利于自然资源的节约、利用和再生，是否有利于生态环境的稳定与完善，作为创新得当的一把基本尺度。

总之，整体的生态价值观，把自然视为一种始源性和本然性的存在，它坚持整体主义思想，在生物圈中所有的有机体和存在物都是不可分割的整体的一部分，在内在价值上是平等的，要求人类以与自然和谐相处的方式进行创新实践。

（二）从主体的利益价值观到群体的利益价值观的嬗变

以往的创新实践中把市场经济中的功利主义、个人主义价值观作为原则，忽视他人利益，不管不顾自然生态问题。这是符合一般的市场经济发

---

① 刘小华：《技术创新的对人的发展的影响的研究》，湖南大学硕士学位论文，2005。

展规律的，也是对封建社会虚伪的道德说教的反叛。在历史的发展进程中这种价值观有其积极的一面，因为最主要的经济动力来自个人的利益驱动，而市场经济绝非一种超功利道德的经济制度。

创新主体的自然观实际上是人伦观的一个折射面，人与自然的关系之所以具有道德意义，归根到底是因为这种关系反映着人与人的关系，反映着个人或某个团体对待他人利益的态度。自然生态问题的解决最终须借助人际关系的有效调节——正确利益观的树立来进行。

自然环境是全人类共同拥有的，每一个人都享有对自然的权利，对自然生态的保护是对他人环境权和利益的尊重。环境权表现为环境关系主体依法享有可以做出一定行为或要求他人做出（不做出）一定行为的权利。首先，它具有人身权的特点：环境权是一种生存权，自然环境是人类赖以生存的物质基础，人类自诞生以来就一刻也离不开大自然，对自然环境的破坏就是对他人生存权的侵犯；环境权是一种健康权，每个人都有保证自己健康的权利，稳定良好的自然环境是健康的首要条件，破坏环境也就是践踏人的健康权。其次，环境权也有财产权的特点，自然是人类共有的财产，这种财产权具有共享性。需要指出的是，环境权不论是作为人身权还是作为财产权，其主体既包括所有的当代人也包括所有的后代人。我们既要尊重同代人的权利，也要尊重后代人的权利，我们的后代应该与我们平等地共享环境权。创新主体同时也是社会主体，尊重他人环境权将作为一个基本的人际伦理原则对传统创新观做出修正。①

因此，得当创新主体在得当创新实践中应树立新的利益观，从主体利益观向群体价值观转变，把跨越时空的全人类作为自己创新活动要考虑的权利主体，强化自身对社会的责任，并在此基础上注重创新活动的经济效益、社会效益和生态效益三者的统一。随着时代的前进，创新主体对利益价值观的理解应该与时俱进。经济社会发展日益复杂，消费主体的需求也进一步复杂化和多样化。素质的提高使得人们不仅追求消费的物质享受，而且对消费的精神内涵与生态内涵的要求也进一步提高。因此，经济效益、社会效益和生态效益应该统一于创新实践的目标中，成为新的利益观念。三种效益虽然有相互对立的一面，但也有相互统一的一面，而且它们的统一在现实的创新实践中具有必然性，现实赋予了它特殊的意义。在进行创

---

① 黄剑、彭福扬：《从价值观的嬗变看技术创新的生态化转向》，《学术探索》2004 年第 3 期。

新的市场开发时，创新主体不应刻意追求创新的工具效用，应从人的物质生活与精神生活的健康出发，物质与精神并重，创新与生态环境相容。

二　变传统的发展观为可持续发展观

人类发展观的转变，其实质是生产方式在意识上的反映的深化和提高。[①]

传统发展观的核心是物质财富的增长，按照这种观念，人们追求幸福的生活就是去追求大量的物质财富，物质财富的无限增长似乎是社会进步的唯一标准。其致命缺陷在于误认为物质财富增长所依赖的资源是永不枯竭的，即使在短时期内资源的供给小于资源的需求，但在市场机制作用下，这种短缺也会得到补充。同时，产品和服务也未体现环境和资源的价值。因此，在传统发展观指导下，"三废"造成了严重的环境破坏。

1987 年，在布伦特兰夫人主持下的联合国世界环境与发展委员会提交了题为《我们共同的未来》的报告，正式提出可持续发展概念。1992 年在里约热内卢召开的联合国环境与发展大会上，可持续发展作为全人类共同发展的战略得到了确认，它把环境问题、人口问题、饥荒、贫困、失业等影响人类生存与发展的一系列重大问题的解决统一到可持续发展之中，人类只有走可持续发展之路，才能从根本上解决我们面临的环境问题和社会问题。可以说，很少有理论像"可持续发展"一样，不费吹灰之力就取得了在整个社会层面的主导地位。"可持续发展就像是一种超级黏合剂，把志趣截然不同的人——从追求利润为目标的工业主义者和风险最小的维持生存的农民，到追求社会平等的工人、关心环境或保护野生动物的绿色运动分子，以增长为目标的决策者及着眼于某一目的比如选票的政治家——联系在了一起"，[②] 可持续发展理论得到人们的普遍接受。

可持续发展观与传统发展观的区别，主要体现在三个方面。[③] 一是在经济上，可持续发展观更注重长远利益。可持续发展观在传统发展观更多考虑近期利益和只计算经济成本的基础上把近期利益与长远利益结合起来，把环境损害也计入经济成本。二是在哲学上，可持续发展观更注重人与自

---

①　何小英：《技术创新的生态化与可持续发展研究》，湖南大学硕士学位论文，2002。

②　郇庆治：《可持续发展的生态主义角度》，《文史哲》1998 年第 3 期。

③　何小英：《技术创新的生态化与可持续发展研究》，湖南大学硕士学位论文，2002。

然和谐共处、协调发展。可持续发展观改变了传统发展观"人是自然的主人"的观念，在关注人的发展的同时也关注自然，强调人与自然和谐共处、协同发展和进化。三是在社会学上，可持续发展观更注重经济、社会和人的全面发展。可持续发展观改变了传统发展观以经济的高速增长为单一目标的模式，谋求平衡条件下的经济、社会、人的全面发展。正因为这些本质的区别，要实现得当创新必然要求人类社会的发展要从传统发展观向可持续发展观转变，从单一性经济发展观向社会全面进步和人的全面发展的发展观转变，从注重眼前利益和局部利益的发展转向注重长远利益和整体利益的发展，从资源推动型的发展转向知识推动型的发展，从以物为本的发展转向以人为本的发展。当然，可持续发展观还处在不断成熟和完善阶段，所以虽然它克服了传统社会发展的很多缺陷，提出了很多社会发展的新思路，却仍不可避免地存在许多值得人们深入研究的地方，例如人类中心主义、技术乐观主义等可持续发展的深层次观念问题。因此，我们必须以实现社会全面发展这一目标来指导社会发展的理论研究和实践，这样才能从根本上解决诸多的像肆虐的洪水、顽固的 SARS 病毒一样的生态问题。

可持续发展的终极目标是实现"人的全面而自由的发展"。可持续发展的目标应该是人按照自身的内在要求、自我价值的实现需求与客观条件相结合而构建的。人的内在需求随客观条件的改变而不断改变，随时代的前进而不断升华，目标或目的的构建随之也由低级向高级发展。可持续发展的实现是一个漫长的历史过程，其低级阶段的目标是实现以全面提高人的素质和生活质量为中心的综合效益（即经济效益、社会效益、环境效益与人的发展效益之综合）。这种价值取向是实施可持续发展战略的客观要求。工业社会的价值观就是掠夺自然、追求高额利润，无视人与自然的协调性，导致自然、社会以及人自身对人的"报复"，它偏离了人的全面发展的目标。历史和现实的经验教训告诉我们：经济发展是实现人类幸福的物质基础，但个人经济的富有并不等于人的幸福，经济上的"有利"并不等于对人和社会的"有益"。正基于此，我们才把"实现以全面提高人的素质和生活质量为中心的综合效益"确定为可持续发展的低级阶段的价值目标。这种价值观相对于仅从被动地满足人的物质需求的传统价值观来说，主要是对人的自身素质和内在需求在质量方面有所规定。因为，要解决不可持续发展问题，不仅取决于科学技术和法制保障，更取决于人的自身素质和人类科技伦理意识的提高。因此，全面提高人的素质和生活质量，是当前和今后一段时期可持续发展的目标。

三　变怕出风头为敢于冒尖

传统文化博大精深，但有些消极因素抑制着人的创造力的发挥，客观上阻碍着人的创新能力的培养和发挥，其中重要的一点就是"木秀于林，风必摧之"的生存环境导致人们怕出风头。在传统文化氛围中，教师在传授知识的同时，还要以长辈的身份教育学生做人，他们强调的是儒家思想体系中的"中庸之道"，也就是孔子所说的"叩其两端，而执其中"，在民族心理上就表现为"平均主义"，但"平均主义"严重挫伤了人们的积极性、主动性和创造性，忽略了人的个体差异，必然带来对个人的忽视和压抑。"木秀于林，风必摧之；行高于人，众必非之"，以及"枪打出头鸟"等古训压抑着人们，久而久之，人们形成了怕出风头的"求同""怕壮"的观念，标新立异成为一个贬义词，人们都循规蹈矩，随大流而去个性，刻意地追求整齐划一，甚至人们从外表的着装到内在的思维都要尽可能"尚同"。

我们要改变这种压抑创造力的现状，要变怕出风头为敢于冒尖。有了冒尖才有创新。因为创新一方面是革新，另一方面是立新，有冒尖才有与众不同，才有新的特质，才可能创新。因此，我们首先要更新观念，从教育入手，培养人的创新意识和创新能力。① 教育是重要的文化活动，在为创新人才的脱颖而出营造良好的创新文化氛围、创造良好的文化环境方面，教育具有特殊的功能，起着非常重要的作用，正如江泽民同志在第三次全国教育工作会议上所指出的，"教育在培育民族创新精神和培养创造性人才方面，肩负着特殊性使命"。而现实缺乏创新精神的教育限制甚至扼杀了受教育者一些与生俱来的创造力。"怕出风头"在很大程度上就来源于教育的影响，因为传统的学校教育强调"教师权威""以师为本"等"师道尊严"思想，不允许有不同见解，这些都造成"怕出风头"观念的形成。因此，我们要变怕出风头为敢于冒尖，首先要从教育抓起，必须全面实施素质教育，大力推进创新教育。一是转变教育观念，以创新教育理念为引导。主要是改变传统的"老师说，学生听"的教学模式，鼓励学生积极思考，大

---

① 李强：《关于推进大学创新文化建设的若干思考》，《福建师范大学学报》（哲学社会科学版）2006 年第 6 期。

胆质疑，独立探索。对敢于冒尖的学生进行表扬，促使学生把心中的问号变成创造力的开始。要把学生从"标准答案"中解脱出来，引导他们多方位、多视角思考问题，发现问题。二是深化实践教学改革，鼓励学生把自己冒尖的想法用于实践。要积极开展针对性很强的研究性实践教学，鼓励支持学生把自己冒尖的想法用于实践，在实践中总结，进一步增强创新能力以及为成功打下基础。诺贝尔奖获得者贝尔纳说过："创造力是没法教的，所谓的创造力教学，指的是学生要有真正被鼓励展开并发表他们想法的机会，如此才能发展他们富于创造力的能力。"① 老师的不断鼓励，会使学生们摒弃"怕出风头"的观念，敢于冒尖。

其次，要变怕出风头为敢于冒尖，还必须提升领导素质，充分发挥他们在创新中的引导作用。作为一个组织或单位的领导，他们的影响力远远大于组织内的平常人，在创新中也是如此。如果领导欣赏并支持敢于冒尖的人，即鼓励和支持当"领头雁"，鼓励和支持一马当先的话，那么这个组织或单位的人就会大胆地标新立异，勇敢地开拓荒芜领域，积极地提出创新想法，为单位的发展注入新的活力。反之，如果领导认为冒尖是出风头，是个人英雄主义，对冒尖的人不是鼓励和支持，而是冷处理甚至为难、限制、打击，那么这个组织或单位的人就不敢冒尖、不会冒尖，久而久之就会死气沉沉。敢于冒尖不是提倡搞个人突出、个人英雄出头，而是合乎创新事业发展和创新人才成长规律的必然要求。因此，领导要真的鼓励和支持员工积极探索、大胆实践，在创新过程中要有不怕失败、坚韧不拔、勇于探索的勇气、胆识和魄力，带头树立以创新为本、以创新为荣的价值观，并对优秀人才破格使用，形成人才开发、吸收、使用的良性环境，这样必然会促使人们实现由怕出风头到敢于冒尖的转变。

最后，营造宽松民主的学术气氛也有助于人们敢于冒尖。从心理学的角度讲，个性自由是人的天性，无论什么人，无论干什么工作，都需要一个相对自由的空间，依靠自己的聪明才智，无拘无束地去发挥、去创造。要解放人们的思想，在科学上有所创新和突破，就必须给他们创造一种宽松民主的学术气氛。② 鼓励"百花齐放、百家争鸣"，支持人们提出质疑，独立、自由地思考问题，允许非常规甚至看似荒谬的思想观点存在。这样

---

① 叶山土：《创造人才培养和高等教育的改革》，《汉中师范学院学报》2002 年第 2 期。
② 王琪：《从构建创新文化环境做起》，《学习月刊》2006 年第 1 期（上）。

有利于激发新的学术思想，是保证和促进人们解放思想的首要途径，只有在这样的氛围中人们才敢于提出新的不同见解，敢于"思人类所未思之题，解人类所未解之谜，创人类所未创之业"。[①]

四　变因循守旧、害怕失败为推崇创新、宽容失败

几千年来沿袭下来的随遇而安、容易满足的人生态度让许多人不愿打破常规。本来，做事有规有矩是社会从乱走向治、从无序走向有序的表现，但如果不能正确理解知足和满足的不同内涵，形成因循守旧、墨守成规、不思进取的不良风气，导致工作生活中的陋习无法根除，那就更谈不上培养创新意识、弘扬创新精神和发展创新能力。[②] 因此，要营造有利于得当创新的文化氛围，促使人们敢于得当创新，善于得当创新，乐于得当创新，就要变因循守旧为推崇创新。

首先，要普及科学知识和宣传得当创新的重大意义。促进公众理解得当创新的重大意义，这可以促使人们转变观念。要在全社会加强科学知识的宣传和普及，使公众了解科学，支持科学研究，同时通过宣传促使公众认识创新，深刻认识得当创新的重要性，使公众意识到在当今时代，如果还因循守旧不创新，不打破常规，就没有发展、没有进步，也就意味着落后甚至无法生活。通过这样的宣传，促使公众从认识理解创新到推崇得当创新，再到参与得当创新。

其次，要建立一整套鼓励得当创新的制度。得当创新需要鼓励，要使人们实现从因循守旧到推崇得当创新的转变，对得当创新的一整套鼓励制度是必不可少的制度保证。在鼓励得当创新上要与人们的利益需要挂钩，一方面是精神鼓励，另一方面则是落到实处，如进行分配制度改革，保护知识产权，充分体现创新者的劳动价值，把得当创新成果与他们的收入直接挂钩，在制度中鼓励尝试，鼓励人们创造更多的创新点子，同时要在鼓励制度中区分得当创新与不当创新，真正使得当创新成为创新主体的选择。

最后，要建设包容文化。包容首先是思想自由、学术民主的体现，同时也是尊重知识、尊重人才、尊重创新的文化体现。包容新潮流、新学说对旧传统的批判，同时也包容挑战者和批判者的失败，也即创新者的失败，

---

① 潘正祥：《创新性文化环境的营造和建构的研究》，《科技进步与对策》2003 年 1 月。
② 阎海峰：《中国传统文化与创新精神》，《华东理工大学学报》（社科版）1999 年第 3 期。

建设包容文化就是提供一种保障，让创新者敢于创新，勇于对旧事物发出挑战。因为既然是尝试性的挑战，就意味着存有失败的可能，包容文化能够包容在创新过程中的失败，甚至给予鼓励，提供帮助，不断激起创新者追求得当创新的热情。

在我们的具体工作中可以制定允许失败的方针，建立"宽容"失败的新的价值标准。国外许多大公司如南非自然资源公司、欧洲的制药公司、日本的啤酒公司和美国的金融服务公司等都制定了允许失败的方针，可作为我们的借鉴。还有一些公司，已经规定年终每个员工必须总结失败的教训，没有还不行。[①] 因为他们认为，没有失败就说明你不敢创新，通过对失败的总结，大家一起汲取教训，而且还可以共同来谋划，将来就有可能成功，失败的过程使有价值的过程成为实际可操作的程序。这些新思考、新观念必须得到大力提倡。

五 变等级分明、文人相轻为平等竞争、开放协作

中国传统中有着等级分明、文人相轻的问题。等级制从一定意义上说就是要通过对等级的确认维持现状的稳定，对创新和发展是强烈反对的；而文人相轻看似学者的批判意识，实际上源于"小农"意识，容易导致团队攻关、集成创新难以实现。因此，要实现得当创新，营造有利于创新得当的文化氛围，就必须实现从等级分明、文人相轻到平等竞争、开放协作的转变。

首先，要以人为本，相互承认和相互尊重，倡导得当创新文化。以人为本是得当创新文化的核心理念，建设得当创新文化，关键是尊重人，既要尊重人的尊严、人的价值和人的个性，更要尊重人的创新精神。一方面，得当创新要在创新团队中形成共识和追求，因此在创新团队和集体中要营造相互尊重、相互宽容的文化氛围，其中相互承认是重要途径之一。科学家的承认在功能上与财富相当，而且承认的权利对科学家的确是不可剥夺的。[②] 对他人的新思想、新成就的承认，在一定程度上也就是对他人的尊重。相互尊重有利于相互合作和自由探讨，是提高国家创新系统绩效的"润滑剂"，而且得当创新中由于得当与否需要更多的论证和实践，更需要

---

① 查英青：《创新文化的内涵与社会环境建设》，《中共福建省委党校学报》2007 年第 10 期。
② 〔美〕J. Cole, S. Cole：《科学界的社会分层》，赵佳苓等译，华夏出版社，1989，第 50 页。

合作、讨论，所以相互尊重以及灵活、畅通的交流是得当创新文化所必需的。另一方面，得当创新不能仅仅依靠科学家、学术带头人和技术精英，而且要靠更广泛人群的积极参与，因而要坚持以人为中心，尊重创造，坚持得当，在创新过程中体现尊重人、关爱人、激励人、成就人的人文关怀。在这样的得当创新文化中没有等级，没有相互攻击，只有得当创新的活动和成果。

其次，要建立灵活、畅通的科学交流系统。① 新思想的产生离不开各种思想的相互交流所给予的激励和启示。灵活、畅通的科学交流系统是促进学术自由和产生新思想的"催化剂"，同时也是创新者之间开放协作的通道。只有创新者及其所在组织之间保持开放，才能保持持续的创新能力。而且，得当创新要实现利国、利民、利永远的最高目的和四个"有利于"的根本尺度，创新主体必须通过交流确保自己的创新活动是得当的。科学交流包括正式的交流方式如学术会议、合作研究和非正式的交流方式如类似茶话会形式的面对面的交流、讨论等，现在还包括通过网络进行的"虚拟交流"等。信息的交流和畅通是促使得当创新行为产生的前提条件，有了灵活、畅通的交流，创新主体之间就可以建立开放的协作平台，就使得当创新更具可能性和成功性。

最后，要增强合作意识和团队精神。② 在传统社会，创造往往属于个人行为，随着时代变迁，合作对于创造来说显得必不可少。1901～1905 年因合作研究获诺贝尔奖的人数占获奖总人数的 41%，1926～1950 年该比例为 65%，1951～1972 年为 79%，目前合作获奖的比例更高，由此可以看出，团队成员的合作意识和团队精神显得尤为重要。增强合作意识和团队精神，可从如下三方面着手。一是建立相关机制，尽可能使团队成员（无论是主持者还是一般成员）在合作中做出的贡献与所得到的回报（精神的和物质的）相对应；二是团队成员在创新过程中要时时与合作者进行换位思考，除了重视自己所做出的贡献以外，也要尊重别人做出的成果。三是创新团队要有一个尽可能明晰的共同目标。目标可以使个体提高绩效水平，使群体充满活力，促进团队成员间的沟通。

① 朱付元：《试论国家创新系统中文化环境建设的主要内容》，《自然辩证法研究》1999 年第 12 期。

② 陈宁：《为自主创新提供人文支持》，《中共浙江省委党校学报》2007 年第 6 期。

　　1972 年联合国教科文组织的报告指出："人的创造力是最容易受文化的影响，最能开发并超越人类自身成就的能力，也是最容易受到压抑和挫伤的能力。"① 这说明社会文化既可以促进创新精神的发展，也可以妨碍创新精神的发展。良好的社会文化氛围对创新得当意义重大，因此我们要营造有利于创新得当的文化氛围，促使人们敢于创新得当，善于创新得当，创新得当成功。

---

　　① 李健：《建设创新型大学，为创新型国家提供科技和人才支撑》，《中国高等教育》2006 年第 5 期。

第六章　创新得当的制度建设

正如库兹涅茨在其获得诺贝尔经济学奖的演讲中所说："先进技术是经济增长的一个允许的来源，但它只是一个潜在的、必要的条件，本身不是充分条件。如果技术要得到高效和广泛的应用，必须作出制度和意识形态的调整。"① 制度因素在创新中起到了重要作用。尤其在得当创新中，有可能会因为要实现得当而牺牲经济利益，因此，创新得当要在全社会成为大家创新实践的选择趋向，必须创新一个有利于创新得当的制度环境，必须加强制度建设用以激励创新得当。没有有力的制度保护就难以有全社会的得当创新的氛围和潜力；没有完善的管理，即便形成了创新能力和创新成果，也难以充分形成市场竞争力和高效的科学传播能力。创新得当，制度要先行，因此，构建激励创新得当的制度，是创新得当的体系建设中的核心组成部分。在现实中构建一整套作用于激励创新得当的制度，为创新得当提供动力和保障是必要的。

第一节　创新得当需要合理的制度支持

创新是一项系统性的活动，整个过程将涉及知识生产、传播、应用等部门的协作，构建良好的制度环境具有十分重要的意义。创新得当除了创新一般涉及的协作之外，还应涉及"得当"指标体系，需要多种评价手段和标准，涉及面更广，从某种意义上来说，需要全民、全社会的参与，所

---

① 〔美〕奥斯特罗姆等：《制度分析与发展的反思》，商务印书馆，1992，第36~40页。

以创新得当除了需要营造有利的文化氛围外，还需要从制度上提供硬的保障和支持。

一　合理的制度有利于创新得当

在制度和创新得当的相互关系中，制度环境是创新得当的土壤和条件，为创新得当提供合适的温度和湿度。良好的、合理的制度会促进得当的创新源流不断涌现，而不好的、不合理的制度会将创新引离"得当"的发展轨迹或扼制创新得当导致"创新不当"。

（一）合理的制度是创新得当持久的动力

在创新得当的过程中，因其本身"得当"的性质，要求创新以"四个有利于"为其根本尺度，以"三利"（利国、利民、利永远）为最高目的，加上知识的公共产品特性即知识应用的非竞争性和非排他性，这些都使得当创新主体的私人收益很难达到社会的收益水平，产生溢出效应，不利于激励得当创新主体持久的创新动力。如果创新系统内各主体都期待其他主体进行得当创新投入，然后共享得当创新成果，则整个社会的得当创新活动将处于较低的水平，只有通过有效的制度才可能激发全社会的得当创新热情。[1] 制度通过提倡得当创新，鼓励得当创新，压抑不当创新，来改变人们的偏好，影响人们的行为选择，从而提供对创新得当的激励；通过明确得当创新成果产权关系，来鼓励科技人员不断创造出新成果。

从企业层面上讲，得当创新动力不足还来源于知识交易的高成本特性。[2] 创新本质上是一个知识生产、传播及应用的过程，知识的无形等特点决定了只有在完善、明晰的知识产权制度下，创新者才可以从自己的成果中获得满意的收益，这种收益不仅仅是经济上的效益，还体现在社会对其创新成果的认可，这种物质、精神的双收益无论是对企业，还是研究机构和个人无疑都具有强大的推动作用。而企业自身的研发有许多限制因素，需要大学、科研院所等机构作为得当创新的源头给予强有力的支持。因此，

---

[1] 周向阳、张太玲、刘松年、唐竣：《论自主创新战略实施的制度环境》，《新学术》2007 年第 3 期。

[2] 〔澳〕约翰·福斯特，〔英〕J. 斯坦利·梅特卡夫：《演化经济学前沿：竞争、自组织与创新政策》，高等教育出版社，2005，第 321~325 页。造成知识交易成本高的主要原因是交易双方信息的非对称性和合约的不完全性。

知识的交易仍是得当创新的重要环节。要降低知识的交易成本，关键在于建立成熟的技术交易市场。因此，创新得当要重视知识转移的制度化建设，以此为得当创新提供持久的外在动力。同时，明晰的知识产权制度可以激励得当创新。企业以利润最大化为目标，而市场残酷的竞争早已揭示了只有通过不断的技术创新这一最有效途径才能实现利润最大化这一目标的道理。企业从事创新的意愿主要来自明晰的企业产权制度。在产权明晰的前提下，其他企业要支付一定费用才能使用企业的得当创新，企业的利润有了保证，就会由"要我创新"变为"我要创新"，技术改造和技术创新就会成为企业强烈的内在冲动。而得当创新除了一般创新要经历的困难，还有"得当"标准，而"得当"这一标准有时会与企业的利润产生矛盾，所以在知识产权制度上需要更大的力度予以支持，如给予企业的得当创新以保护和支持，投入一定的研究资金，研究成功后给予其得当创新明晰的产权和比例更大的使用费用，这一制度将成为企业得当创新的外在强劲动力。

对独立的研究机构和个人来说，其创新的意愿和动力则主要来自有效的知识产权制度。[①] 知识是人创造性劳动的产物，是各种不占据空间和无固定形态的理论、思想及学说等，是一种非物质性的劳动产品。它对有形资产的形成和增值发挥巨大作用。但因其是无形的，一般要物化在一定的实体中，而知识一旦物化，一经公开，又容易被人复制、占有和使用。因此，如果没有知识产权制度的有效保护，无形资产（知识）的所有者就无法把无形资产有偿转让和买卖，给创造者带来的经济价值无法得到实现，会影响发明者发明、创新者再创造的积极性，创新者可能会因此放弃创新。只有建立有效和明晰的知识产权制度，才能有效保护创新者的权益，才能保护得当创新者的创新热情。历史上最早的知识产权制度——专利制度曾极大地推动了技术创新活动，就是因为它在法律上确定了创新者对新技术的拥有权，使发明者对其发明产品有一定年限的垄断权，排除了模仿者对创新者权益的侵犯。18世纪60年代在英国开始的产业革命，许多发明都是在专利制度的保护下做出的。有学者认为，德国从1850年的落后国家跃升为1900年的发达国家，1877年的《专利法》功不可没。就中国来说，有学者对1000件非职务发明进行的抽样调查所得出的结论显示，如果没有专利制

---

① 鲁克俭：《论制度在知识与技术创新中的作用》，《自然辩证法研究》1999年第6期。

度，其中近83%的人将不会自发从事发明活动。① 而得当创新的过程尤为艰辛，经历的时间也比一般创新要长，因此，更需要有效的知识产权，而且这种知识产权给予得当创新的利益和权利要远远大于一般创新，相应的奖励和使用费用比例比一般创新高 5% ~ 10% 。此时，这种制度就对得当创新者起到很大的激励作用。

因此，一个鼓励创新得当、包容失败的制度安排，能够促使社会形成鼓励人们大胆开拓与进取、积极创新的文化氛围；一个支持创新得当的政策措施的出台与实施，能够激发科技人员从事得当创新活动的热情，以及从事为人类造福的创新活动的责任感，鼓励科技人员努力创新，努力按照创新得当的目标创新；一个完善的科研管理体制，能够保护科技人员得当创新的热情和勇气，能够激励科技人员积极投身于创新活动，努力创新得当，避免不当创新，献身于创新事业。

（二）合理的制度是创新得当有力的保障

创新得当，只能在制度提供的舞台上施展。如果创新得当不和制度的保障相结合并协调运作，其结果不是有名无实就是事倍功半，试想一下，如果所有制结构不合理，产权不明晰，权、责、利不匹配，分配制度不合理或者组织治理结构不明确、管理混乱，则一切得当创新的成果都将大打折扣，甚至会失效。

1. 创新得当的创新能力需要制度的保障

得当创新能力的首要问题就是科技投入问题，科技投入及其激励制度的设计对于得当创新能力发展具有重要作用。据统计，发达国家用于研发活动的经费占到 GDP 的 3% 左右，而我国经济社会的发展水平决定了我国科技投入严重不足，科技投入经费占 GDP 的 1.3% 。② 这种投入的对比差距导致了我国与发达国家创新能力上的差距。得当创新能力制度的关键是如何在政府投入的引导下整合资源，促进科技投入的持续增长，而不会因为投入不足省略得当的论证环节，追求短期经济效益。

得当创新能力还来源于已有知识的共享和交流，③ 建设知识的共享和交

① 〔美〕道格拉斯·C. 诺思：《经济史中的结构与变迁》，上海三联出版社，1991。

② 刘伏：《企业技术创新障碍因素分析》，《辽宁行政学院学报》2005 年第 6 期。

③ 鲁克俭：《论制度在知识与技术创新中的作用》，《自然辩证法研究》1999 年第 6 期。

流制度对发展得当创新能力具有重要意义。创新得当是一种高度的创造性实践活动，它在很大程度上是一个试错过程，是在不断的错误中总结经验教训从而获得成功、获得超越的过程。一个人的认识水平有限，会受到自身经验、知识结构、思维方式等多方面的限制，在得当创新过程中需要知识共享与交流来提高创新能力。这种知识共享与交流对于提高原始创新能力具有基础作用，这个基础作用就是牛顿所说的"巨人的肩膀"。得当创新是系统性的活动，一项根本性的得当创新活动的后面往往紧接着很多的增量创新。知识的整合集成包括新知识与已有知识的整合、不同领域知识的整合。知识的整合是集成创新的重要方式，更是以知识共享与交流为基础的。同时由于得当创新具有主体多元性的特点，因而知识分散于各个主体之中，因而需要建立一种有利于知识共享、扩散、整合的制度使分散的知识进行整合集成。建设知识共享平台，促进学术交流和科学普及是创新得当制度的重点。在这里，无论是科技投入，还是在建设知识共享平台中，都要偏重倾斜于得当创新，重点给予创新得当的制度支持。

　　良好的教育制度也能为创新得当提供有利的智力和道德支持。[①] 得当创新能力与创新主体的素质密切相关，而高素质的人力资本的形成有赖于高质量的教育。高质量的教育除了需要政府增加教育投入，还需要相应的教育制度做保证。比较世界各国的教育制度，我们会发现教育制度的差异对创新有着重要的影响，包括中国在内的许多东亚国家和地区的教育制度都存在所培养的只是再现型人才或发现型人才，而非创造型人才的问题。创造性人才的思想道德素质的培养也需要一定的教育制度予以引导和保障。除了创造性思维和能力的培养作为教育的主要内容外，引导创新主体——人以"得当"作为创新的标尺和目标，促使他们以造福人类作为自己创新的最高目的，进而规范自己的创新实践，不会因为创新者创新不当对人类社会造成危害。创造型人才的思想道德素质的培养不是加大教育投入就可以做到，必须树立新的教育理念，确立相应的教育制度和机制作为创新得当的伦理支持。有了良好的教育制度的引导和保障，创造性人才的培养才会同时具有创新激情、创新能力和得当创新的伦理标尺，才能真正实现创新对人类的推动和促进作用。

---

① 周向阳、张太玲、刘松年、唐竣：《论自主创新战略实施的制度环境》，《新学术》2007 年第 3 期。

2. 创新得当的效率需要制度的保障

得当创新的效率高低决定得当创新能否成为必然，而得当创新效率问题的关键是促进得当创新系统内的分工与协作。前面已说过，创新是从原始创新到研发、试验、应用的创新链，[①] 创新是依赖于知识生产系统与知识应用系统的协作。在科技成果转化中常见的问题就是成果本身与生产体系不协调，转换与协调成本高。对企业而言，如果新技术与现有技术系统不协调，引进后必然进行专项投资，淘汰原有技术系统的设备，从而形成转换与协调成本。得当创新成果的应用需要的成本颇高，因此需要建立科学合理的产学研合作制度。科学合理的产学研合作有利于提高得当创新效率。政府在制度上进一步促进得当创新系统内的分工与合作，打破科技资源的条块分割，引导高校、科研院所、企业充分发挥各自优势，特别是针对"得当"，在"得当"创新上做文章，以此为重点开展合作，不仅能促进科技与经济的结合，减少重复开发，更能提高得当创新效率，避免不当创新的发生。

另外，完善的制度确实能够保护好得当创新者的合法利益不受侵犯。在科技创新中，通过专利制度的设置，可以约束机会主义行为，保护科技成果所有者的合法权益不受侵犯。创新是一项风险性极高的探索性的工作，尤其是高科技领域的创新，风险更大，素有"成三败七"之说，而且得当创新经历的过程尤为漫长和艰难，如果制度为得当创新者——科技人员提供一个稳定的创新环境和预期，那就减少了得当创新的不确定性，解除得当创新主体的后顾之忧，从而降低了风险，这样也为得当创新者提供了强有力的保障。

二 不合理的制度阻碍甚至扼杀创新得当

创新是人类特有的认识能力和实践能力，同时它又是一个系统工程，需要相应的体制机制做保障，好的体制是创新得当的动力，对创新得当起着规范、引导、激励作用，坏的体制则阻碍甚至扼杀创新得当。从创新的制度环境看，不完善、不合理的社会体制与机制是制约、阻碍创新得当的制度因素。目前，制约创新得当的社会因素主要是政治、科技、文化等各

---

① 周向阳、张太玲、刘松年、唐竣：《论自主创新战略实施的制度环境》，《新学术》2007 年第 3 期。

方面的体制制度不配套、不完善、不合理,① 主要体现在以下五个方面。

（一）专制的领导方式不利于创新得当环境的营造

创新是一个"求真"的过程，是一个自愿自觉的精神性活动；创新还是一个探索过程，该过程充满着未知和风险。而得当创新因涉及创新是得当还是不当，得当与否的尺度需要界定。这些都决定了创新者进行得当创新是要有一定的勇气和相当强的意志力的，而勇气和意志力不是人生而有之的，有相当一部分有赖于环境的激励，一个宽松自由的环境（即"软环境"）对得当创新起着重要的激励作用。正如著名生物学家沃森在获得诺贝尔奖的大会上致答谢词时所说："我们获得如此高的荣誉，非常重要的因素是由于工作在一个博学而宽容的圈子中……"，"博学和宽容的圈子"就是他们适于进行科学创新的人文环境。诺贝尔物理学奖华人获得者朱棣文（Steven Chu）在诺贝尔奖颁奖典礼上说："贝尔实验室是研究的乐园。""乐园"指的就是科技创新的优良环境，这种优良不只是优良的硬件，更多的是指好的治学人文环境。曾任贝尔实验室总裁的美国国家科学院院长尤厄特（Frank. B. Jewett）对于科学研究的氛围说过这样的话："所有丰产的科学是人类的头脑工作的结果，是在极其自由的氛围中才能十分繁荣起来的。事先没有任何人或群体能预言别人的头脑里产生出什么思想，也不能制约人们产生新的想法，他们能做的最大事情只能是为创造性的努力提供有利的环境。如果有必要的话，只能在后来对那些创造物的用途施加控制，以便它们将会有益于社会，而不是对社会有所损害。"② 在硬环境基本具备的情况下，创新最需要的是创新者在学术上能够自由思考、充分交流以及激发新颖的创新思想的人文环境，也就是我们说的宽松、活跃和激奋的软环境。而得当创新因其要考虑"三利"的最高目的、"四个有利于"的根本尺度，需要对创新是否得当进行反复论证，就更迫切需要为创新者提供一个自由、宽松的环境。

在现实中，领导方式的专制主义倾向阻碍了这种适于创新得当的自由、宽松环境的形成，从一定程度上来说甚至扼杀了创新得当思想的产生。作为领导决策者，如果不具备宽松精神和民主精神，搞"一言堂"，要求下属

---

① 胡侠：《试论制约创新的因素》，《中共郑州市委党校学报》2008 年第 5 期。

② 阎康年：《创新环境对科技创新的重要作用》，《科学对社会的影响》2004 年第 4 期。

听话，绝对服从，不允许别人有和自己不同的意见、主张和观点，那么在这种专制主义的领导方式下不可能营造出一个开放的环境，来包容种种有关问题和创新想法的自由讨论，也不可能形成"崇尚创新、宽容失败、支持冒险、鼓励冒尖"的创新氛围。专制意味着统一，不允许有不同的声音，而创新需要信息的自由交流，碰撞出、酝酿出创新的思想。同时，专制的领导方式不利于关于创新得当与否的判断和决策，一方面因为领导决策者可能没有把得当作为创新的根本尺度，用经济效益或其他指标代替得当而导致创新不当；另一方面因为领导决策者可能不了解某一创新得当的具体要求，而又不听下属的谏言使创新不当，因此，专制的领导方式不利于营造得当创新环境。

（二）不合理的人事和人才管理体制阻碍了创新得当能力的自主发挥

从管理的角度而言，人才资源是内含巨大能动性的生产要素。但是由于这种能动性具有明显的弹性，其作用由隐性向显性转化的过程中，需要辅以一定的激励因素作为动力。当人事和人才管理体制合理时，它能促进人才发挥作用，积极实施得当创新；而不合理的人事和人才管理体制则会使人丧失创新动力，阻碍其得当创新能力的自主发挥。这些不合理的体制主要包含以下三点。一是计划经济管理观念还未消灭，论资排辈、大锅饭、铁饭碗等弊端仍然在一些地方存在，这些不合理的人事和人才管理体制带来的弊端势必影响创新者。因为创新是一项风险性极高的探索性工作，尤其是高科技的得当创新，风险更大，在这种充满风险的背景下，如果创新不成功，势必受到嘲笑打击，而即使得当创新获得成功，其成果和荣誉要么被大家一起分享，要么就被让给资历、辈分、职务排在前面的人，长此以往，创新者必然不会主动得当创新。二是尚未建立科学有效的人才评价体系，谁是真正的得当创新人才，如何评价等难以科学推断。[①] 而且科研奖励、分配管理制度尚不能保证对得当创新人才的支持和激励的力度大于一般创新者，换言之，社会没有一个"得当创新人才"的评价体系，无法给予得当创新者应得的物质待遇和精神支持，创新者也就不可能主动、积极地进行得当创新。尤其是没有专门的人才评价体系评判创新者是得当创新者就予以重奖（物质和精神），是创新不当者就施以惩罚，在这种情况下，

---

① 华才：《建立科学的人才评价标准》，《中国人才》2002 年第 11 期。

创新者不会主动、积极地进行得当创新。三是社会保障改革不配套。前面已说到创新风险高，素有"成三败七"之说，加上社会保障制度不配套，无法为创新者减轻后顾之忧，也不可能为创新者提供强有力的保障，特别是得当创新需付出的更多，如无与此相对应的保障，那么创新者在进行得当创新前就可能瞻前顾后，也可能因此放弃对创新得当界定的论证，从而影响了他们得当创新能力的自主发挥。

（三）不明晰的产权制度不利于保护创新得当热情

如上文所述，企业从事创新的意愿主要来源于明晰的企业产权制度，而独立的研究机构和个人的创新意愿和动力主要来自有效的知识产权制度。创新成果具有无形资产特性，使它不同于有形资产产权而极易受到侵占。因为它一般都要物化在一定的实物中，而它一旦物化、一经公开，就容易被人复制、占有和使用。对创新企业而言，在多数情况下，创新产品的推出，就意味着其生产技术将暴露在他人面前。其他厂家会受新产品的高额利润所驱使，总可以通过对产品的逆向分析或其他方法获得这种技术信息，来掌握新产品的生产，然后制造出来，进入市场，从而占有创新企业的一部分市场份额。仿冒者往往只需耗费较少的时间和投资来获得丰厚的回报，对创新者的权益造成损害。这种因不明晰的产权制度造成的投入与得到的失衡，不利于保护创新热情，很容易造成大家都等着别人投入大量的时间、人力、物力去进行创新然后自己耗费较少的时间、人力、物力来分享创新成果的局面。得当创新是在创新的基础上反复论证符合"得当"标准才形成的，其中所花费的时间、精力、财力、人力比一般的创新要多得多，在这一过程中还有可能因创新不符合得当而被舍弃，前期因创新的投入都将付之东流。这样高投入的得当创新成果如果没有明晰的产权制度予以保护，就更不能保护好得当创新热情，不能激励创新者进行得当创新，创新者可能会舍弃高成本、高付出的得当创新而去实施成本和投入相对要少得多的一般创新，甚至是短期经济上收益好的不当创新。

（四）不合理的教育制度不利于创新得当意识的培养

创新与创新主体的素质尤其是创新意识息息相关，而素质和意识的培养都离不开教育。创新型人才的成材是一个综合培养的过程，不可能一蹴而就，首先要从教育这个源头抓起。不合理的教育制度影响和制约了创新型人才的培养，特别是教育考试和评价制度不合理不利于培养创新主体的创新意识，这主要体现在两个方面。一是在考试与评价的关系上存在认识不清、相互混淆的问题，不利于创新型人才的培养。现实社会中强调考试作为选拔人才方面的功能价值，忽略考试和评价在人力资源开发方面的重要作用，特别是以考试代替评价的缺失的表现，其直接后果是以应试方法取代教育过程，产生"考什么，教什么，学什么"的现象，不利于学生培养创新意识。二是不合理的教育考试评价制度已成为实施素质教育、培养创新意识的"瓶颈"。多年来，由于片面追求升学率的影响，中小学形成了一套根深蒂固的以单纯功利价值为取向的评价标准，严重制约了素质教育的实施。这一评价标准过于强调甄别与选拔，以学业成绩为主要的评价指标，评价结果被简单、机械、错误地使用，不利于学生的全面发展。主要表现在过于注重纸笔测验，评价方式单一；偏重智育，忽视体育和美育，德育实效性差；教师日常教学中更多的是知识与技能的掌握，是解题技巧，而对于创新精神和实践能力的培养、情感态度、个性发展则关注较少，影响学生的积极性和主动性，更不利于学生创新意识的培养。① 而得当创新在教育中除了需要培养创新意识外，更要培育学生的得当理念。不合理的教育考试评价制度以功利价值为取向，必然会造成注重眼前的利益和看得见的效果，而这往往与得当所要求的创新价值取向相悖，必然会影响未来的创新主体——学生得当创新意识的培养。

创新是一项系统工程，是一个较长的培养过程，也是一个充满着风险的探索过程，它需要相应的、合理的、完善的体制机制做保障，不合理的制度会阻碍甚至扼杀得当创新，因此我们有必要在营造有利于得当创新的文化氛围的基础上，加强激励得当创新的制度建设。

第二节　制度激励创新得当的途径

哈佛大学的詹姆斯教授在对激励问题进行了专题性研究后提出：如果没有激励，一个人的能力仅能发挥20%～30%；如果加以激励，则可以发挥到80%～90%。创新能力是一个人的重要能力，同样，创新能力在激励的作用下也能予以发挥和凸显。用制度进一步营造鼓励创新得当的环境，

---

① 戴家干：《创新型人才与我国教育考试评价制度改革》，《中国考试》2009年第1期。

将会使全社会创新智慧竞相迸发，用于思考得当创新的各方面，使得当创新的人才大量涌现；同时制度激励创新得当的作用机制（或途径）是按照人的需要来发挥作用的，制度通过满足得当创新者的需要，激发人类得当创新的行为动机，从而积极实施创新得当。

一 激励机制与创新得当

所谓激励，就是激动鼓励、使人振作，或者说是激发人的动机的心理过程。认知心理学认为，激励是一个复杂过程，要充分考虑人的内在因素，如思想意识、需要、兴趣、价值等。[①] 制度激励创新得当就是依靠激励创新得当的机制，而这里的激励机制就是调动人的得当创新的积极性，挖掘人的创新潜能和潜力的一整套制度、政策和措施及其运作的总和。[②]

心理学的研究证明，人因自身的各种需要引起相应的动机，驱使人为了满足需要做出努力。可以说，"需要"是人们行为的源泉，刺激"需要"便可控制和调节人们的行为。人的一生就是不断满足需要的过程，由需要引起动机，动机导致行为，行为指向目标。创新作为人类发展的必然选择，也成为人类行为的目标。因此，要调动人类创新的积极性，挖掘人的创新潜能和潜力，就要满足人们的需要，从而引起人们得当创新的动机，驱使人们为创新得当做出努力。这种了解人类的需要、用满足需要引起人们得当创新动机从而促使人们的行为指向得当创新的过程就是制度激励人们创新得当的机制（或途径）。

我国著名经济学家吴敬琏曾指出："检验一种制度的安排是不是合理的最终标准，在于它是否有利于发挥掌握着人力资本的专业人才的积极性和创造力。"[③] 这段话深刻地指出了制度对创新的重要作用以及创新与制度的辩证关系。没有好的制度就难以吸引、获得大量有用的创新型人才；没有好的制度，即使有了人才也难以使其发挥应有的作用，激发其创造力。因此，通过制度来激励得当创新型人才，是十分重要的，也是要实现得当创新的必然选择。

心理激励是一把双刃剑，有其特殊的规律性，只有正确使用才会产生

---

① 《辞海》，上海辞书出版社，1999，第 755 页。

② 刘家运：《试论创新人才激励机制》，《湖南省社会主义学院学报》2008 年第 1 期。

③ 肖元真：《我国自主创新型人才队伍建设的有效途径和重要手段》，《继续教育研究》2008 年第 4 期。

巨大的收益,要想发挥其在得当创新中的积极作用,就应了解人们的各种需求和需求的程度,同时还应注意以下四个基本原则。

一是物质激励与精神激励相结合的原则。物质激励,就是要尊重人对物质利益的追求,通过物质手段,满足人的经济需要,激发人们的积极性和创造性的一种方法。① 物质需要是人类的第一需要,是人们从事一切社会活动的基本动因。它除了经济方面的重要作用外,还是人的安全、自尊不可缺少的依据。因此,物质激励就是给予勇于得当创新、积极得当创新、得当创新成功的人以更多的不同形式的物质利益,补偿他们进行得当创新付出的比一般人更多的时间、精力,更进一步激发他们得当创新的热情,也使其他人向他们学习、向他们看齐。精神激励,是指通过思想教育引导人们去追求得当创新这一有利于社会发展、造福人类的目标,以精神鼓励、精神刺激来满足得当创新者的尊重、成就、成长与发展需要的激励方法。② 精神需要作为人高层次的需要,同样需要满足。进行精神激励,使得当创新主体因其得当创新获得他人和社会的尊重,使他们获得成就感、荣誉感,受到社会的尊重,实现人的全面发展和人生价值,能极大地调动创新者的内在积极性和创造性。人的个体特殊性决定人的需要是多层次,包含了物质需要和精神需要,所以要建立一个有效的、合理的得当创新激励体制,就必须遵循物质激励与精神激励相结合的原则。

二是公平原则。根据公平理论,人们是需要公平的,而公平是在比较中获得的。人们注重的不只是所得的绝对量,更注重的是可比的相对量。因此在建立激励体制时要注重一个群体内以及群体外相关人员激励的公平性。要做到公平,正确评价是第一位的,否则评价不准确,该激励的没有激励,不该激励的却给予激励,必然产生不良后果,因此建立科学合理的得当创新评价体系是建立激励机制的一个重要前提。

三是差异化和多样化原则。③ 也即激励形式应具有针对性,能满足不同的需求。在需求理论中,最著名的就是美国心理学家马斯洛提出的"需求层次理论"。这一理论运用到得当创新的激励机制上,就是要考虑得当创新主体不同层次的需要,并为每一层次的需要设计相应的激励措施。因此,

① 刘家运:《试论创新人才激励机制》,《湖南省社会主义学院学报》2008 年第 1 期。
② 刘家运:《试论创新人才激励机制》,《湖南省社会主义学院学报》2008 年第 1 期。
③ 〔美〕M. 勒波夫:《神奇的管理——奖励:世界上最伟大的管理原则》,军事科学出版社,1990,第 133 页。

建立激励机制要坚持差异化和多样化原则。所谓差异化就是针对不同的个人采用不同的激励方法；所谓多样化就是不应拘泥于一种方式，而应视情况不同，灵活运用多种激励方法。在激励中只有坚持差异化和多样化原则，才能保证激励的有效性。

四是时效性和目标指向性原则。激励的时效性很重要，在特定的环境、特定的气氛下，及时的激励将激起被激励者非凡的工作活力和创造力；而事过境迁再去激励，将会失去激励应有的意义。要把握激励的时机，应该在创新主体实施了得当创新时就及时给予奖励。等待的时间越长，奖励的效果越可能打折扣。激励越及时，越有利于激发创新主体积极性，使其创造力连续有效地发挥出来。同时，激励机制还要有非常明确的目标指向性。除非一个人真正知道他身在何处，否则，他将无法知道该向哪一个方向努力。人们需要了解自己努力达到的目标是什么，并且真正愿意实现它，才有可能受到激励。因此，激励机制首先要明确得当创新为指向性目标，从而激发人们去实现得当创新。

二　正激励——鼓励创新得当行为

正激励就是当一个人的行为符合社会的需要时，通过奖赏的方式来鼓励这种行为，以达到持续和发扬这种行为的目的。它是主动性激励，其正强化的作用，是对行为的肯定。[①] 在制度激励创新得当中，正激励就是通过奖赏的方式来鼓励得当创新这种行为，以达到持续和发扬创新得当的目的。它不仅作用于当事人，而且会间接地影响其他人，因为正激励对人的创造潜力有着很大的激发作用，创新主体因其得当创新的行为而得到不断的肯定、承认、赞扬、奖赏、信任等，引起增力情绪（以积极效果为特点的情绪），从而进一步实施得当创新行为，同时这种正激励对当事人的影响，周围的人或其他的人看到、听到或感受到之后，也会自觉、不自觉地实施得当创新行为以期得到与当事人同样的正激励。

正激励的途径是多种多样的，根据性质的不同，主要分为物质激励、精神激励、情感激励、环境激励四大类。

物质激励是指通过物质刺激的手段，鼓励创新主体实施得当创新行为。前面讲到，物质需要是人类的第一需要，因此获得更多的物质利益是人的

---

① 蒋洪超：《"双激励"机制在企业管理中的运用》，《现代经济》2009 年第 2 期。

共同愿望，要促使人们进行得当创新，物质激励是一种最基本的激励手段。物质激励的内容包括工资奖金和各种公共福利。针对创新的特点，物质激励运用在得当创新主体——科研人员身上除了奖金、公共福利以外体现为产权激励。产权激励主要是通过确立得当创新者与其得当创新成果的所有关系来推动得当创新活动。① 因为产权规定了人们与得当创新成果的所有关系，这自然使产权成为激励创新得当的一个重要制度。从法律上确定人们对自己得当创新成果的所有权是经济、有效、持久的创新激励手段，而产权的法律性、持久性又使人们具有一种安全感，得当创新活动在这样的一种制度氛围中会获得强大的激励。特别是得当创新成本较高，投入较多，创新者成功后给予其较多的物质奖励可以弥补前期的付出，让得当创新者首先在物质上不吃亏。

精神激励主要是指对得当创新的行为主体予以支持和肯定，有着不可替代的作用。因为人不但有物质上的需要，更有精神方面的需要。美国的一项有关激励因素的研究表明，员工把管理者对其某项工作的赞扬列为所有激励中最重要的。而且由于创新者一般都具有高知识、高学历的特点，这类群体对精神激励的需要比一般群体要强烈得多，所以精神激励在激励创新者实施得当创新行为中发挥着很大作用。精神激励主要有荣誉激励、参与激励（工作激励）两种表现形式。② 对创新主体来说，对他们得当创新行为予以支持和肯定，除了物质激励之外，满足他们的成就感是激励的一种更加有力的手段。因他们得当创新的行为为他们颁发荣誉称号，还可通过文件的形式和媒体宣传的方式，肯定和推广他们的得当创新行为，让他们知道自己的得当创新行为是得到社会充分肯定的，并因此对其本身给予高度评价，从而激发更多得当创新的热情。现在采取的对创新型人才授予"骨干人才"等称号的做法效果就很好。这些称号不仅激励他们本人继续努力创新得当，而且也带动着周围的人努力创新得当去争取赢得这个称号。日本著名企业家稻田嘉宽在回答"工作的报酬是什么"时指出："工作的报酬就是工作本身！"这句话深刻地指出了工作激励的无比重要性。特别是在解决了温饱问题后，创新者更关注工作是否具有创造性、挑战性；工作中能否取得成就，获得尊重、实现自我价值。如果能发挥自己的才能为所在

---

① 顾海：《企业技术创新的激励机制的探析》，《南京社会科学》2001 年第 9 期。
② 俞文钊：《中国人的激励模式》，华东师范大学出版社，1988，第 45 页。

组织的管理贡献自己的力量，这就使参与激励、工作激励显得尤为重要。创造和提供一切机会让他们参与管理，让他们觉得自己是在"独挑大梁"，有着得当创新的重要职责，同时增加工作的复杂性，这些都能激发他们的责任感，进一步增强得当创新的能力。

　　情感激励是指管理者与创新者之间建立起一种亲密友善的情感关系，以情感沟通和情感鼓励作为手段，使之保持良好的情绪和高昂的创造情感。[①] 情绪具有一种激发动能的作用，因为在心境良好的状态下，工作思路相对开阔，思维相对敏捷，解决问题也相对更迅速。这种良好的情绪对于得当创新也具有正面强化作用，而要使创新者保持良好的情绪和高昂的创造热情，情感激励很重要。得当创新者需要良好的人际关系，在互相尊重、互相关心的良好人际关系中人们容易沟通，也容易激发和鼓励人们共同克服得当创新过程中碰到的挫折和困难。因为情感激励靠的是感情的力量，从思想方面入手，以情理的疏导，达到尊重和信任，满足创新者尊重和信任的需要，他们会由此得出自己因得当创新行为而获得尊重和信任的因果关系，也就会自觉实施得当创新，努力创新得当以获得情感上的激励。

　　环境激励是十分重要的激励手段，包括政策环境和客观环境激励。制定良好规范的规章制度会对得当创新者产生激励作用，这些制度可以保持公平性，同时工作的客观环境如办公环境、办公设备等，都可以影响人的工作情绪。创造一个良好的工作环境，一方面可以直接满足创新者的某些需要（如平等对待、尊重、关心和信任，必要的物质条件可使创新者顺利开展创新实践等），从而使创新者心情舒畅地工作；良好的工作环境还可以形成一定的压力和规范，当创新者知道自己实施得当创新才能获得最佳的工作环境后，创新者会努力工作，努力实施得当创新。

三　负激励——惩处创新不当行为

　　同正激励一样，负激励也是激励中不可缺少的一个方面。"小功不奖则大功不立，小过不戒则大过必生"讲的就是这个道理。所谓负激励，就是当一个人的行为不符合社会的需要时，通过制裁的方式来抑制这种行为，以达到减少或消除这种行为的目的。[②] 负激励是被动性激励，起负强化作

---

　　① 翟志华：《情感激励在管理工作中的应用》，《中国集体经济》2004 年第 1 期。
　　② 雷群：《浅析负激励在企业管理中的正效应》，《科学咨询》2007 年第 12 期。

用，是对行为的否定。作为制度激励创新得当的途径（手段）的负激励主要是指因为不当创新不符合社会的需要和发展目标，会对社会造成危害，所以通过惩罚、制裁的方式来抑制不当创新的行为，以达到减少、消除直至杜绝不当创新的目的，从而规范人们的创新行为，使创新者积极地朝正确的方向——得当创新转移。负激励主要分为经济性惩罚和非经济性惩罚（包括行政处分以及社会谴责等）。

负激励在创新得当中有着重要的作用，首先它是控制创新者不进行不当创新的一条隐性"止步线"。① "得当"就是创新行为的准则，超出这个准则必然受到一定的制裁。负激励作为一条隐性"止步线"，大部分存在于相应的管理制度和考核制度中，但它能起到控制创新主体不当创新行为的作用。在日常的潜移默化中，创新主体自觉或不自觉地接受了这种负激励制度的约束，无形之中会给得当创新行为带来一种持续的良性循环效应。比如科研工作管理中规定或科技人员职业道德中规定"不当创新视造成危害大小而被处罚，除了经济处罚，还有可能被法律制裁"。这样，在正常情况下，创新主体自然而然地就会为避免处罚特别是法律制裁而规范自己的创新行为，使其朝得当目标而前进，远离不当创新。其次，负激励在规范创新得当中可以起到以儆效尤的作用。激励制度是约束创新主体创新行为的界限，但并不意味着所有的创新主体都会遵守约定的法则。无论是有意不当，还是无意不当，都会产生危害。一些人逾越"创新得当"的界限时，将遭到相应的处罚，而这种处罚的性质是强制性的、警示性的、起震慑作用的，可以杀一儆百，真正使创新主体接受"得当"约束，从而提高对自我创新行为的管理。负激励的心理影响是巨大的，并且具有物质和精神的双重性。从物质的角度看，创新者本来在正常情况下能得到的没拿到，还被处罚，其损失是双倍的，更重要的是精神上受打击，心理波动可想而知。组织行为学研究表明：一定程度的惧怕和焦虑是人的内驱力的一个源泉，它可以增强人的反应强度和导致内驱力的提高，负激励就是这样的作用。实行惩罚就是给创新主体"不要这样做（不当创新）"的信息反馈，促使创新主体改变或改进自己的创新行为，不至于重蹈覆辙，这样就通过惩处已发生的部分不得当行为，避免更多的不当创新的发生。

---

① 李广清：《浅谈现代企业管理中如何利用负激励》，《科技信息》（科学教研）2007 年第 24 期。

　　负激励主要可分为经济性惩罚和非经济性惩罚。经济性惩罚如罚款、降级、降薪等，这是对创新得当最直接的负激励手段，因为人们会直接关注自己最基本的生存需要，用物质负激励的手段可使创新主体得出不可不当创新的直观结论。而非经济性惩罚主要指精神上的负激励，如批评、警告、降职，还有社会舆论的谴责等。虽然非经济性惩罚不如经济性惩罚那么显而易见，但它对人的心理影响却比物质负激励更大，因为它会引起人的不良情绪。特别是社会的不认可和谴责会使人产生不安，与人的成就感需要相悖，为了避免自己处于社会不认可和谴责的境地，创新主体必然会选择远离不当创新，而努力实施得当创新，从而通过自己的得当创新行为得到社会的认可。

　　当然，在制度激励得当创新中，要正确把握负激励的力度和尺度。现代管理理论和实践证明，在管理激励中，负激励运用不当会给人造成不安定感，造成人际关系紧张、复杂。过于严厉的负激励措施容易伤害创新主体的感情，扼杀创新主体的创新能力和积极性，使创新主体整天处于战战兢兢的状态，不敢越雷池一步，这是创新的大忌；若负激励措施太轻了，则创新主体可能不当回事，处罚与不处罚效果差不多，不痛不痒，起不到震慑作用，达不到预期目的。因此，负激励的运用一定要注意把握一个"度"，使之成为促进创新得当的有力途径。

　　正激励、负激励是制度激励创新得当相辅相成的两种措施，能从不同的侧面对人的得当创新行为起到强化作用，这两种方式的激励效果不仅会直接作用于个人，而且会直接地影响周围的个体与群体。正激励奖励得当行为，负激励惩处不当创新，无形中就会使创新得当成为创新的行为规范，使人类的创新行为最终达到造福人类的目标。

第三节　创新得当激励制度的现实构建

　　得当创新与制度环境是一种互动关系，得当创新要求制度环境提供支持，制度环境又直接推动得当创新。制度不是一种理想，而是一种工具，一种能够解决问题和实现某种价值的工具。这就决定了制度只能是现实的，不是未来的。不切合社会需要的制度建构，不管其基于什么动机和目的，不管其理论价值如何完美，在现代社会已不再具有历史的合理性。制度必须了解现实中的问题，着眼于现实的社会特点和社会诉求。[①] 在得当创新制度建设中，要坚持激励创造、有效运用、依法保护、科学管理的方针。通过激励，促进得当创新大量涌现；有效运用就是要充分利用得当创新成果的市场价值；依法保护就是要在立法的基础上严格、高效执法，切实保护得当创新成果；科学管理就是要整合资源、提高效率。创造是基础，运用是目的，保护是手段，管理是关键。只有这样，才能真正从制度上为得当创新提供强有力的动力和保障。创新得当是人类社会发展的必然选择，要确立激励创新得当的制度，就必须根植于社会现实，做出各种社会力量和社会因素共同作用下的合理选择。创新得当激励制度的现实构建须建立制度优势，形成一整套有利于创新得当的制度体系，其中包括实施改革以建立激励创新得当的教育制度，完善激励创新得当的科研机制，完善激励创新得当的人才培养流动制度，健全激励创新得当的自由民主的政治制度，完善激励创新得当的市场制度，建立全面的技术创新评估制度以及健全激励创新得当的法律法规七个方面。

一 实施改革，建立激励创新得当的教育制度

教育和培训是知识创造、生产、应用以及传播的重要环节，其主要功能是传播知识、提供人才和提高人的素质。从根本上说，创新依赖于人的素质及创新思维能力的提高。没有一支高水平的人才队伍，新的知识难以产生。没有宏大的高素质的劳动者队伍，新的知识和技术难以被掌握和运用，创新成果也难以转化为现实生产力。况且，在知识不断更新的时代，只有对劳动者进行新技术知识的再培训，才能提高劳动者进行新产品开发和生产的能力，也才有可能进行新的创新，产生新的创新成果。另外，从知识流动的角度看，教育和培训能通过人这个载体，使知识和技术向社会扩散。因此，创新也必须借助教育。同时，"得当"这一创新的伦理标准，也需要借助教育方可在创新主体的培育中得以养成确立，使"得当"成为创新主体实施创新实践的伦理取向。[②] 制度的本质是规范，它通过刚性的约束机制向人们提供了一套明确的关于什么是被允许的、什么是受鼓励的、

---

① 中国政务信息网：《优化制度环境和文化环境是建设创新型国家第一要务》，2006 年 1 月第 3 期，http：//www.sgst.cn。

② 邬志辉：《中国教育的现代化与制度创新》，《东北师范大学学报》（教育科学版）1998 年第 4 期。

什么是被禁止的信息，为人们的教育行为设置了边界，提供了可能的空间。因此，教育制度对于激励创新得当具有重要作用，它通过强化规范教育行为，贯彻教育理念，把得当创新始终放在教育的重要位置，有利于树立得当创新意识和培养创新型人才，有利于创新得当。

激励创新得当的教育制度的建立和完善主要从以下三个方面着手。

（一）确立有利于培养得当创新型人才的教育方针

教育方针是国家或政党在一定历史阶段提出的有关教育工作的总方向和总方针，是教育基本政策的总概括。它是确定教育事业发展方向，指导整个教育事业发展的战略原则和行动纲领。我国现行的教育方针指出，教育的目标是培养德智体美劳等方面全面发展的社会主义事业的建设者和接班人。这里已包含了以提高国民素质为根本宗旨，以培养学生的创新精神和实践能力为重点，努力造就"有理想、有道德、有文化、有纪律"的"四有"新人的内容和思想，"有道德"具体到创新实践中就是要确立"得当"的取向。激励创新得当就要求确立新的教育理念，提出得当创新的教育新理念，实现六个转变：[①] 转变以继承为中心的教育理念，注重开发学生的创造潜力，加强学生创新意识教育和创新精神、创新能力的培养；转变以传播知识、发展智力为中心的教育理念，融传授知识、培养能力、提高素质为一体，注重学生综合素质的提高；转变以狭隘的专业教育为中心构建课程体系的观念，加强基础，拓宽口径，增强适应性；转变以教育为中心、以灌输知识为主的教学方法，强化教师的引导作用和学生的主体地位；转变统一模式、统一要求的教育观念，正确认识和处理统一要求和个性发展的关系，实行因材施教，注重学生的个性发展；转变以经济效益为唯一的取向，强调创新得当有利于人类的持续发展。

（二）建立有利于创新得当的教育基本制度

这要求在教育体制、学制上有新的变动，对创新能力特别强的人才不按一般的学制进行，可把创新能力作为继续学习深造的一个根本考核依据，努力为创新型人才创造良好的环境和条件。同时，在教育中实现创新得当

[①] 彭小波、胡永华、张高亮：《创新教育与创新人才培养研究》，《河南社会科学》2008 年第 3 期。

激励机制，针对得当创新给予比一般创新力度更多的支持（包括财力支持、人力支持和环境条件支持），大力鼓励学生个人、学生与老师、学生与企业的得当创新活动；另外，及时制定出有利于学生创新能力培养的激励政策和激励得当创新的教育制度，学生的创新能力以及获得的创新成果如果符合"得当"标准就可作为重要的考核指标纳入到学生综合评测体系中，重奖创新成果突出的学生，并把那些创新能力强且创新成果有利于人类持续发展的学生，向研究机构或更高层次的高校推荐。通过这些激励机制，激发学生的得当创新热情，调动学生的得当创新积极性。

（三）制定激励创新得当的教育具体制度

主要是教学制度和教学评价制度这两方面。

1. 转变观念，建立健全激励创新得当的教学管理制度

要转变束缚学生创新能力的教学目标，[①] 要把使学生获得一定量的知识的教学目标转到学生"学会学习"的目标上来。教学要发挥教育的主导作用，教会学生采用现代化的信息手段提高获取知识信息的能力；要充分发挥学生的主观能动性，学会学习，将最基本最重要的知识内化为学生的心理品质，强化素质和功底，增强比较分析和独立选择的能力。要充分发挥学生的主观能动性，学会学习，独立思考，形成创新意识和能力；同时，在教学中注重引导学生树立"得当"意识，真正在教学中引导学生学会得当创新，善于得当创新。

2. 革新评估手段，构建激励创新得当的教育评价制度[②]

教育评价制度是保证办学宗旨的实现、确保教育教学质量的重要环节。教育评价制度中重要的一环是考试制度，要改变过去那种以考试成绩高低作为评价学生优劣的标准的做法。著名的教育家陶行知先生曾猛烈抨击当时中国的会考制度："教育等于读书，读书等于赶考，好玩吧，中国之传统教育。""学生是学会考，教员是教人会考。学校是会考筹备处，会考所要的必须教，会考所不要的，不必教。"[③] 要改变单一考试方向，不仅看学生对知识的掌握程度，更要考核学生利用所学知识提出问题、分析问题和解

---

① 胡留现、余亚辉：《论高校创新型人才的培养》，《科技信息》2008 年第 12 期。
② 邓春和、王美玲：《创新教育及如何实施创新教育之浅谈》，《河套大学学报》2006 年第 1 期。
③ 《陶行知全集》第 2 卷，湖南教育出版社，1985，第 676、677 页。

决问题的能力，克服"考什么，学什么"的弊端。作为评估手段之一的考试，要把理论和实践有机结合起来，把创新能力也作为评价指标之一，在这里，我们可以借鉴欧美发达国家的一些做法，也可以从陶行知先生所倡导的培养生活力的"创造考试"中得到有益的启示。陶行知先生说："创造的考试所要考的是生活的实质，不是纸上的空谈。"③另外，还要建立创新教育的课堂教学评价体系。要把教师的评价与学生的自我评价结果结合起来，注重发展学生的形成性评价和自我参考评价，这些也有利于学生创新能力的培养。在这个评价体系中，要把得当作为重要的一条，要把理论、实践的结合与造福人类、促进人类持续发展联系起来，注重评估学生的道德素质，把道德素质放在基础位置，久而久之，学生会在创新实践中自觉以得当为标准进行创新活动。

二　完善激励创新得当的科研机制

一项得当创新的完成需要不同的组成要素——主体、能力、过程重新结合，得当创新的复杂性是单个人或单个企业无法应对的，因此要建立完善的有利于创新得当的科研机制，使"异想天开"的创新灵感和想象力，在鼓励探索的有效的科研机制下，催生出得当的创新成果，不仅创造出巨大的经济效益，而且造福人类，促进人类持续发展。

一是建立完善开放的科研机制。① 当代科学内在发展趋势是学科间不断交叉、综合和相互渗透。建立一个更加开放的科研环境对于创新的发展极为重要。有了开放的科研机制，创新者可交流沟通，进一步激发出新的思想火花，使得当创新层出不穷；同时在开放的科研机制下，创新者可以了解别人研究的情况，对自己正在进行的创新实践有更多、更全面的评价，特别是对得当有准确的认识，防止无意不当创新实践。

二是建立公平竞争的科研机制。在科学研究中，往往一些具有很强学术性、探索性、创新性的小项目，能够对科学发展产生不可估量的作用。我们应当大力弘扬科学精神、民主精神，鼓励学术争鸣，保护不同意见，不能求全责备。前面讲到科技创新的成功率只有20%，科学探索也从来就没有绝对的失败者。因此，公平竞争的科研机制对得当创新尤显重要，要摒弃一切唯权威为上，应提倡谁的创新项目创新性强谁的项目就被采纳，

---

① 袁望冬：《论创新文化与我国自主创新能力的提升》，《湖湘论坛》2006年第6期。

谁的创新项目得当谁的项目就被采纳；得当创新项目要进行就搞大动作，一些看上去小的可能产生负面影响的创新项目就不关注甚至忽略不计。①

三是完善创新评价机制。得当创新评价问题既是一个管理操作问题，也是一个关系到引导创新行为的制度问题。一方面要形成"公正、客观"的创新评价环境和氛围，另一方面要把"得当"纳入创新评价体系，体现在科技评价制度中，把"得当"落实到创新实践上。有了评价这一关，创新者就更明确自己进行得当创新实践的目标。

四是资源共享机制。加快建立有效的科技信息、基础设备和资源共享机制，把加强基础设施建设作为政府支持创新、扩大公共职能的一个重要方面。通过科研基础平台建设，着力营造有利于创新者实施得当创新的良好环境和条件。

五是科学普及机制。科学普及有利于得当创新文化的形成。科学普及与科技创新是科技进步的两个基本体现。没有广泛的科学普及，民众对科技将失去兴趣，创新将得不到社会的支持，那么整个社会创新的能力就不能得到提高。特别要提高社会和公众对"得当"的认识，了解得当创新的意义，从而在舆论上营造有利于得当创新的氛围。

六是完善产学研合作机制。在加大鼓励企业得当创新力度的同时，应充分发挥现有研究机构和大学的优势，建立产学研技术得当创新合作机制。这一点上，芬兰的做法值得借鉴。据统计，芬兰约有50%的企业与高等院校、研究机构有项目合作，② 该比例大大高于欧洲其他国家。其做法是建立起产学研结合的资助机制，这种机制能充分地使用有效的资金，并且促进国家创新体系各要素之间保持密切联系。另外，产学研合作机制，能使创新成果加快转化，也能及时检验创新是否得当，以免不当创新对人类社会发展造成伤害。

三　完善激励创新得当的人才培养流动制度

人才是创新的主体力量，③ 增强得当创新能力首先是要培养和使用大批得当创新型人才。在建设创新型国家的时代，要实现创新得当，就要以科

---

① 袁望冬：《论创新文化与我国自主创新能力的提升》，《湖湘论坛》2006 年第 6 期。
② 龚晓菊：《提高我国自主创新能力的制度保障》，《中国改革》2006 年第 9 期。
③ 陈庆修：《创新型国家建设需下真功夫》，《国家行政学院学报》2008 年第 3 期。

学发展观为指导，遵循人才发展规律，特别是要针对得当创新型人才的特点，完善人才培养流动的体制和机制，做到人才辈出、人尽其才、才尽其用、用尽其效，并促使他们更加积极地实施得当的创新实践。

一是健全得当创新型人才激励机制。积极创造有利于吸引得当创新型人才、留住得当创新型人才和使用得当创新型人才的良好环境，营造出鼓励创新、鼓励得当创新的社会文化氛围，促使一大批优秀人才脱颖而出。用好的政策、环境、事业、感情来吸引人才、留住人才。要从工资报酬、住房、福利、职能等方面给予支持，鼓励他们投入得当的创新活动。科技人员是得当创新的主要担当者，但是有不少项目是探索性高、风险高，即使尽责也可能完成不了的，因此要提高科技人员的得当创新能力，就要激发科技人员的得当创新热情，保障科技工作者待遇，具体可体现为：[1] 对在艰苦、边远地区或者恶劣、危险环境中工作的科技人员予以补贴，提供其岗位或者工作场所应有的职业健康卫生保护；保护科技人员的合法权益，包容他们，为他们提供宽松的学术环境；对有突出贡献的科学技术人员给予优厚待遇；为科技人员的合理流动创造环境和条件，发挥其专长；科技人员可根据其学术水平和业务能力自主选择工作单位，竞聘相应的岗位，取得相应的职务或职称；青年科技人员、少数民族科技人员、女性科技人员等在竞聘专业技术职务、参与科技评价、承担科技研究开发项目、接受继续教育等方面都应享有平等权利，尤其是对因创新"得当"失去了一些应有的经济利益的科技人员，应予以肯定和补偿。

二是完善得当创新型人才培养制度，加大得当创新型人才培养力度。要把教育放在优先发展的战略位置，加快教育结构调整，深化教育体制改革，全面实施素质教育，提高教育质量。整合高校、企业、研究机构的教育资源，形成得当创新型人才培养的战略联盟。改革人才培养模式，注重得当创新型人才的培养。努力培养和造就一支既有原始创新的原创型人才，又有集成创新的系统组织型人才，还有引进、消化、吸收、再创新的集技术、贸易与中西文化于一身的复合型人才队伍。在这个培养过程中，特别要注重创新人才在实施创新中的得当与否，对得当的创新人才予以重奖和倾斜，对实施不当创新的科技人员要引导其改正，使之最终实现得当创新。

---

[1]　董颖：《创新型国家的法制保障——评修订后的科技进步法》，《经济论坛》2008 年第 7 期。

四 健全激励得当创新的自由民主的政治制度

民主是自主创新的重要条件。在个人专断和个人迷信盛行的时期，万马齐喑，思想僵化，"书上没有的，文件上没有的，领导人没有说过的，就不敢多说一句话"。① 在那时，人们不敢想，不敢说，更不敢写，哪里还谈得上创新。

在民主的政治氛围中，每个公民在社会生活中具有独立的政治人格和自由的权利，② 他们不以别人的意志作为自己的意志，而是具有自己作为公民应有的独立的政治权利和政治要求。同时，他们可以在社会生活中自由地行使和实现自己的公民权利，自由地支配自己的精神和行为，自由地决定自己的义务。民主的政治氛围还表现为，公民之间享有权利的平等性。这种氛围为人们创新观念的产生、发展、实现提供了一个敢想、敢闯、敢干的良好环境，公民可以自由地创新。可以说，自由、民主的制度环境有利于培养创新主体的创新、冒险精神；同时自由、民主的制度环境可以避免因不了解实际情况或没掌握"得当"标准而导致的不当创新。

在自由民主的政治制度下，科学决策也会进一步科学化、民主化，避免创新不当的发生。科技决策规范，可在完善专家论证咨询制度的基础上，进一步促进地方政府、行业部门和社会公众参与重大科技事项的决策，进一步提高科技行政决策水平。对社会涉及面广、与人民群众利益密切相关的重大科技政策、重大科技发展和改革措施等，可向社会公布或者通过召开座谈会、论证会等形式，广泛听取社会各界意见。③ 还应建立健全决策跟踪反馈和动态调整制度，对决策的执行情况进行跟踪，并针对执行产生的不当影响及时做出调整。按照"谁决策，谁负责"的原则，实行决策权和决策责任相统一，促进决策机构和决策人员审慎决策，防止决策的随意性，减少决策失误，提高决策效率。有了科学民主的决策机制，科技决策的规则和程度得到进一步完善，既为得当创新营造了民主的氛围，又因为有了公众的参与，可避免偏执或一意孤行的状况，使创新活动实践进一步朝着"得当"目标努力前进，从而避免因决策失误造成创新不当的危害进一步扩

---

① 《邓小平文选》：第 2 卷，人民出版社，1994，第 147 页。
② 刘锋：《自主创新与制度环境》，《广西大学学报》（哲学社会科学版）2007 年第 5 期。
③ 万钢：《建设新型国家的重要法律保障》，《求是》2008 年第 11 期。

大的结果。

五　完善激励创新得当的市场制度

　　市场制度是一种能够适应并推动创新的制度结构，许多重大的科技进步都发生在市场制度建立以后，它不仅能为那些对社会有用的科技成果提供巨大的激励，而且还能保证创新的社会有效性。[①] 另外，对于创新得当，除了培育创新主体"得当"的思想道德意识外，通过市场的调控约束抑制不当创新也是一个强有力的制度手段。试想，创新不当的成果没有市场，没有转化，没有应用，那必然导致不当创新行为的减少甚至消失。

　　完善的市场制度中政府要发挥积极的主导作用，应从直接组织创新项目、干预企业技术创新为主转向宏观调控、政策引导、创造环境、提供服务为主。要采取激励创新的财政政策、金融政策、政府采购政策。政府对创新系统的财政刺激主要是针对企业和相关部门的研究开发活动，财政激励政策分为研究开发的补贴与税收优惠两大类。补贴主要支持特定企业尤其是高技术企业或有关研究部门（包括高校）得当创新的研究开发活动；税收优惠则主要是为从事得当创新技术活动的企业提供单一的非歧视性的税收减免优惠，在这些激励中特别要对得当创新予以重奖，从研究到开发都应予以支持，政府激励创新得当的金融政策要着重解决得当创新风险分担和新建科技企业的融资问题。政府还可设立创业与得当创新基金，扶持高技术小企业的创业，为得当创新项目提供"种子资金"。政府采购也是影响创新方向和速度的重要政策工具，它可以有效地降低得当创新企业进入市场的风险，对不当的创新直接不予其进入市场，可有效地抑制不当创新。

　　市场制度中，知识产权制度的建立和完善是一个重要部分，知识产权制度的实质在于保护得当创新者利益和积极性的同时，促进得当创新成果合理有偿地扩散。诺思指出："当某些资源的公有产权存在时，对获取较多的技术和知识很少有刺激。相反，对所有者的排他性产权能够提供对提高效率和成产率的直接刺激，或者用个基本的术语来说，能够直接刺激获取更多的知识和技术。"[②] 产权的确定是最经济、有效、持久的创新激励手段。

----

① 刘锋：《自主创新与制度环境》，《广西大学学报》（哲学社会科学版）2007 年第 5 期。
② 刘锋：《自主创新与制度环境》，《广西大学学报》（哲学社会科学版）2007 年第 5 期。

此外，随着各类创新层出不穷，这些特点都决定了原有的以专利为核心的知识产权制度已显得有些不得力，因此知识产权制度建设是一项长期而艰巨的任务。因此，要建立明晰的产权制度，全面落实企业的自主权，特别是企业领导的自主经营决策权、研究开发人员的知识产权和全体员工的创新利益分配权对于得当创新尤为重要。一方面，要出台更强有力的知识产权保护措施，加大知识产权保护执法力度，以维护得当创新者的权益。另一方面，应对国家出台的有关知识产权的法律法规，如《中华人民共和国促进科技成果转让法》等制定实施细则，增强可操作性，增加透明度，切实推进得当创新。① 比如，可以针对得当创新者所承担的项目（除涉及国家安全、利益和重大社会公共利益外），允许他们在知识产权使用方面实行有偿使用，这样可使他们在成果应用阶段得到相应的补偿，促进创新得当。

六　建立全面的技术创新评估制度

以往对创新的评估主要是按经济价值尺度进行的，肯定的是经济价值的优先性，它是与传统创新的单一目标要求相适应的。然而，这种传统评价尺度不符合得当创新的要求，它不能对创新是否得当进行合理的评估。因此，为鼓励倡导实践得当创新，必须建立全面的得当创新评估体系。具体包括以下四种评估制度。

一是自然环境、社会生态评估制度。设立该评估制度的目的在于全面评估创新实践对自然生态环境影响的程度以及对社会的影响，以便为是否应该进行该项创新提供参考。

二是公平性评估制度。公平评估制度主要是对某项创新可能引起的诸如失业、贫富两极分化、机会不均等负面影响进行全面而客观的评价，以尽量减少创新可能引发的失业、贫富两极急剧分化，从而把由此可能引起的社会矛盾降至最小的程度。

三是文化评价制度，文化是社会和谐的调节剂，良好的社会文化有利于人们形成正确的价值观。由于创新是在一定的社会文化之中进行，必然

---

① 众所周知，知识产权是一项复杂的事务，涉及的面很广，它不仅包括专利、商标、商业秘密等，还包括版权、传统文化艺术等，内容很丰富，再加上各类创新层出不穷，这些特点决定了知识产权制度建设是一项长期而艰巨的任务。这其中，法律法规的完善显得尤为重要，只有进一步完善知识产权方面的法律法规，强化知识产权的导向作用，才能大力提升创新能力。

对社会的文化产生或多或少、或积极或消极的影响。因而，有必要就创新对社会文化的影响进行评估，以确立创新的文化价值，为决策者提供参考。

四是经济评估制度。对创新进行环境生态评估、公平性评估以及文化评价后，还必须对其进行经济评估，一项创新即使有很好的环境效益，很高的文化价值，又能充分体现公平，但毫无经济价值，这一创新还是不成功的。因此，必须设立经济评估制度，对创新的经济价值进行评估。创新评估制度的效果如何，主要依赖于评估标准，评估标准对于评估制度促进创新得当起着非常重要的作用，评估标准是否合理、准确需要我们在实践中摸索，更需要我们从实际出发进行大胆的理论创新。

七　健全激励创新得当的法律法规

得当创新不仅需要人才支撑和经费保障，也需要法律规范的保护。法律是市场经济条件下促使企业技术创新最重要、最有效的外部强制力量。要保护得当创新成果，激励创新者的得当创新激情，就必须根据不同时期的形势和任务健全相关的法律制度，营造有利于创新得当的法律环境，为创新得当保驾护航。

一是通过制定法规，确保企业科技创新的主体地位，为它们的得当创新提供保障。从经济学角度讲，创新成果是一项容易"免费搭车"的共享性产品，得当创新成果同样不能幸免。有鉴于此，必须建立专门的专利保护制度。由于长期以来企业没有真正成为市场竞争的独立利益主体，因而很多企业的专利意识还很淡薄，不善于运用专利武器来保护自己的创新成果。所以，制定专门的专利保护制度和实施程序，既可激发企业的创新动力，又能使企业在技术创新生态化过程中取得的成果发挥最大的社会效益、环境效益。世界各国纷纷制定相关法律促进企业的高技术开发，促进企业科技创新。如日本颁布了《新技术开发事业团法》，美国制定了《联合研发与开发法》，法国颁布了《企业科研法令》，这些法律对促进企业科技创新发挥了积极作用。我国新修订的《科技进步法》在科技创新部署上，突出了企业在技术创新中的主体地位，并特别规定了对各类企业技术创新的扶持措施，规定"县级以上地方人民政府及其有关部门应当创造公平竞争的市场环境，推动企业技术进步"[①]。如国家鼓励企业设立研究开发机构，增

[①]　董颖：《创新型国家的法制保障——评修订后的科技进步法》，《经济论坛》2008 年第 7 期。

加研究开发和技术创新的投入，自主确立研究开发课题，开展技术创新活动；国家鼓励企业对引进技术进行消化、吸收和再创新；国家依法保护企业研究开发所获得的知识产权，在财政、税收、金融等方面实行政策扶持和优惠。有了主体地位，企业更明确自己行为的目标以及不当行为会造成的后果——给企业带来不好的影响。在此基础上，进一步修订完善相关法规，增加针对得当创新企业的有关条款，加大对得当创新企业的支持，加大投入力度，设立得当创新企业专项基金。因此，企业会积极实施得当创新以确保自己企业形象的提升。

二是通过立法，确保得当创新投资与物质保证。[①] 为鼓励科技投入，美国多次修改《合同法》，改"成本固定利润"为"固定价格合同"、"奖励合同"等；1978 年，进行减税立法，改革不利于高技术发展的高税收政策；1981 年又出台新税法，将高技术开发税率降低 20%，并对高技术研究与发展的投资税收予以减免。1982 年，法国颁布《法国研究和技术发展方针与规划法》，规定逐年增加科技投入，每年增加 20% 研究与开发经费，占 GNP 的 25%。韩国制定了《加速技术发展法》《税收减免法》《特别消费税法》，对研究开发用品免征特别消费税，减免关税，对研究开发设备实行加速折旧。这些为我们提供了参考，可制定修改相关法规，为得当创新提供减免，实行最低额度的开发税率。正如《中国 21 世纪议程》指出："对中国老企业污染进行治理，费用至少需要 2000 亿元左右。单靠企业自身筹集这样一笔资金是有困难的。"资金确实是一个我国企业生态化技术创新的重要制约因素。目前我国生态技术投资仅占国民生产总值的 0.7% 左右，远远低于发达国家水平。而要解决中国的环境问题，生态技术投资应占到国民生产总值的 1.5% 左右。因此，政府的财政政策应尽可能为解决这一难题而创造条件，加大资金投入力度，为企业技术创新生态化铺平道路。政府可以采取以下几种经济支持方法。第一，对企业和相应机构的直接拨款。接受拨款的单位直接秉承政府的意志专心致力于技术创新的生态化发展，同时也便于政府管理。第二，信贷优惠。政府联系金融部门和从事技术创新生态化的企业，对企业从研究发展生态技术到商业应用的各个环节提供低息、无息的优惠贷款。企业从而可以大胆地进行技术创新生态化，而不必为贷款的本息归还期限而发愁。第三，政府购买。政府可以直接购买企业开发出

---

① 刘锋：《自主创新与制度环境》，《广西大学学报》（哲学社会科学版）2007 年第 5 期。

的生态技术产品，尤其是适用于公共部门的新产品，将其广泛运用于社会公共事业，使其发挥最大的社会效益。此方式一方面保证了政府与民众的需求，另一方面也直接促进了企业的生态技术发挥作用，增强了创新能力。由此可见，经济杠杆的倾斜要充分体现政府意志，为有利于得当创新的项目和产业提供必要的支持。

三是运用立法，促进创新得当。我国目前的法律法规不够健全，对生态技术的健康发展的保护力度不够，同样，对污染环境的企业的惩罚程度不足，没能很好地引导企业走可持续发展的道路。因此，为了使法律这一工具在促进得当创新中发挥更大的作用，政府应进一步建立健全有关规范创新实践的法律法规，特别是在现有的《环境保护法》和《科学进步法》的基础上，进一步制定有关创新的法律法规，在这些法律法规中应贯穿"得当"这个核心关键词，把"得当"作为创新实践的标准，特别是予以成果应用的重要指标。在立法上完善现有各项与保护环境有关的法律，通过这些立法举措，进一步规范创新实践，鼓励得当创新，抑制不当创新。同时，还要建立科学的执法监督制度与工作程序，依法强化环境的监督管理，坚持有法必依，违法必究，执法必严。我国目前主要以大量消耗资源、能源作为获得经济增长的手段，对环境造成了极大的损害。造成这种现象的主要原因之一就是资源无价或低价，这种错误的观点导致我国传统发展模式中对资源的无偿占有、掠夺性的资源开发以及资源使用中的巨大浪费。环境资源税是国家为了保护资源环境、促进可持续发展而凭借其主权权力对一切开发、利用环境资源的单位和个人，按照其开发利用自然资源的程度或污染、破坏环境资源的程度征收的一个税种。对严重污染环境的企业征收类似于西方发达国家用来保障和促进可持续发展手段的排污税、燃料税和污染产品税，使其得不到高额利润，而不得不调整其产品结构，进行技术创新生态化。我国实行排污收费已有多年，但目前还存在着排污收费标准过低、范围过窄和排污权无交易这两大弊端。排污收费是国际上流行的污染者付费原则的政策体现。但我国的排污收费标准远远低于环境治理费用，加之收费范围非常有限，并没有实现真正意义上的污染者付费，无法使排污企业从根本上重视生态技术在生产上的应用。因此，只有逐步提高排污标准，并且扩大排污收费在不同产业的范围，才能刺激企业从技术上向生态化寻求出路、寻求创新，促进污染工艺的改造与老化设备的淘汰。

　　制度是人类活动的行为规范体系，在实践中，恰当的制度安排是创新得当发展实现的基础，也是创新得当发展的动力机制和前提条件。因此，在创新成为必然趋势的今天，要构建激励创新得当的制度，从硬性规定中进一步激发人的创新激情，规范人们的创新活动实践，使人们自觉将创新朝得当方向进行发展，实现得当创新。

第七章　创新得当的主体品格

创新从本质上讲是一种力量，一种革命的力量，它能促进人类社会的进步，为人类带来利益，增进人类的幸福。从这个意义上说，创新对人类具有最大的"善"的价值。同时，创新不仅能外在地增进人类的福利，具有最大的"善"的价值，而且也是实现"善"的重要途径。但不可否认，创新具有伦理道德的二重性。得当的创新可以造福于人类，不当的创新也可能给人类带来灾难。正因为如此，创新得当主体的品格就显得尤为重要。须知，创新得当归根到底要靠创新主体的品格的培养和塑造才能最终实现。马克思说："人的本质并不是单个人所固有的抽象物。在其现实性上，它是一切社会关系的总和。"① 人格和品德就是人的社会性的重要表现。人格是指个体的人在个性、气质、品德方面的追求，属心理学的概念。因此，研究、塑造创新得当的主体品格是我们研究、提倡并实现创新得当的必然要求。创新得当的主体品格概括起来可分为三个方面，即无私无畏、有恒有爱、是是真真。

第一节　无私无畏

创新是人类社会发展的内驱动力，同时它作为一种综合素质，是一种积极开拓的状态，是潜在能力的迸发。而创新主体的品格作为一种非智力因素，能以其独到的功能对创新主体起到激发创新欲望、强化创新意识、

---

① 《马克思恩格斯选集》第 1 卷，人民出版社，1972，第 18 页。

开动创新思维、树立创新精神、增强竞争意识等作用。

什么是品格？《辞海》中解释为"品性风格"。曾钊新老师在《关于科学研究者的品格》一文中说："品格就是有品味的人格。品味就是层次，品味就是不俗，品味就是高雅，所以讲有品格就是具有高雅层次的不平庸入俗的人格。"① 笔者认为，此处创新主体的品格主要是指创新主体诸多人格特征中，能使创新主体长久地保持创新欲望和创新能力的个性品格以及对得当创新起促进作用的道德品格。

在诸多的个性品格中，"无私无畏"是创新主体进行得当创新实践的首要品格。读过安徒生童话的人一定忘不了《皇帝的新装》中的那个敢于说真话的小孩。这个小孩因为没有私心，眼中只有事实或者心中只有真理，所以才会无畏皇帝的皇权和帝威，大胆地道出大人们不敢说的事实。创新是思前人未思之事，做前人未做之事，是披荆斩棘走出一条新的路，首先要无私无畏，即不为私利去创新，不怕难，不怕压，做敢于吃螃蟹的第一人。②

一　无私

诺贝尔认为，科学研究应当为人类、为社会造福。爱因斯坦 1931 年在加州工学院谆谆教诲学习科学的青年：如果你们想使你们一生的工作有益于人类，那么，你们只懂得应用科学本身是不够的，造福人类应当始终成为一切技术上奋斗的主要目标。李四光也反复强调科技要造福人类，造福祖国。他认为，一个科学工作者，如果抱定了为祖国的富强、为人类幸福前途服务的崇高目标，在工作过程中，不断破解自然奥秘，发现新世界，创造新东西，去开辟人类浩荡无际、光明灿烂的前景，那么他的生活就会是丰富、愉快、生动、活泼的。这是科学家的博大情怀，同时也是对得当创新的主体品格的要求，即创新要无私。

创新是人类社会一个永恒的主题，是推动人类社会日益发展的原动力。人们总在自觉不自觉地进行着创造活动，在不懈创新的推动下，人类社会才得以一步一步地迈向高度文明的现代社会。创新的目的是导向，直接决

---

① 曾钊新：《伦理十讲》，湖南教育出版社，2006，第 249 页。
② 段鸣玉：《论科学创新中道德人格力量》，《华中农业大学学报》（社会科学版）2003 年第 3 期。

定着创新主体的创新责任。有的人进行某种创新是为了个人的私利，有的人进行创新则是为了国家和民族的利益，甚至是为了全人类的利益。显然，前者缺乏服务社会的创新责任感，而后者则具有高度的服务社会的创新责任感。所以创新主体的品格首先就是要有强烈的社会责任感，不为私利而创新，而是立志为造福人类而创新，唯有如此，才能保证创新得当，才能保证创新的成果有益于社会的繁荣、国家的兴盛、人类的进步。

服务社会的创新责任感，指创新主体进行创新实践的目的不是为了个人的私利，而是为了集体、为了国家和民族、为了社会、为了人类而创造，能够超越私利，以推动社会进步、造福人类为创新的最高目标。

创新是前无古人的事业，因其"新"的特色，注定了它的艰难。这种艰难既有无前人研究的套路可循的艰难，又有新事物刚出现时世人不理解不明白甚至误解嘲笑的艰难。这种艰难只有依靠创新主体的创新责任感才能战胜克服。高尔基说："一个人所追求的目标越高，他的才能就发展得越快，对社会就越有益，我确信这也是一个真理。"因为进行创新活动超越了创新主体个人私利，是为了国家、为了社会、为了人类，就不怕被误解和嘲笑，也才有可能激发创新主体内在的聪明才智。历史唯物主义认为，天才不是天赋的才能，主要靠后天的实践。马克思说过，哲学家和搬运工大脑的生理差别犹如家犬和野犬一样，哲学家和搬运工智力上的鸿沟，是后来的社会分工造成的。心理学原理告诉我们：一个人如果目标明确，理想远大，他就会充分发挥自己的主观能动作用，聚精会神，全力以赴为实现目标而奋发努力；在工作和学习时也会因热情贯注而观察敏锐，想象丰富，智力勃发，思想深刻，使大脑的工作潜能充分发挥出来，甚至产生灵感，从而大大提高工作和学习的效率。这样就可能使一个人的智慧和能力充分发挥出来，为社会做出创造性的卓越的贡献。特别是得当创新实践付出更多，要取得效益的时间更长，更需要创新主体强烈的社会责任感。进行得当的创新实践超越了创新主体个人私利，是为了国家、为了社会、为了人类，就不怕被误解和嘲笑，也才有可能激发创新主体内在的聪明才智。创新主体树立服务社会、为社会做贡献的远大理想，就能激发自己在创新的研究和实践过程中的才智的潜能，并因此不理会别人的误解和嘲笑，用自己的创新成果奉献社会，造福人类。

创新推动经济和社会的发展，特别是科技创新所取得的经济效益是显著的。在巨大的经济利益面前，创新主体的品格尤其是无私就显得特别重要。创新主体只有超越了私利，确认自己对国家的发展、社会的进步、人类的幸福具有高度的责任感和使命感，不以恶小而为之，不以善小而不为，把创新不仅要利于自己，更要利于他人、利于国家、利于社会、利于人类的思想观念贯彻落实到自己的创新实践中，才能做到不为经济利益所动，不会为了取得巨大的经济利益不顾创新成果可能产生的负效应甚至是对人类造成的损害和危害进行不当创新，才能保证创新得当，实现创新"利国、利民、利永远"的最高目的。

二　无畏

无私者无畏，无私才能无畏。如果说无私主要指创新主体确应创新的目的时所应有的主要品格的话，那么无畏则主要是指创新主体在进行创新研究、实施创新实践时所应具有的主要品格。具备了崇高的创新动机和强烈的创新责任感，创新主体在进行创新时才能无所畏惧。无畏指创新主体为了创新，不畏艰难，不怕打压，善于质疑，敢于质疑，有敢为人先的创新勇气。

不畏艰难，不屈不挠，坚韧不拔。探索性的、新颖性的创新活动，是极其艰巨的复杂活动，创新主体必须为之付出相当大的物质消耗和智力消耗，投入大量的经费、时间和精力，承担较大的经济风险、政治风险甚至舆论压力。居里夫人是在"夏天热得像蒸笼，冬天冷得像冰窖"的实验室里，花了四年时间，在人们冷嘲热讽的情境下，从重达四吨的沥青矿中提炼出轻微的放射性元素镭的；马克思是在遭受种种政治迫害，成为"世界公民"，甚至连温饱也难以保证的艰难境况下从事无产阶级革命理论学说的创立的；安徽凤阳小岗村15位农民为其"家庭联产承包责任制"的创举不得不订立"生死契约"；而血液循环论创立者哈维甚至为其创新付出了生命的代价。创新主体在创新时所面临的艰难主要包括两个方面。一方面是创新的探索性，创新活动是没有现成的规范和方式可依、没有现成的经验可循的活动，一切靠摸索，所以艰难。另一方面是创新意味着风险，可能代表着失败，因为可能要经历几万次乃至更多的失败才能成功，所以艰难。一般来说，不同的创新活动，其探索性领域是不一样的。对基础自然科学和人文科学而言，探索的是人类的未知领域，其客体一般是前人没有认识过的未知客体，它探索的是人类未知客体的奥秘；在科学技术的发明、艺术形象的塑造以及社会发展方针政策、制度的制定上，其探索性是指认识在客观事物本质和规律的基础上，创造和组合新的观念形态和观念体系，它没有现成的、具体的客体为其反映对象。而且创新作为一种探索性活动，探索的是新领域，结出的是具有新质的果。它开拓出新的活动领域，增加新的知识经验，产生新的思维方式、认识方法和新的行动方针、步骤、制度、制造出新的器物等。唯其新颖，才能超过前人，有所突破，有所前进。也因其新颖性的本质特征使创新主体进行创新活动时特别艰难。因创新活动的探索性、新颖性都要求创新主体具有在困难风险面前不低头的大无畏精神和面对险阻、失败的坚定信心，所以马克思说："在科学上是没有平坦大路可走的，只有在崎岖小路的攀登上不畏劳苦的人，才有希望达到光辉的顶点。"①

不怕打击和压制。创新活动要突破旧的思维模式和心理定式，以新思路、新办法、新经验来分析解决现实问题，这些都意味着创新主体会遭到来自传统保守势力和权威的阻挠和压制。世界是一个不断变化的世界，是一个新事物不断代替旧事物的过程，是一个永远没有完成的世界。面对"无物常驻，一切皆流"的大千世界，面对新的机遇和挑战，人类不能完全依靠过去形成的理论和经验，而必须不断探索、不断进取，以找出新办法来解决新问题，开创新局面。因此，不断进取和创新是人类生活最本质的状态。但在一个时期内，当创新主体尝试创新时，传统保守势力会因为怕涉及自己利益的改变，想方设法予以阻挠。因为现状对他们来说是有利的，而新局面、新世界势必打破这一切。由于在漫长的历史进程中形成了崇尚权威的价值观，人们在思考问题时，都尊崇"权威"，都要沿着"权威"的范围，顺着它的脉络去思考，相同则是，不同则非，否则就是藐视权威，胡说八道。权威也对新提出的思想、理论、设想以不成熟等理由予以压制，只允许继承现成的结论，停留在对已有成果的理解和模仿上。面临传统保守势力和权威的阻挠和压制，创新主体须具有不怕压制的品格，具有坚定的自信心。李大钊说："青年之字典，无'困难'之字，青年之口头，无'障碍'之语。"任何一个正常人都有无可估量的正待开发的创新潜能，只是由于环境、机遇、挫折、条件以及本身的怠惰、心境、文化素质等各个方面的影响，使人的潜在的创新能力没有充分发挥出来。特别是遭到外界压制时，主体不怕压制的品格显得尤为重要，要做到巴普洛夫所宣称的

---

① 马克思：《致莫里斯·拉沙特尔公民》，《资本论》第一卷法文版序言，1872。

"如果我坚持什么，就是用炮也不能打倒我"。只有这样，才能大胆提出设想，坚持自己的想法，才能承受来自各方的非难，才有可能创新，才有可能成功。

敢于质疑，善于质疑。质疑是能够对一个事物或一种理论从不同角度提出各种问题的个性品质。提出问题是创新活动的第一步。亚里士多德讲过："思维是从疑问和惊奇开始的。"学起于思，思源于疑，疑则诱发探索，从而发现真理。科学发明与创造正是从质疑开始，从解疑入手的。敢于质疑、善于质疑是大无畏品格的一个重要组成部分。质疑是善于寻找事物产生的原因，探求事物发展的规律。一个好的问题，往往能够促使创新主体产生强烈的探究动机，引发创新主体对所发现问题的思考与探究情感，并促使其以自己的方式去探索和发现，而创新主体以自己的方法去思考和深究问题的根本的过程就是创新。马克思的"怀疑一切"，就体现着对传统习俗和落后观念的大胆批判的创新精神。爱因斯坦曾讲过一段精辟的话："提出一个问题往往比解决一个问题更重要，因为解决一个问题也许仅仅是一个科学上的实验技能而已，而提出一个新的问题、新的可能性以及从新的角度看旧的问题，都需要创造性的想象力，而且标志着科学的真正进步。"质疑就是敢于挑战以往的观念和体系，提出新的设想，在"学而多疑"的过程中，增加自己的新见识，提出自己的新创见，然后实现新的突破。①

总之，无畏的品格，就是要有敢为天下先的精神，敢于提出别人没提过的观点，干出别人没干过的事。面对机遇，敢于争先；面对艰险，敢于探索；面对落后，敢于奋起；面对竞争，敢于创新。

当然，在无畏的同时，创新主体也要有所畏。这种畏惧主要体现在畏法律。即使"无私"，即使是为大多数人谋利益的"好事"，创新也不能违法，必须坚持在国家的宪法和法律的范围内进行创新活动。还有一畏就是畏群众和舆论。创新是一种突破性活动，尤其在涉及"得当与否"时要接受群众和舆论的评价和监督，真正实现利国、利民、利永远。

三 无私无畏品格的培养

创新是人的本质之一，它是一种以脑为主、以体为辅的高质量的艰险性劳动，因为其复杂，要求主体具有无私无畏的品格。创新主体作为既有

---

① 曹前有：《论怀疑的创新品格》，《云南社会科学》2004 年第 5 期。

社会性又有个性的生命存在，品格是可以培养的。可以说，品格的形成是由多方面因素影响和决定的，它是一项复杂的系统工程，它蕴藏于特定的环境之中。无私无畏品格的培养，可从以下几个方面进行探索。

加强人格修养，树立远大的创新理想。人格修养是人格主体依据高尚的人格理想所进行的自我锻炼和自我改造，以及通过学习和实践所达到的道德水平。创新活动要取得成功，仅有强烈的好奇心、大胆的创新意识是不够的，要树立远大的创新理想，增强创新责任感。创新是为了个人还是国家、社会、人类，这会涉及创新理想的问题。创新主体只有不断加强修养，提高修养层次，树立正确的世界观、人生观和价值观，才能在创新活动中体现无私品格，把创新作为服务社会、造福人类的事业来进行。

树立强烈的创新责任感。对社会有无责任感，是检验创新主体人生境界高低的尺度。创新的社会责任感不是抽象的，具体体现在对他人、集体、国家、社会的情感、态度、责任和义务上，要使创新主体在进行创新活动时心系社会、胸怀祖国。在这里，要特别强调的是要使创新主体常怀感恩之心。感恩是人与人之间的和谐因子，它是发自心底的感激，而不是为了迎合他人而表现的虚情假意。要促使创新主体以感恩之心回报他人、回报社会。同时要引导他们进一步增强社会责任感，除了感恩，要让他们意识到，他们所进行的创新活动不是生活在真空中，不用计较后果，而是用于造福社会和全人类的。创新主体的社会责任关系到整个社会的道德取向和道德规范，这一群体的社会责任在于：面对各种新技术成果时，不能忽略新技术本身涉及的种种现实及潜在的危险，必须正确地利用创新成果为人类造福，维护人类的生存和发展，最大限度地避免由于创新成果的使用不当而给人类带来的负面影响。譬如面对生态伦理问题，创新主体的社会责任至少应包含两个方面：一是应对其科学研究行为的本身负责，即在研究中一旦意识到其结果会对人类构成威胁或伤害，就应当自觉约束乃至终止研究；二是应对其社会行为负责，即把已经认识或预见到的由研究带来的各种可能后果，负责任地告知公众。

营造民主、平等、和谐的氛围，培养创新主体无畏品格。美国著名心理学家罗杰斯曾说："学生只有在紧密、融洽的师生关系中，才能对学习产生安全感，并能真实地表现自己，充分地展示自己的个性，创造性地发挥自己的潜能。"同样，创新主体也只有在民主、平等、和谐的氛围中，才能感受到爱和尊重，才会思维活跃，大胆探索，敢于质疑，标新立异，才能既尊重权威又敢于挑战权威，树立创新意识。马斯洛发现，有些具有独创性的自我实现者"无一例外地都可称为是民主的人"，"都具有显著的民主特点"。他指出："他们不仅具有这个最明显的品质，他们的民主感情也更为深厚。例如，他们觉得不管一个人有什么其他特点，只要某一方面比自己有所长，就可以向他学习。在这种学习关系中，他们并不试图维护任何外在的尊贵或者保持地位、年龄之类的优越感。甚至应该说，我们的研究对象都具有某种谦卑的品质。……正因为如此，他们才可能毫不装腔作势地向那些可以向其学习的，在某些方面较自己有所长的人们表示真诚的尊重甚至谦卑。"① 有这种谦虚的态度，"有容乃大"的人文情怀，才能尊重不同的见解，容纳不同的观点，使创新主体的创造精神充分发挥。

第二节　有恒有爱

创新是人的本质之一。需要是创新的原动力。自然界不能完全自发地满足人的需要，人类不可能像动物那样依靠本能躺在大自然的怀抱中繁衍生息，正如列宁所言："世界不会满足人，人决心以自己的行动来改变世界。"人类必须使用自己的智慧创新自然（包括改造自然和创造自然），并在此基础上，创造人类社会和文化世界，以满足自身的物质、社会和文化诸方面的需要。创新不仅源于人的客观需要，进一步说，它源于人类的内在本性即人类永不满足和好奇的心理欲求。而创新的艰险性、复杂性决定了创新主体除了要对创新工作和创新过程热爱之外，还需要持之以恒的品格。有爱才能克服创新路上的艰难坎坷，有恒才能坚定意志，才能将创新进行到底。

一　有爱

人的情感是丰富多彩的，情感在创新认识中起着重要作用，这主要表现为对认识活动的激励作用、对认识对象的选择作用、对认识信息的加工作用和对认识成果的评价作用。只有重视情感作用，人的创新能力才有最基本的保证。在情感因素中，爱对创新尤为重要。有了对创新本身的热爱，对创新工作和过程的热爱，创新主体才能孜孜以求，才能突破禁锢和约束，

---

① 马斯洛：《动机与人格》，华夏出版社，1987，第 321 页。

才能不断地拓宽创新领域。

创新主体对创新的爱首先体现在对创新的兴趣上。创造动机是推动创造者进行创造活动的动力，直接决定了创造主体从事创造活动的期待、对结果的评价和体验，并进而影响其从事创造活动的积极性的创造力的发展。[①] 而个体对活动的浓厚兴趣是动机的根源，从其所从事的活动中获得无穷的乐趣，是高创造性人才的共同特征。兴趣是人们有选择地、力求发现或探索某些事物的个性特征。创新主体只有对创新产生了浓厚的兴趣，才会产生强烈的求知欲，才会如饥似渴地学习和钻研，而且这种持久的兴趣还会支持他们勇于克服探究路上的艰难险阻，引导他们矢志不渝、孜孜以求。兴趣也是创新主体热爱创新工作和过程的第一表现因素。当创新主体对创新本身感兴趣时，他本身的创造力会被创新工作的挑战所激发并大大增强。

同时，对未知世界的好奇也是创新主体"爱"创新的又一表现。好奇心是人本能的第一心理动力，英国著名科学家贝弗里奇说："也许，对研究人员来说，最基本的品格是对科学的兴趣和难以满足的好奇心。"爱因斯坦说："我并没有什么特殊的才能，只不过喜欢寻根问底的追究问题罢了。"创新主体"爱"创新在好奇心上的表现为创新好奇心。创新好奇心由探索未知的好奇心和揭示未知的好奇心构成。它对创新主体进行创新具有重要的作用：它可以激发创新主体探索未知的原动力，因为有了理解和追求未知的强烈愿望而产生的创新好奇心，创新主体才会对广泛未知而又被忽视的未知事物产生强烈的进行深入探究的第一心理动力，才会去想探索未知，才会"明知山有虎，偏向虎山行"，"越是艰险越向前"，它可以激发创新主体大胆提出新的问题。同时，它可以引导创新主体创新的方向和目标，有助于引导探索和解决未知问题，爱因斯坦以他自己的创新实践阐述了创新好奇心在确立创新方向和创新目标中的作用，"谁要是体验不到好奇心，谁要是不再有好奇心，也不再有惊讶的感觉，他无异于行尸走肉，他的眼睛是模糊不清的"[②]。

除了兴趣和好奇心是创新主体对创新"爱"的体现外，创新主体对生命和创新工作本身的热爱更是有"爱"的直接表现。热爱生命是一门每一

---

① 俞国良：《创造力心理学》，浙江人民出版社，1996，第 260 页。

② 《爱因斯坦文集》第 3 卷，商务印书馆，1979，第 67 页。

个人都要研读的科目。只有热爱生命，才会珍惜自己和别人的生命，才能对周边的事物有一种珍惜和热爱的情感，才会对周遭事物好奇，才会想创新去改变现状和解决问题。点燃创新主体的生命情感，事实上，就等于给了他创新的不竭动力。创新主体喜欢、热爱创新工作和创新过程中蕴涵的挑战、艰险，喜欢体验创新成果所带来的成就感，也是热爱创新的表现。创新主体勇于对问题承担责任，并选择富有挑战性的艰难任务，热衷于从事富有开创性的工作，有征服困难的强烈愿望，这些因素决定了他们会热爱创新，因为在创新过程中他们会面临巨大的挑战，获得更多的创造机会。

二 有恒

创新活动是一个艰苦的过程，不仅要在思维上突破常规，在行为上不同寻常，而且还需要忍受问题未明朗之前的漫长的实践和"试误"，这一过程充满了艰辛和困苦。① 因此，创新者必须具有自制力和顽强的毅力。一方面，要为既定的目标进行坚持不懈的努力，另一方面，要勇于面对创新活动中常见的失败和挫折，不能畏惧过程中的失败，要通过对一个个失败的战胜最终达到成功。因此，要求创新主体具备坚忍的意志品质——有恒。只有自控自律、严谨细致、一丝不苟、百折不挠、持之以恒、愈挫愈坚，才能排除各种干扰，自觉朝着创新目标不断迈进。创新主体如果没有坚定的意志、顽强的毅力，就很难开发出他的创新力。在创新活动中，常常是谁能坚持到最后一步，谁就会突然发现一条畅通的道路，最终获得成功。

创新主体的有恒品质主要体现为坚韧性、自制性和吃苦精神。心理学认为，意志是人有目的地自觉地组织自己的行为，并与克服困难相联系的心理过程。意志力是个体对自愿选定的目标全力以赴的心理力量。② 创新活动是一项考验人的意志的艰苦劳动，在创新过程中主体会遇到很多难以想象的困难，往往要面临反复的挫折失败，有时候要承受巨大的社会压力。意志力是保证创新主体战胜这一过程所不可缺少的品格条件。坚韧性是以坚强毅力、顽强精神面对困难，持之以恒，百折不挠地向既定目标前进的品质。③ 著名数学家陈景润曾说："攀登科学高峰，就像登山运动员攀登珠

---

① 桑春红：《创新人格是当代大学生的理想人格》，《黑龙江高教研究》2008年第4期。
② 龚怡祖、周献：《再论创新人才的素质特征》，《现代大学教育》2003年第2期。
③ 张晓明、郗春媛：《大学生创新人格核心特质研究》，《高等教育研究》2002年第2期。

穆朗玛峰一样，要克服无数艰难险阻，懦夫和懒汉是不可能享受到胜利的喜悦和幸福的。"创新是一个向未知领域寻根究底并有发现和成果的过程，这个过程是漫长的，更是艰巨的。当面临困难，创新主体能凭借这种坚韧不拔、持之以恒的毅力去攻克一个个难关，达到"山重水复疑无路，柳暗花明又一村"的境界。① 如果创新主体缺乏坚强的毅力，被困难吓倒，半途而废，就不可能有灵感和机遇的降临，更不可能有创新的成功。只有意志坚强的人，才敢于坚毅地进行探索，无畏地面对一切艰难险阻，在各种强大的压力下仍能坚持独立创造的思想与行为，才能获得创新的成果。

自制性是一个人能控制和协调自己的欲望或情绪干扰，以保持充沛精力去克服困难，摆脱逆境的心理品质。它是自己对自己的情绪感知和控制的能力。但自制性并不是对自身的无条件压抑，而是建立在和谐、自由的基础上的自我控制。斯坦伯格认为"忍受模糊的能力"是创造者的必备关键人格之一。推孟在《天才的发生学研究》一书中对 150 名最成功者和最不成功者进行分析后发现，最成功者和最不成功者之间差别最大的是四种品质：取得最后成果的坚持力；为实现目标不断积累成果的能力；自信心和克服自卑感的能力；社会适应能力和实现目标的内驱力。这四种品质都和人的自制力有关，在创新过程中自制力发挥的作用尤为明显。创新型活动或创造性地解决问题是一个需要耗费大量时间和精力的过程，需要对人物或问题情景的条件、目标及其联系保持高度集中的注意力、高度的耐力或韧性，也需要自我认知资源的合理投入或调配。这些都要求创新主体能调控好情绪，使自己不受外界影响，倾注精力专注于创新工作和创新过程；同时创新主体还要有明确的自我认识，进行自我监控，使自己所从事的创新活动、工作实现造福人类的最高目的。

创新主体还要具备与克服困难相联系的吃苦精神。任何形式的创新都不是从天而降的，灵感虽有突然性，但也是苦思冥想、刻苦追求而出现的思维火花，更何况灵感变成现实的过程也是充满艰辛的。创新主体克服困难，体现在进行创新活动中既要克服外在的困难，如任务具有挑战性及解决问题的条件不充分等困难，也要克服内在的思维定式、知识经验不足及经受打击的困难。因此，创新主体要具备吃苦精神，才能克服内外双重困难，才能敢于到地狱中去窃取神火，到黑暗中去探求光明。一个人如果不

① 段鸣玉：《论科学创新中的人格力量》，《华中农业大学学报》（社会科学版）2003 年第 3 期。

能吃苦，他就会害怕困难、害怕失败、害怕旁人的嘲笑，他就会缺乏追求真理的勇气，因而只能在创造的大海边徘徊，无法获得瑰丽的创造珍宝。

三　有恒有爱品质的培养

要做出比较大的创新贡献，创新主体要有恒有爱，要对世界的未知领域保持好奇心，要有创新兴趣，有坚韧不拔的毅力，有"十年磨一剑"的恒心。而有恒有爱品质不是生来就有的，只有经过后天的培养和有意识地锻炼方能获得。

培养主体好奇心，促使创新主体保持创新活动的兴趣。创新是在一定目的的指引下主体重组和运用已有的信息，创造性地解决问题，生产出具有个人或社会价值的产品的活动。在此意义上，目的性或自觉性是创新活动的首要标志。而培养创新主体对创新活动的兴趣，是确立持久的创新目的的重要前提，换言之，稳定的兴趣是稳定的创新目的形成的内在根据。要培养创新主体对创新活动的兴趣，首先要从培养强烈的好奇心入手。好奇心是促使创新主体去观察、探索新奇的事物从而获得对这种事物的了解的一种原始冲动，一向被视为人类探索精神的源泉。强烈的好奇心也是一种强有力的内部动机，对人的创造性活动具有巨大的推动作用，它不但对培养人的学习动机与兴趣具有重要意义，事实上它还影响一个人的发现能力。牛顿正是由于好奇心而对苹果落地这样一个司空见惯的现象感到困惑并穷追不舍，最终导致他发现了万有引力定律。好奇心促使人们了解世界，使人们乐于面对现实和预测未来，不拘泥于传统和过去，能有效地利用前人的世界去创造未来的新生活。因此，要引导创新主体关注自然和社会的各种问题，对自然界和社会中的各种现象保持好奇心，对人们习以为常的现象感到困惑并产生疑问，对不了解的事物产生一种新鲜感和兴奋感，并且为了弄清事物和事物之间的关系而提出各种问题。在此基础上，创新主体不断进取并渴求有所发现。即创新主体在解决问题之初，会不满足于已有研究对问题的解释，希望能够对问题有新的发现；在解决问题的过程中，会不满足于自己已取得的成果，而是希望能够进一步深入研究，更好地解决问题，有更大的发现。要肯定和鼓励创新主体的好奇心，尊重他们与众不同的疑问和观念。

培养创新主体进行创造性活动的意志品质。创造性的意志品质是指个体自觉地确定创造活动的目的，然后克服自身和环境的障碍或困难，坚持努力，实现预定目的的心理品质。它是个体意志活动的创造性的长期积淀。世界上大凡伟大的发明创造，都是通过长期的艰苦努力、克服重重困难而取得的，只有不怕困难，经得起磨难，具有顽强的意志力和毅力才能取得成功。司马迁花费十五年写成《史记》；马克思为了写作《资本论》花了40年时间收集资料，阅读并做过笔记的著作达1500多种，写的笔记达20多本，为了工作的需要还学习了多种外语。要培养创新主体的创新毅力，就要让创新主体认识创新活动是一项艰苦的劳动，要想获得成功，必须付出艰辛的汗水，要着力培养创新主体对科学真知的不懈追求，在创新的道路上知难而进，不畏挫折，勇于冒尖，敢为人先。培养主体创造性的意志品质主要从两方面入手：一是进行吃苦锻炼，二是去除浮躁风气。进行吃苦锻炼，不仅在学习上进行，还要在生活上同时进行。实践证明，在越困难的环境下，越有超越能力的人，才是越有希望成功的人。现在社会大环境还比较浮躁，急功近利的风气还比较浓，这在一定程度上影响到创新主体，他们希望创新能立竿见影。因此培养创新毅力，还必须帮助创新主体去除浮躁风气，静下心来搞研究、搞创新，要耐得住寂寞，要经得起挫折，在创新上要有坚持力，不能半途而废，在逆境中仍能保持创新感情和毅力，对创新坚韧不拔地追求和探索的人，才会最终到达成功的彼岸。

第三节　是是真真

　　人在自己的创造性活动中面向着客观世界，以客观世界的转移来规定自己的活动。人的这种能动的创造性活动本质在于对不会主动地满足人的需要的世界进行利用和创造，从而使世界能够满足自己的需要。而在创新的过程中，难免会遇到各种障碍，既有外部的，也有内部的。在遇到重重阻碍时，创新主体——人要勇于和善于求真，要锲而不舍、执着探索，要积极追求真理，敢于坚持真理；要实事求是，用真诚的态度去认识客观世界，掌握客观世界的规律，即具备是是真真的品格。只有这样，才能在创新活动中真正消除人对事物的盲目无知，有效地改造客观世界，实现由必然王国向自由王国的跃迁。

一　是是

　　创新是人类实现从必然王国向自由王国跃进的杠杆，也是人类改造世界，使世界更好更多满足自己需要的重要手段。人类在创新活动过程中同样也需要发现、获得和掌握真理。而真理作为主体对客体的正确反映，是在实践基础上得以产生、检验和发展的，它的发现、获得以及得到人们认同和普及不是那么容易和一帆风顺的。因此，作为创新的主体在创新过程中具备发现真理，肯定、追求真理，按规律办事的品格，即具备"是是"的品格显得尤为重要。

是是，前一个"是"是动词，具有肯定、追求、赞颂、提倡之意；后一个"是"指真理规律，是指符合客观实际情况和合乎规律的认识和行为。概而言之，是是指的是肯定对的，许多时候，我们已经接近了真理，但因为缺少坚持而离开了真理。通往真理的道路不会一帆风顺，人们要做到如实地反映和揭示事物的本质和规律，发现真理并不是一件简单的事情，并非只要有唯物主义的客观态度就足够了。关键要看我们能否对真理持有肯定的态度，不能因为人们没有认同就去否定符合客观实际情况和合乎规律的认识和行为。

（一）要发现真理必须做到实事求是

要发现和获取真理，一个十分重要的方面是认识和掌握客观实际的规律，做到实事求是。创新主体在创新过程中必须实事求是，创新与实事求是是内在统一的。[①] 首先，创新与求是有着内在的统一性。两者都是对客观规律性的把握，都需要主观能动性和在实践中进行、发展，其科学性最终也有待实践的检验。其次，创新就是实事求是。创新就是实事求是的深化和高级阶段。人们关于事物的认识带有一定的条件性，要想获得事物在当前时空中的科学的、全面的认识，就必须解放思想，抛弃原有的关于事物的局限性的认识，这也决定了人们绝不会满足于自己的认识，完全消极地适应客观事物的发展，不会满足于关于事物在当前时空中运动、发展的规律的认识，而是发挥主观能动性，借助科学的方法和思维形式，对未来事物做出预测、推断，形成关于未来事物的全面科学的认识，为未来的实践设定正确的导向，因此创新是在实事求是的基础上进行的。因此，实事求是与创新是内在统一的。总而言之，创新要发现事物的新规律、新属性、新关系，就必须实事求是，只有坚持实事求是，才能创造性地开展活动；

---

① 马建民：《实事求是与创新的辩证统一》，《探索与求是》2002 年第 8 期。

创新要持续有效地改造世界，就必须坚持一切从实际出发，理论联系实际，在实践中检验和发展真理。

创新主体在进行创新时遵循的"实事求是"，要求创新主体崇尚客观性和求实性，以客观事物为尺度，以客观世界为认识对象，排除一切来自客观的和主观的干扰，尽最大可能认识事物的本来面目，只有这样，创新才能在已有事实和状态的基础上，实现超越，形成新观点，有新的发现和发明，形成新的成果。

发现和获取真理要做到实事求是，一是要有实事求是的勇气。这是因为，发现真理要有勇气。实事求是、追求真理的过程是一个充满艰难曲折的过程，需要主体正视险阻、直面挫折而前行，而这首先是要有勇往直前的勇气。再者，坚持真理也要有勇气。真理总是和谬误相比较而存在、相斗争而发展的。要实事求是，就要坚持真理；要坚持真理，就既要让自己丢弃私念、服从真理，也要和谬误做斗争，使别人服从真理。这都是要有勇气的，有时甚至要有不惜牺牲一切的勇气。个人主义者不可能有实事求是的勇气。刘少奇同志曾经指出，在我们党内，"有一种人，虽然了解情况，但不敢说老实话，怕说了受打击，……这种人勇气不够、被迫说了些假话。还有一种人，如果要实事求是，那就得承认错误，就要作检讨，就要受批评，他怕面子不好看，因而不敢实事求是"①。这两种人不能实事求是的主要原因在于其言行准则是不损害个人利益，是以自我为中心考虑问题的。因此，提高实事求是的勇气，必须从克服个人主义着手。二是要有实事求是的坚强意志。意志是人们为了达到既定的目的而自觉努力的心理状态。要提高实事求是的水平，就要有实事求是的坚强意志。主体有了这种意志，就会百折不挠，就会自觉一贯地去求真求实。要具备这种意志，首先要对"实事求是"的概念有深刻的理性认识，把握其科学性，进而逐步培养和提高对行为结果实事求是与否的判断和评价能力，并在多次这样的评价活动中培养出对实事求是的行为和结果的好感，对不实事求是的行为的恶感。这种好恶倾向不断强化的结果，必然使主体内心萌发坚持实事求是的信念，同时也形成了体现这种信念的实事求是的意志，即主体在坚持实事求是的过程中所表现出来的自觉地克服一切困难和障碍做出积极抉择的力量。三是要防止认识的选择性影响。因为客观事物的诸方面中往往

---

① 中央文献编辑委员会：《刘少奇选集》下卷，人民出版社，1985，第438～439页

有某一部分或几部分特别引人注意，再加上各人背景、兴趣和经验不同，主体对客观事物诸方面的认识往往不是全面吸收，而只是有意无意地、"各取所需"地、有选择地反映其中一部分或几部分，即所谓"仁者见仁、智者见智"。这是人的认识的选择性特征。要提高实事求是的水平，主体就要有意识地注意防止认识的这种选择性影响，减少认识的片面性。同时还要防止"成见"的干扰。成见是对人或事物所抱的固定不变的看法。成见难免成为偏见。俗话说，"偏见比无知离真理更远"，一个对自己认识对象持有偏见的人就不可能把感性认识正确上升到理性认识，就不可能提高实事求是的水平。

（二）要发现真理必须按规律办事

要发现真理除了实事求是，认识和掌握客观实际的规律外还有一个重要的方面就是按规律办事。规律是客观事物本身所固有的内在的、本质的、必然的、稳定的联系。世界上一切事物的运动、变化和发展都是有规律的。人类要实现由必然王国向自由王国的飞跃，使自己真正成为自然界、社会和自己本身的主人，就不仅要自觉地认识、把握利用自然规律，而且要自觉地认识、把握和利用社会规律。人类对客观规律的认识，决定了人追求真理的重要性和必然性。也就是说，人为了自觉地、全面地认识、把握和利用客观规律，以实现自己"创造性活动的目的"，构建自己的"理想世界"，才不惜辛劳和汗水去探索和寻找真理。人们在千百次的创造性活动中确证，遵循客观规律、按客观规律"规定自己的行动"，就会取得成功，实现自己创造性活动的目的；反之，蔑视或违背客观规律，就会遭到客观规律的无情惩罚，使创新性活动失败。这就昭示人们：人类的一切活动都离不开真理的指引，人们只有掌握了真理，才能有效地改造客观世界。因此，人们对真理的追求，不是生命的本能冲动，而是出于改造世界、实现人类美好理想的高度理性自觉。可以这样说，人类对客观世界认识的程度越深、范围越广，所获得的真理越多，对真理的认识越深刻，对真理的实际运用方法掌握得越全面，人类自身的本质力量就越能得到提升和增强，驾驭客观必然性的能力就越大，就越能实现由必然王国向自由王国的更大跃迁。

创新是在没有路的地方探出一条路来，在创新过程中难免会遇到各种障碍。无论是外部的困难还是人的内部障碍，最有效的性格品质就是独立和自主。陈寅恪先生认为，做学问其他的事情都是小事，唯有自由精神、独立人格是大事。人格独立性是思维独立性的前提，而思维独立性是突破范式，产生创见的核心条件，也是能敢于坚持真理的有力支撑。创新主体敢于坚持真理、捍卫真理就是不满足已有理论、不屈服于任何外在的压力而放弃自己的主张。独立性是指不易顺从别人或屈从外界压力而改变自己，坚持自己对事物的态度，追求自己特有的价值取向的心理品质。它表现为我们处理问题的自主精神，分析和解决问题的独立思考、独辟蹊径的品质。它在创新的过程中发挥着重要的作用，为创新主体从事创新活动树起了人格上的支柱，扫除了思想上的障碍。量子力学问世以前，大多数物理学家都认为物体是独立存在的，然而量子力学的创立者玻尔的研究却表明，粒子之间有一种好像有意识的合作能力。可贵的是，玻尔并没有因为当时最伟大的科学家爱因斯坦反对这一学说就放弃自己的理论探索。创新主体在坚持真理、捍卫真理时，对自己的自信也很重要，而自信心也是独立性的一个表现。试问如果创新主体自卑，还未同反对者真正"交火"，在自己这里就已经举手投降，从思想上败下阵来，就更谈不上与大多数人辩论交火了。只有创新主体相信自己的能力和水平，相信自己最终会胜利时，才会有坚持真理的动力和勇气。

当今，当创新已成为大家的共识，无处无时无人不在说创新时，如何进行得当的创新，如何使创新真正造福人类而非追求利润，创新主体坚持真理、捍卫真理的品格显得特别必然和重要。只有创新主体坚持真理，在进行创造性活动时，服从自然规律和社会规律，并自觉、全面掌握和利用自然规律和社会规律，不随心所欲地追求利润和短期利益改造客观世界，而是得当创新，才能使客观世界和人类社会和谐持续共进。

（三）要发现真理必须敢于否定谬误（即非非）

人们在探求真理的过程中，无法回避谬误，真理和谬误是人类认识中的一对矛盾，在人的认识过程中，谬误无时无刻不伴随着真理，真理就是同谬误相比较而存在、相斗争而发展的。① 可以这样说，人类认识的发展史，就是一部真理同谬误斗争的历史。相应的，创新主体具备"是是"品

---

① 毛泽东同志曾经在《关于正确处理人民内部矛盾的问题》一文中指出："正确的东西总是在同错误的东西作斗争的过程中发展起来的。真的、善的、美的东西总是同假的、恶的、丑的东西相比较而存在，相斗争而发展的。……这是真理发展的规律，当然也是马克思主义发展的规律。"真理在人类认识史上就是在同谬误作斗争中取得和发展的。

格的另一方面就是"非非",即敢于否定谬误,纠正错误,获得真理。而要做到敢于否定谬误、纠正错误从而获得真理,创新主体就要具备怀疑的品格。怀疑作为一种认识的手段,是通过对传统学说、观念和已有理论的琢磨、推敲和疑问,通过问题来推动认识的发展;怀疑作为理论思维的一种形式,是根据已被确认的科学认识和内在信念,对已有的认识成果所做的一种辩证的否定,通过推陈出新,把真理推向一个新的发展阶段。创新主体敢于"非非",就是排斥对任何教条、迷信和权威的盲目崇拜。任何真理性的认识都是绝对真理与相对真相的辩证统一,"今天被认为是合乎真理的认识都有着它隐藏着的,以后会显示出来的错误方面,同样,今天被认为是错误的认识也有它合乎真理的方面"①。这就要求创新主体通过怀疑来对已建构的科学理论体系进行甄别和选择,保留其合理的内核,抛弃那些不合时宜的成分,并质疑一些悬而未决的问题,促使人们对它重新进行探索与思考。创新活动总是指向未知领域,创新的结果总是要实现对原有认识界限的突破和对原先认识成果的超越,创新的这种超越就是通过怀疑这一中介实现的,"科学之最精神的处所,是抱怀疑态度;对一切事物,都敢于怀疑,凡无真凭确据的,都不相信。这种态度虽然是消极的,然而有很大的功劳,因为这种态度可以使我们不为迷信与权威的奴隶。怀疑的态度是建设的,创造的,是寻求真理的唯一途径"②。创新主体要获得真理,也要正视谬误,敢于通过怀疑否定谬误。如果哥白尼不对地心说提出怀疑,他怎能提出日心说?如果爱因斯坦不对以太的观念提出怀疑,不对牛顿的时空观提出批判,他又怎能提出相对论?创新的过程是扬弃与超越的过程,也是创新主体同谬误做斗争获得真理的过程,它必然要经过怀疑这一关隘。

另外,创新主体进行创新过程中面临大部分人坚持真的"非",并且还很顽固时要能执着地肯定对的,用"是"(真理)来否定"非"。"非"在这里指的是不符合客观实际和不符合客观规律的东西。在人类文明进程中,人类处在不断的先认识接着否定然后获得新的更正确、更符合客观实际的认识的过程,在这一过程中某一阶段"非"可能得到大多数人的认同,大家都按照这个"非"来进行自己的实践活动。虽然与客观实际和客观规律

① 《马克思恩格斯选集》第4卷,人民出版社,1972,第240页。
② 《胡适文集》第3卷,人民文学出版社,1998,第289页。

不符，但它也是人类对客观实际的真实的认识，在一定时期它可能是对的或者部分是对的或者在某一特殊情况下是对的，但当人们的认识水平得到提高后发现它是不符合实际和规律时，需要创新主体用"是"（真理）来否定"非"。

二　真真

世界上任何事物的发展都经历着一个从新到旧、从旧到新的循环过程。任何新事物的生成都不是凭空而来的，都不能不在旧事物中孕育、发展，都不能完全脱离旧事物。因此，创新绝不能忽视已有事物的存在，而必须以它为起点，进而研究新旧之间的对立和统一。创新必须从实际出发，遵循客观规律。任何创新都必须从实际出发，否则创新是没有意义的，是名副其实的异想天开。另外，创新就是创造新事物。这个"新"是靠人们创造出来的，不是自然而然地产生出来的，是通过人的主观能动性推陈出新得来的。创新主体进行创新就必须先根据客观事实，以真诚的态度对待客观世界，去伪存真，即具有"真真"品格。

"真真"，前一个"真"指的是创新主体一种对真相和客观世界真诚的态度；后一个"真"是指客观的或作为对象的真实存在，即客观事物的本真状态。概而言之，"真真"指的是创新主体对客观世界或客观事物的本真状态（真相）具有的真诚的态度。创新过程中创新主体除了发挥主观能动性之外，还有一个非常重要的方面就是是否真实反映客观事物，能否坚持反对以假为真，反对作伪。创新主体在创新过程中必须实事求是，并且真诚地坚持和维护真相。实践证明，一切根据和符合于客观事实的思想是正确的思想，一切根据正确思想的做法或行动是正确的行动。

（一）"真真"要求创新主体在创新活动中不弄虚作假

"科学是老老实实的学问，来不得半点虚假"（华罗庚语）。"真真"的品格要求创新主体具有严谨的作风。在探索科学真理的过程中，由于自然界的各种事物具有无比复杂的内部结构和无限丰富的外部现象，它至大无外、至小无内，人们只有通过各种形式的实践与认识活动，才能逐渐建立精确的公式、定律，形成严密的科学理论。缺乏严谨的品质和作风，是不可能做出重大科学发现的。同样，在创新过程中，由于创新的艰巨性和复杂性，如果创新主体不求实，没有严谨的品质和作风，也是不可能战胜障碍，实现超越，形成创新成果，从而造福人类的。任何创新思维的结果最初都可能被认为是不可思议的，因为真正的创新思维都一定是超前性思维。这种超前看起来可能真有点"不可思议"，但只要基于客观现实，就包含着必然性，是以对客观规律的正确认识作为基础的。这种思维活动大胆，但又严格坚持科学态度，其最终的探索成果自然"使我们的思想和行动更加符合客观实际"。① 因而创新思维的唯一途径就是认真地研究客观事物。事实证明，对于客观规律研究得愈透彻，创新思维就愈能成功。② 在这个问题上任何人都不要幻想成为创新领域的"暴发户"，不允许半点虚假和夸张。而现在在学术界心浮气躁、急于求成、弄虚作假、欺上瞒下、不实事求是的现象屡见不鲜。在这种情况下，创新主体坚持真理、不弄虚作假就显得尤为重要了。

(二)"真真"要求创新主体具备真诚品质

真诚是一个较抽象的概念，所谓"真"，就是不虚伪；所谓"诚"，则是善待人。真诚与虚伪、虚假相对。创新主体在进行创新活动中除了要实事求是，还要真诚地坚持和维护真相和事物的本真状态，不能因一己之利而弄虚作假，也不能因为怕说实话引起不满或者遭到打击报复而以伪为真。客观事物及人们对它的认识都是一个复杂的过程，主观和客观、理论与实践达到完全统一是不可能的。但尽可能地一致，不犯完全脱离实践的错误则是完全能办到的。所谓创新，就是通过大胆开拓、锐意进取，使认识和行动更符合事物的规律。要实现创新，创新主体必须脚踏实地，具备真诚精神，而不能好大喜功、急功近利，因为这样常常导致形式主义和浮夸作风。一些人不去做深入细致的调查研究，不尊重内部和外部的客观条件，只喜欢做表面文章哗众取宠，短时间内可能给人一种开拓创新的假象，而实际上是与创新精神背道而驰的。如果天下无事不伪，正如清初王源所悲叹的"人以伪显，学以伪传，才以伪举，文以伪售"。③ 那么创新则无"真"可言，无"真"也就不可能有真正的创新。陈寅恪先生知识渊博，为

---

① 江泽民：《在庆祝中国共产党成立八十周年庆祝大会上的讲话》，人民出版社，2001，第28～29页。

② 秦元海：《论科学精神——兼析我国科学精神的缺失与培养》，复旦大学博士学位论文，2006。

③ 《王源·居业堂文集·吴孝廉墓志铭》（卷17），四库全书。

人所称道，但即使如此，先生在治学方面也具有真诚的精神，他常说"读书须先识字"与孔子所提倡的"知之为知之，不知为不知"是一致的。可见，真诚品质是创新主体实施创新必不可少的。

（三）"真真"要求创新主体要敢于否定假的东西

得当创新是在尊重客观事实和遵循客观规律基础上进行的，它要求创新主体发扬求实求真精神，求实求真精神也是创新主体坚持真理的最基本的保障。创新主体在发现真理和坚持真理的过程中，要透过事物的现象去把握本质和规律，而事物的现象是复杂多变的，有时事物还会存在大量的假象。创新主体要坚持真理、维护真理就必须否定假象，否定假的东西，否定那些做出来的虚假的东西。伪科学、伪气功等有很多都是打着创新的幌子出现在人们的视野中，得当创新的主体必须具有一双"慧眼"，辨假识伪，同时除了能分辨真伪外，还要大胆指出并否定假，否定假的"真理"。

（四）"真真"要求创新主体要有为科学献身的精神

创新主体在进行创新性活动过程中要实现有效改造客观世界，更好地为实现自己的利益服务，就要不惜一切代价追求真理，要有坚持真理、为科学真理而献身的精神。① 在大多数情况下，真理被发现的初期都没有得到多数人的理解和支持。真理是在实践的基础上研究和探索出来的，而不是通过投票选举出来的。因此，不能以承认或赞成的人数多少来鉴别是真理还是谬误。在科学水平很低的宗教神学和封建专制统治的年代，不仅对真理性的思想理论、真理等进行压制和禁锢，还经常对真理的发现者进行人身迫害。敢不敢坚持真理，敢不敢捍卫真理，敢不敢为真理而献身，这是判断一个科学研究工作者是否具有崇高的品格精神的重要标准。真正的科学研究工作者不仅以求解未知、追求真理为人生的最大幸福，而且，他们也以坚持真理、捍卫真理、宣传真理为其人生的最大使命。在他们心里，没有什么比真理对人类进步的贡献更大，也没有什么比为真理去奋斗、为真理去牺牲更加值得。布鲁诺为了坚持自己关于宇宙无限、宇宙无中心及自然界永远处于联系、运动、产生、消灭的无限发展中的唯物主义和辩证法思想受到了宗教神学和封建教会的长期迫害，被罗马宗教裁判所关了七

---

① 周志华：《论"科学人"与科学精神》，《学术论坛》2007 年第 4 期。

年之久，最后被活活烧死在罗马的鲜花广场。布鲁诺在火刑的折磨中坚贞不屈，在生命的最后一刻坚定地说："火并不能把我征服，未来的世界会了解我，知道我的价值。"布鲁诺这位伟大而崇高的科学战士的豪言在几个世纪以来鼓舞着无数的科学研究者为追求真理和捍卫真理而无私地奋斗。德国启蒙运动思想家、诗人莱辛有一句名言："对真理的追求比对真理的占有更为可贵。"只有创新主体坚持真理，在进行创造性活动时，服从自然规律和社会规律，并自觉、全面掌握和利用自然规律和社会规律，不因追求利润和短期利益而随心所欲地改造客观世界，而是得当创新，才能使客观世界和人类社会和谐持续共进。

三　是是真真品质的培养

实践没有止境，创新也没有止境，人类对真理的追求更是不会停止。创新主体要追求真理，坚持真理，实事求是，真诚地维护和坚持真相，具备"是是真真"的品格，是需要一定的培养的，其培养可以从以下三个方面入手。

（一）要发扬民主作风，营造好的环境

实事求是需要广泛参与，需要汇集群体的知识、经验和智慧。而求"真"就是知实情、讲实话、讲心里话。这些都需要充分发扬民主，营造健康积极的环境。创新主体在创新过程中一方面要有独立性，敢于质疑和批判，另一方面要倾听不同意见，民主是求"真"的关键。个人的智慧和实践经验总是有限的，道理也总是越辩越明。任何个人的武断、压制，任何形式的排斥、打击，都会造成真相变形与事实偏离。发扬民主作风，相互真诚对待，彼此开诚布公，团结融洽，性情舒畅，在一个不保守、不隐瞒、畅所欲言、集思广益的环境氛围里，人们会敞开心扉，会产生智慧，能发现奥秘和攻克难题，求"真"就会成"真"，实事求是才能生存、发扬光大。否则，环境不好，就听不到真话，真相就不能大白，"求真"就会受阻，凡事都会失真，实事求是就会悄悄失去。

（二）要注重调查研究，反对主观臆断和生搬硬套

创新是一个探索的过程，从个人的知识和已有的经验出发，需要深入实际，针对具体问题做广泛的调查研究，掌握鲜活的第一手资料，了解事

实真相，发现客观事物本质，获得普遍规律。如果足不出户、闭门造车，其结果大都违背规律、偏离实际，无异于"空中楼阁""异想天开"。在这一点上要反对主观臆断和生搬硬套。创新要准确掌握真实情况和信息，就必须要认真学习和深入调查。如果只是埋在材料里，不愿做艰苦细致的研究工作，而是机械地公式化照搬，或仅根据别人的数据而自己不做研究，是不可能掌握真实的第一手材料，发现规律，实现超越的。

（三）要敢于大胆实践

"实践是检验真理的唯一标准"，大胆实践就是"求"真、求"规律"的具体行动，实践是实事求是的根本途径。离开实践不能求到"是"。去实践，就离创新成功不远；去实践，也就距真理不远。不实践，就不会有成功的创新；不实践，就会离真理越来越远。事物在不断变化，世界在不断发展，创新主体在创新过程中会不断遇到新情况、新问题，必须用发展的观点看待"实事"，不能固守成见，被过时的理论、思想观念所束缚，沉迷于本本和教条之中，要勇于实践、善于实践，在实践中实事求是、不断创新。在大胆实践中不断解放思想，在解放思想中做到实事求是，这已被证明是行之有效的方法。要有不拘泥于旧的思想观念束缚、努力在实践中不断探索和创新的勇气去大胆实践；要有破除迷信，坚持真理，修正错误的勇气去大胆实践；要有不唯书，不唯上，只唯实的勇气去大胆实践；只有大胆实践才能真正解放思想，才能做到实事求是，否则，回避矛盾、畏首畏尾、缩手缩脚，就只能使思想僵化、迷信崇拜，就不可能不断揭示真理、发现规律、获得发展、实现创新，更好地满足人类发展的需要。

创新是一种创新性地解决问题的过程，也是一个不断破旧立新、去伪存真的过程。在这一过程中，难免会遇到各种障碍，习惯、盲从、唯上（权威）、从众等这些不利因素都束缚着创新主体，要彻底打破思想上的禁锢、行为上的模式，不断地思考，去解放。创新主体就要具备"是是真真"的品格，坚持实事求是，真诚地追求真理，坚持真理，维护真理。只有这样才能从已知走向未知，才能实现对原有认识界限的突破和对原先认识成果的超越，实现人类的自由。

结　语

在社会发展越来越理性化的今天，人类对自身发展得出的一个真理结论应该是"创新"。纵观古今中外，无论是人们为了生产而使用的生产工具，还是人们在生活中享受的物质条件，其得来的途径莫不始于创新，人类社会的每一次进步都来源于创新的推动。

何谓创新？《辞源》里说，创新"即往昔所无而初次出现者"。因其是初次出现，没有前人或前面的经验所借鉴，所以创新具有不确定性。创新本身及其成果的应用从伦理学的视角分析具有两重性：既可造福人类，亦可能危害人类。创新主体实施创新活动时不仅要以"新"作为实践活动的标准，也应预见创新及其成果可能造成的危害结果和危害方式。本书之主题，锁定在创新本身的得当与否问题。但创新过程或创新本身的得当尺度也同样可用于创新成果之应用的得当与否。之所以将研究集中于创新过程本身而不是将应用过程也包括在内，是为了使研究更为纯粹、更有利于哲学层面的抽象。但这种抽象和纯粹，并不影响研究的结果适用于创新成果的应用过程。

本书结论如下。

第一，创新必须"得当"。创新是人类实现从必然到自由的杠杆，它是人的最高本质，促进了人的自由全面发展，实现了人的自由。但创新的积极价值和消极价值在现实中都可能存在和得以实现，可以说，创新给人类带来了巨大价值的同时也给人类社会带来了风险和负值。因此，创新必须"得当"，只有得当才能实现创新的积极价值，抑制创新的负面价值。在每一项创新活动进行之前或者进行之中有必要确立"创新得当"的标准，以此作为创新的价值判断。在此，"得当"既是合理又是有度的，是以正确设定的目的为导向，受到基于客观规律及道德法则的合理尺度的约束，从而能够真正造福于人类并促进人与人、人与社会、人与自然的和谐。利国、利民、利永远这些"得当"创新的最高目的和有利于自然生态的维护、有利于人种健康的繁衍、有利于生活方式的文明推进和有利于价值观念的科学变更这四个"得当"创新的根本尺度可保证创新朝着"得当"方向发展，真正造福人类。

　　第二，要防止和避免"不当"创新，创新要做到七个"不可"。"不当"创新是指偏离正确的目的、违背客观规律和道德法则的创新，它给人类造成的危害是巨大的，甚至是毁灭性的打击。为了防止和避免"不当"创新，创新主体在实施创新实践活动时就要努力做到：不可抛弃继承，不可有伤文明，不可危害生态，不可有害机体，不可急功近利，不可破坏平衡，不可成为掠夺。这些"不可"是防止"不当"创新的禁止性因素，从反面保证创新"得当"。

　　当然，"创新得当"要求不仅要限制只产生负面价值的创新，而且要防止产生正面价值即具有积极价值的创新因为过量造成相反结果的情况，即产生正面价值的创新在一定程度和范围内是得当的，一旦超出这个程度和范围就可能走向反面，不仅不会造福人类，而且还会危害人类。

　　第三，要实现"得当"创新，就必须营造有利于得当创新的文化氛围，实施有利于创新的制度安排以及培育有利于得当创新的主体品格。创新得当作为创新所追求的应然目标，它的实现既需要充分发挥文化、制度这些外在因素的作用，实现价值观的转变，以激励、崇尚创新得当；也需要培养创新主体追求真理、实事求是等这些有利于创新得当的品格。只有从内在品格让"得当"创新成为主体的自觉需要，从外在文化和制度层面保证、鼓励"得当"创新的进行，才能使"创新得当"不仅是创新的应然，而且成为创新的实然。

　　由于创新是人类一个永恒且常新的课题，笔者虽然在本书写作过程中不断学习和思考，对"得当"创新提出了一些认识和建议，但因自己的水平和研究时间有限，关于创新得当的研究还需进一步深入，笔者认为还可从以下三个方面继续研究。

　　首先，进一步完善丰富"得当"这一范畴的内涵。"得当"是一个具有道德意蕴的范畴。本书中，笔者从哲学、科学、社会学、伦理学多个学科角度对"得当"提出了自己粗浅的认识，认为"得当"概括起来主要是："度"是"得当"的哲学基础；"合理"是"得当"的科学依据；"和谐"是"得当"的社会学解释；"造福"是"得当"的伦理学指标。但因为"得当"的含义丰富，度、合理、和谐、造福可用来表述，但还无法准确、完整表达其内涵。在以后的研究中可进一步从其他学科角度丰富对"得当"的认识，也可继续从以上四个学科补充完善对"得当"的认识。

其次，在实践中把"得当"纳入创新的评价指标，增强其可操作性。"得当"是创新的必然和应然，但在创新实践中如何把"得当"纳入创新的评价体系，还需要进一步加强研究，增强其可操作性，使其成为一个可操作，或者说操作性强的指标，以方便创新主体对自己继续的创新本身及其成果进行衡量评价，放弃可能产生负面价值的创新或者对可能产生负面价值的创新深入研究，弥补不足，使其成为"得当"的创新。

最后，从各个层面加强对"得当"的认识宣传，使"得当"成为创新者和整个社会的风气。当前人们的意识普遍停留在对创新正面、积极、肯定价值的认识阶段，虽然随着现实中一些隐患的出现，人们开始对创新的负面消极价值有所认识，但始终不够深刻和充分。在以后的研究中应加强对"得当"的认识宣传，在决策者、创新者、普通民众三个层面都加深对"得当"的认识，使其成为创新的实然。

创新是永恒的，对"得当"创新的研究也是持续的，理论的与时俱进的品格和现实不断涌现的创新现状决定了对创新"得当"的研究无论是现在还是将来都将是学界的一个重要的研究课题。为此，笔者和所有在不断学习和思考的人将一起继续努力，为实现创新"得当"、造福人类而不断努力。

参考文献

一 著作类

（一）马克思主义经典文献

［1］中共中央编译局：《马克思恩格斯选集》第 1 卷，人民出版社，1972。

［2］中共中央编译局：《马克思恩格斯选集》第 1 卷，人民出版社，1995。

［3］中共中央编译局：《马克思恩格斯选集》第 2 卷，人民出版社，1972。

［4］中共中央编译局：《马克思恩格斯全集》中文第二版第 2 卷（前言），人民出版社，2008。

［5］中共中央编译局：《马克思恩格斯全集》第 3 卷，人民出版社，1979。

［6］中共中央编译局：《马克思恩格斯选集》第 3 卷，人民出版社，1995。

［7］中共中央编译局：《马克思恩格斯选集》第 4 卷，人民出版社，1972。

［8］中共中央编译局：《马克思恩格斯全集》第 42 卷，人民出版社，1979。

［9］中共中央编译局：《马克思恩格斯全集》第 43 卷，人民出版社，1979。

［10］中共中央编译局：《1844 年经济学哲学手稿》，人民出版社，1985。

［11］中共中央编译局：《致莫里斯·拉沙特尔公民》（资本论第一卷法文版序言），人民出版社，1972。

［12］中共中央编译局：《列宁选集》第 1 卷，人民出版社，1972。

［13］中共中央编译局：《列宁选集》第 2 卷，人民出版社，1979。

［14］中共中央编译局：《列宁选集》第 2 卷，人民出版社，1995。

［15］中共中央编译局：《列宁选集》第 3 卷，人民出版社，1979。

［16］中共中央编译局：《列宁全集》第 38 卷，人民出版社，1990。

〔17〕中共中央编译局:《列宁全集》第55卷,人民出版社,1990。

〔18〕中共中央编译局:《列宁哲学笔记》,人民出版社,1956。

〔19〕《毛泽东选集》第2卷,人民出版社,1991。

〔20〕《毛泽东选集》(四卷合订本),人民文学出版社,1973。

(二)国外译著

〔1〕〔德〕黑格尔:《逻辑学》(下卷),商务印书馆,1976。

〔2〕〔古希腊〕亚里士多德:《亚里士多德全集》第八卷,苗力田编,中国人民大学出版社,1995。

〔3〕〔德〕黑格尔:《小逻辑》,商务印书馆,1986。

〔4〕〔德〕黑格尔:《逻辑学》(哲学全书第一部分)上卷,人民出版社,2003。

〔5〕〔苏〕IIB.柯普宁:《作为认识论和逻辑学的辩证法》,华东师大出版社,1984。

〔6〕〔德〕黑格尔:《哲学史讲演录》(第1卷),商务印书馆,1983。

〔7〕〔法〕奥古斯丁·孔德:《实证哲学教程》第2卷,商务印书馆,1996。

〔8〕〔美〕L. A. 科塞:《社会冲突的功能》,华夏出版社,1998。

〔9〕〔古希腊〕亚里士多德:《尼各马可伦理学》,中国社会科学出版社,1999。

〔10〕〔美〕海伦·杜卡斯、〔美〕巴纳希·霍夫曼编《爱因斯坦谈人生》,世界知识出版社,1984。

〔11〕〔德〕库尔特·拜尔茨:《基因伦理学》,马怀琪译,华夏出版社,2000。

〔12〕〔德〕丹尼斯·米都斯:《增长的极限》,上海译文出版社,2001。

〔13〕〔德〕爱因斯坦:《爱因斯坦文集》第3卷,商务印书馆,1979。

〔14〕〔美〕马斯洛:《动机与人格》,华夏出版社,1987。

〔15〕〔美〕M. 勒波夫:《神奇的管理——奖励:世界上最伟大的管理原则》,军事科学出版社,1990。

〔16〕〔美〕奥斯特罗姆等:《制度分析与发展的反思》,商务印书馆,1992。

〔17〕〔美〕J. Cole,S. Cole:《科学界的社会分层》,华夏出版社,1989。

〔18〕〔美〕约瑟夫·阿洛伊斯·熊彼特:《经济发展理论》,北京出版社,2008。

［19］〔德〕克里斯托弗－弗里德里克、冯·布朗：《创新之战》，机械工业出版社，1999。

［20］〔德〕奥特弗利德·赫费：《作为现代化之代价的道德——应用伦理学前沿问题研究》，邓安庆、朱更生译，上海世纪出版集团，2005。

［21］〔美〕巴里·康芒纳：《封闭的循环——自然、人和技术》，吉林人民出版社，1999。

［22］〔美〕米萨诺维克、〔苏联〕帕斯托尔：《人类处在转折点》，刘长毅等译，中国和平出版社，1987。

［23］〔美〕赫尔曼·E. 戴利：《超越增长——可持续发展的经济学》，诸大建、胡圣译，上海译文出版社，2001。

［24］〔美〕加勒特·哈丁：《生活在极限之内——生态学、经济学和人口禁忌》，戴星翼、张真译，上海译文出版社，2001。

［25］〔美〕比尔·麦克基本：《自然的终结》，孙晓春、马树林译，吉林人民出版社，1997。

［26］〔美〕诺曼·迈尔斯：《最终的安全——政治稳定的环境基础》，王正平、金辉译，上海译文出版社，2001。

［27］〔美〕唐奈勒·H. 梅多斯：《超越极限——正视全球性崩溃，展望可持续的未来》，赵旭、周欣华、张仁俐译，上海译文出版社，2001。

［28］〔加拿大〕许志伟：《生命伦理——对当代生命科技的道德评估》，中国社会科学出版社，2006。

［29］〔荷兰〕舒尔曼：《科技时代与人类未来——在哲学深层的挑战》，东方出版社，1995。

［30］〔美〕M. Bridgstock, D. Burch, J. Forge, J. Laurent, I. Lowe：《科学技术与社会导论》，刘立等译，清华大学出版社，2005。

［31］〔法〕卢梭：《社会契约论》，商务印书馆，1997。

［32］〔日〕斋藤优：《技术开发论——日本的技术开发机制与政策》，科学技术文献出版社，1996。

［33］〔美〕波特：《国家竞争优势》，华夏出版社，2000。

（三）国内著作

［1］北京大学哲学系美学教研室：《西方美学家论美和美感》，商务印务馆，1980。

［2］ 北京大学哲学系外国哲学教研室编译《古希腊罗马哲学》，生活·读书·新知三联书店，1982。

［3］ 陈瑛：《人生幸福论》，中国青年出版社，1996。

［4］ 陈根法、吴仁杰：《幸福论》，上海人民出版社，1988。

［5］ 陈金华：《伦理学与现实生活》，复旦大学出版社，2006。

［6］ 陈锦华等：《开放与国家盛衰》，人民出版社，2010。

［7］ 费孝通：《关于"文化自觉"的一些自白》，载《人类学与文化自觉》，华夏出版社，2004。

［8］ 韩孝成：《科学面临危机》，中国社会出版社，2005。

［9］ 傅家骥：《技术创新学》，清华大学出版社，1998。

［10］ 胡适：《胡适文集》第3卷，人民文学出版社，1998。

［11］ 李秀林等：《辩证唯物主义和历史唯物主义原理》，中国人民大学出版社，1995。

［12］ 李云飞：《度 $1+1=2$》，经济科学出版社，2002。

［13］ 梁策：《日本之谜》，贵州人民出版社，1986。

［14］ 刘铁芳：《保守与开放之间的大学精神》，北京师范大学出版社，2010。

［15］ 吕耀怀：《道德单元》，湖南人民出版社，2008。

［16］《马克思主义原著选读》，高等教育出版社，2000。

［17］《毛泽东著作选读》下册，人民出版社，1986。

［18］ 冒从虎：《欧洲哲学通史》（下），南开大学出版社，1988。

［19］ 潘菽：《心理学简札》，人民教育出版社，2009。

［20］《全球化的人文审思与文化战略》（上、下卷），海天出版社，2002。

［21］《鲁迅全集》，人民文学出版社，2006。

［22］《陶行知全集》第2卷，湖南教育出版社，1985。

［23］ 王雅林：《人类生活方式的前景》，中国社会科学出版社，1997。

［24］ 许志伟：《生命伦理——对当代生命科技的道德评估》，中国社会科学出版社，2006。

［25］ 杨永杰：《环境保护与清洁生产》，化学工业出版社，2002。

［26］ 姚文忠：《教师科学素养读本》，四川大学出版社，2004。

［27］ 俞文钊：《中国人的激励模式》，华东师范大学出版社，1988。

［28］ 曾钊新、吕耀怀等：《伦理社会学》，中南大学出版社，2002。

［29］曾钊新:《伦理十讲》,湖南教育出版社,2006。

［30］《曾钊新文集》第1卷,湖南人民出版社,2003。

［31］《曾钊新文集》第4卷,湖南人民出版社,2003。

［32］曾建平:《自然之思:西方生态伦理思想探究》,中国社会科学出版社,2004。

［33］曾宪义:《中国法制史》,北京大学出版社,2004。

［34］张成岗:《现代技术问题研究——技术、现代性与人类未来》,清华大学出版社,2005。

［35］张金华:《文明与社会进步》,上海社会科学院出版社,1998。

［36］张娟:《制度创新》,湖南人民出版社,2010。

［37］中共中央宣传部编《科学发展观学习读本》,学习出版社,2008。

［38］周光召:《基因科学简史——生命的秘密》,社会科学文献出版社,2009。.

［39］孙立平:《博弈:断裂社会的利益冲突与和谐》,社会科学文献出版社,2006。

［40］林尚立:《制度创新与国家成长:中国的探索》,天津人民出版社,2005。

［41］路甬祥:《创新与未来——面向知识经济时代的国家创新系统》,科学出版社,1998。

［42］冯之浚:《国家创新系统理论与政策》,经济科学出版社,1999。

［43］中国科技发展战略研究小组:《中国区域创新能力报告2005》,经济管理出版社,2006。

［44］盖文启:《创新网络——区域经济发展新思维》,北京大学出版社,2002。

二 论文类

［1］阿迪力、买买提:《从非均衡发展到均衡发展的战略》,《理论月刊》2009年第5期。

［2］蔡茂剑:《江泽民"创新"思想的哲学贡献》,《贵州社会科学》2002年第6期。

［3］曹前有:《论怀疑的创新品格》,《云南社会科学》2004年第5期。

［4］陈成文、陈海平:《西方社会学家眼中的"和谐社会"》,《湖南师范大学社会科学学报》2005年第5期。

［5］陈艳玲:《论政治文明建设的人学价值》,《河南社会科学》2009年第

5 期。

[6] 陈宁：《为自主创新提供人文支持》，《中共浙江省委党校学报》2007年第 6 期。

[7] 陈庆修：《创新型国家建设需下真功夫》，《国家行政学院学报》2008年第 3 期。

[8] 戴家干：《创新型人才与我国教育考试评价制度改革》，《中国考试》2009 年第 1 期。

[9] 丁占良：《浅论可持续发展观与科学发展观的关系》，《阴山学刊》（自然科学版）2009 年第 4 期。

[10] 董颖：《创新型国家的法制保障—评修订后的科技进步法》，《经济论坛》2008 年第 7 期。

[11] 段勇、李真芳：《非生物进化与生物进化的统一性》，《河南大学学报》（哲学社会科学版）2007 年第 2 期。

[12] 段爱勤：《干部培养良好心理素质的途径》，《领导科学》2009 年第 24 期。

[13] 段鸣玉：《论科学创新中的人格力量》，《华中农业大学学报》（社会科学版）2003 年第 3 期。

[14] 高岸起：《论自由与认识的主体性》，《河海大学学报》（哲学社会科学版）2001 年第 3 期。

[15] 高恒天：《道德与人的幸福》，复旦大学博士学位论文，2003。

[16] 龚晓菊：《提高我国自主创新能力的制度保障》，《中国改革》2006 年第 9 期。

[17] 龚书铎：《关于五四运动"打倒孔家店"小议》，《群言》2002 年第 4 期。

[18] 顾海：《企业技术创新的激励机制的探析》，《南京社会科学》2001 年第 9 期。

[19] 龚怡祖、周献：《再论创新人才的素质特征》，《现代大学教育》2003 年第 2 期。

[20] 郝卯亮：《试论创新的人格障碍及其对策》，《山西农业大学学报》（社会科学版）2002 年第 1 期。

[21] 何小英：《技术创新的生态化与可持续发展研究》，湖南大学硕士学位论文，2002。

［22］何小英：《技术创新生态化——传统技术创新的伦理缺失与修正》，《湖南社会科学》2007 年第 5 期。

［23］华才：《建立科学的人才评价标准》，《中国人才》2002 年第 11 期。

［24］黄剑、彭福扬：《从价值观的嬗变看技术创新的生态化转向》，《学术探索》2004 年第 3 期。

［25］胡敏中：《在知：认识论研究的一个问题》，《社会科学辑刊》2003 年第 5 期。

［26］胡留现、余亚辉：《论高校创新型人才的培养》，《科技信息》2008 年第 12 期。

［27］胡侠：《试论制约创新的因素》，《中共郑州市委党校学报》2008 年第 5 期。

［28］蒋洪超：《"双激励"机制在企业管理中的运用》，《现代经济》2009 年第 2 期。

［29］蒋逸民：《西方社会学视野中的"和谐社会"及其启示》，《华东师范大学学报》（哲学社会科学版）2010 年第 4 期。

［30］李瑞琴：《中国共产党思想路线的发展与理论创新》，《中国社会科学院研究生院学报》2002 年增刊。

［31］李光耀：《论创新》，《齐鲁学刊》1999 年第 6 期。

［32］李莘：《中国古代的天人合一观念与现代环境意识》，《东南学术》1999 年第 6 期。

［33］李广清：《浅谈现代企业管理中如何利用负激励》，《科技信息》（科学教研）2007 年第 24 期。

［34］李惠国：《关于加强自主创新能力建设新型国家的几点思考》，《学术探索》2006 年第 2 期。

［35］雷群：《浅析负激励在企业管理中的正效应》，《科学咨询》2007 年第 12 期。

［36］雷振岳：《批判精神应成为社会发展常态》，《社会科学论坛》2008 年第 2 期。

［37］李健：《建设创新型大学，为创新型国家提供科技和人才支撑》，《中国高等教育》2006 年第 5 期。

［38］林德宏：《创新：功利、效率与协调》，《南京社会科学》2003 年第 8 期。

[39] 林秀梅：《创新总自冒险始》，《创新科技》2005 年第 3 期。

[40] 刘小华：《技术创新的对人的发展的影响的研究》，湖南大学硕士学位论文，2005。

[41] 刘伏：《企业技术创新障碍因素分析》，《辽宁行政学院学报》2005 年第 6 期。

[42] 刘家运：《试论创新人才激励机制》，《湖南省社会主义学院学报》2008 年第 1 期。

[43] 刘锋：《自主创新与制度环境》，《广西大学学报》（哲学社会科学版）2007 年第 5 期。

[44] 刘振明：《可持续发展伦理问题研究综述》，《道德与文明》2003 年第 4 期。

[45] 刘小敏：《和谐社会构想的伦理学探讨》，《理论学刊》2005 年第 4 期。

[46] 刘荣华、周庆丰：《建国后中共政治路线的历史演变及启示》，《兰州学刊》2006 年第 8 期。

[47] 刘大椿、段伟文：《科技时代伦理问题的新向度》，《新视野》2000 年第 1 期。

[48] 陆正昭：《国家利益浅析》，《青海社会科学》2002 年第 5 期。

[49] 卢红：《教育学发展中的继承与创新》，《教育研究》2007 年第 7 期。

[50] 马建民：《实事求是与创新的辩证统一》，《探索与求是》2002 年第 8 期。

[51] 马军显：《简论树立和落实科学发展应坚持的哲学原则》，《前沿》2005 年第 2 期。

[52] 彭小波、胡永华、张高亮：《创新教育与创新人才培养研究》，《河南社会科学》2008 年第 3 期。

[53] 邱格屏：《论人类基因的权利主体》，《中州学刊》2008 年第 3 期。

[54] 秦元海：《论科学精神——兼析我国科学精神的缺失与培养》，复旦大学博士学位论文，2006。

[55] 鲁克俭：《论制度在知识与技术创新中的作用》，《自然辩证法研究》1999 年第 6 期。

[56] 桑春红：《创新人格是当代大学生的理想人格》，《黑龙江高教研究》2008 年第 4 期。

［57］ 沈晓阳：《科学技术与人的自由》，《攀登》1996 年第 5 期。

［58］ 申曙光：《生态文明及其理论与现实基础》，《北京大学学报》（哲学社会科学版）1994 年第 3 期。

［59］ 孙富江：《文化的定义、内容与作用》，《国际关系学院学报》2003 年第 3 期。

［60］ 孙恒志：《论度》，《文史哲》1982 年第 2 期。

［61］ 谭希培、刘兴云：《论党的思想路线演进的根据》，《湖南省第一师范学报》2003 年第 4 期。

［62］ 田磊：《校长推荐制：能为中国教育带来什么?》，《南风窗》2009 年第 25 期。

［63］ 万钢：《建设新型国家的重要法律保障》，《求是》2008 年第 11 期。

［64］ 王秀芹：《论维护国家利益的重要性》，《科教文汇》2009 年第 9 期。

［65］ 王南湜：《人能否不按客观规律办事》，《理论与现代化》1996 年第 10 期。

［66］ 王干才：《自由与实践》，《哲学动态》1992 年第 11 期。

［67］ 王永昌：《对人为世界的人化和非人化现象的哲学思考》，《求索》1990 年第 3 期。

［68］ 王晓广：《权力异化及其人性根源》，《天中学刊》2009 年第 3 期。

［69］ 邬志辉：《中国教育的现代化与制度创新》，《东北师范大学学报》（教育科学版）1998 年第 4 期。

［70］ 吴圣刚：《文化资源及其特征》，《河南师范大学学报》（哲学社会科学版）2002 年第 4 期。

［71］ 吴广川：《制约与超越——论传统价值观的消极因素对创新的影响》，《当代青年研究》2000 年第 6 期。

［72］ 肖元真：《我国自主创新型人才队伍建设的有效途径和重要手段》，《继续教育研究》2008 年第 4 期。

［73］ 肖萍、徐志远：《继承与创新：思想政治教育学的基本范畴》，《理论界》2007 年第 10 期。

［74］ 谢金林、邱峰：《孔子与亚里士多德中庸思想比较》，《井冈山师范学院学报》（哲学社会科学版）2002 年第 3 期。

［75］ 熊进：《走不出的"人类中心主义"》，《中国地质大学学报》（社会科学版）2004 年第 6 期。

[76] 许玉乾：《创新文化：建设创新型国家的新课》，《探索》2006 年第 3 期。

[77] 许全兴：《创新与冒险精神》，《理论前沿》2003 年第 3 期。

[78] 徐冠华：《大力构建有利于创新的文化环境》，《中国软科学》2001 年第 3 期。

[79] 阎海峰：《中国传统文化与创新精神》，《华东理工大学学报》（社会科学版）1999 年第 3 期。

[80] 阎康年：《创新环境对科技创新的重要作用》，《科学对社会的影响》2004 年第 4 期。

[81] 袁望冬：《论创新文化与我国自主创新能力的提升》，《湖湘论坛》2006 年第 6 期。

[82] 姚大杰：《什么是辩证法》，《社会科学战线》2003 年第 6 期。

[83] 杨悦：《以科学发展观为指导建设生态文明》，《法制与社会》2011 年第 16 期。

[84] 杨雁鸿：《为创新正名》，《内蒙古师范大学学报》（哲学社会科学版）2007 年第 4 期。

[85] 杨思基：《从人的现实存在论人的自由》，《山东社会科学》1999 年第 3 期。

[86] 杨耀坤：《科学合理性是多方面联系的总和》，《科学技术与辩证法》1999 年第 3 期。

[87] 杨耀坤：《试论科学合理性的基本原则》，《科学技术与辩证法》1999 年第 1 期。

[88] 俞吾金：《当代中国文化的内在冲突与出路》，《浙江大学学报》（人文社会科学版）2007 年第 4 期。

[89] 余谋昌：《关注高科技发展的伦理问题》，《武汉科技大学学报》（社会科学版）2001 年第 4 期。

[90] 余栋华：《对可知论的哲学反思》，《唯实》2002 年第 5 期。

[91] 张兰霞、周蓉姿、孙建伟：《竞争合作理论述评》，《东北大学学报》（社会科学版）2002 年第 3 期。

[92] 查英青：《创新文化的内涵与社会环境建设》，《中共福建省委党校学报》2007 年第 10 期。

[93] 翟志华：《情感激励在管理工作中的应用》，《中国集体经济》2004 年

第 1 期。

［94］ 张晓明、郗春媛：《大学生创新人格核心特质研究》，《高等教育研究》2002 年第 2 期。

［95］ 张燕玲：《生育自由及其保障范围》，《中南民族大学学报》（人文社会科学版）2007 年第 5 期。

［96］ 张伟胜：《自由与人的本质》，《浙江社会科学》2004 年第 5 期。

［97］ 周向阳、张太玲、刘松年、唐竣：《论自主创新战略实施的制度环境》，《新学术》2007 年第 3 期。

［98］ 周志华：《论"科学人"与科学精神》，《学术论坛》2007 年第 4 期。

［99］ 朱付元：《试论国家创新系统中文化环境建设的主要内容》，《自然辩证法研究》1999 年第 12 期。

［100］ 朱力：《对"和谐社会"的社会学解读》，《南京社会科学》2005 年第 1 期。

［101］ 朱元巢：《做到实事求是的八个重要环节》，《红旗文稿》2005 年第 10 期。

［102］ 朱志勇：《"人的需要"与需要异化》，《河北学刊》2008 年第 6 期。

［103］ 王振亚：《超越二元对立：公民权利与政府权力新型关系探析》，《陕西师范大学学报》2005 年第 6 期。

［104］ 孟爱国：《我国政府科技管理模式优化改进的思考》，《软科学》2003 年第 17 期。

［105］ 周寄中、胡志坚：《在国家创新系统内优化配置科技资源》，《管理科学学报》2002 年第 3 期。

［106］ 文兴吾：《建设区域创新系统促进科技成果转化的途径探讨》，《软科学》2004 年第 18 期。

［107］ 邵世才、方衍：《美国科技投入的结构分析及对我国的启示》，科技部中国科技促进发展研究中心《调研报告》2003 年第 57 期。

［108］ 刘湛：《法国竞争力集群计划研究》，《中国科技论坛》2009 年第 12 期。

［109］ 陈健、何国祥：《区域创新资源配置能力研究》，《自然辩证法研究》2005 年第 21 期。

［110］ 冯之浚：《完善我国技术创新宏观管理体系的思考》，《南京大学学报》（哲学、人文社科版）1998 年第 1 期。

[111] 项后军：《国家竞争优势与国家创新系统》，《科学学研究》2004 年第 10 期。

[112] 周寄中、胡志坚：《在国家创新系统内优化配置科技资源》，《管理科学学》2002 年第 5 期。

[113] 苏俊杰：《加尔布雷斯社会均衡思想的伦理内设》，《思想战线》2008 年第 4 期。

[114] 叶海云、马斯-科列尔：《对一般均衡理论的贡献》，《经济学动态》2004 年第 9 期。

[115] 王春法：《国家创新体系理论的八个基本假定》，《科学研究》2003 年第 10 期。

[116] 李正风、张成岗：《我国创新体系特点与创新资源整合》，《科学学研究》2005 年第 5 期。

三 英文类

[1] Barbara ， Mac Kinnon. *Ethics*：*Theory and Contemporary Issues*. Beijing：Peking University Press，2003，88 – 107.

[2] Denise，White，Peterfreund. *Great Traditions in Ethics（Tenth Edition）*. Beijing：Peking University Press，2003，314 – 326.

[3] Polanyi . "*The Republic of Science*"，in：M. Grene（Eds）. Knowing and Being：Essays by Michael Polanyi. Chicago University Press，1969，49 – 72.

[4] Shea and Sitter（Eds）. *Scientists and Their Responsibilities*. Canton：Watson，1989，234 – 242.

[5] Berger，Robert. "Comments on the Validation of the Dachau Human Hypothermia Experiments"，in：Caplan（Eds），1992，109 – 133.

[6] Bridg Stock，Martin. "What Is Scientific Misconduct?"，*Search*，24：1993，73 – 76.

[7] Coney，Sandra and Bunkle，Phillida. "An Unfortunate Experiment at National Women's"，*Metro*，June：1987，46 – 65.

[8] Homan. *The Ethics of Social Research*. London：Longman，1991，86 – 95.

[9] Manwelland Baker. "Honesty in Science"，*Search*，12，6：1981，151 – 160.

[10] Pozos，Robert S. "Scientific Inquiry and Ethics：the Dachau Data"，in：Caplan，1992，95 – 108.

[11] Brown. "*Who Will Feed China?*", Washington. DC: Worldwatch Institute. 1995, 51 –60.

[12] Davis. "Antarctica as a Global Protected Area: Perception and Reality", *Australian Geographer*, 1992, 23: 39 –43.

[13] Lowe. "Science Policy for the Future", in: R. Haynes (Eds) . *High Tech: High Cost?* Chippendale: Pan Macmillan. 1991.

[14] State of the Environment Advisory Council (Soeac) . *State of the Environment Australia*, Melbourne: CSRIO Publishing, 1996, 211 –230.

[15] World Commission on Environment and Development (WCED), *Our Common Future.* Oxford: Oxford University Press, 1987, 31 –36.

[16] Albert N. Link, John T. Scott. U. S. Science Parks: the Diffusion of an Innovation and Its Effects on the Academic Missions of Universities. *International Journal of Industrial Organization*, 2003, 21, 1323 –1356.

[17] Richard Hall, Pierpaolo Andriani. Managing Knowledge Associated with Innovation. *Journal of Business Research*, 2003, 56, 145 –152.

[18] Leoncini, the Nature of Long-Run Technological Change: Innovation, Evolution and Technological Systems, *Research Policy*, 1998, (27): 75 –93.

后 记

　　终于完成书稿的最后一个句号，此时，我的心情难以用话语来形容。这篇书稿是在本人的博士论文基础上完成的。其中部分论述已在《湘潭大学学报》（哲学社会科学版）、《求索》和《湖南社会科学》等学术期刊上发表。

　　著作完成之际，衷心感谢我的老师、同学和家人的善意和关爱，在他们的关心下，"学习"这件苦事变为愉悦的事。在此，所能表达的只能是向他们致以衷心的谢意！

　　首先要感谢曾钊新教授，从我的博士论文选题到提纲框架的确定，再到写作的整个过程，曾老师都孜孜不倦地进行教诲。难忘的是曾老师在书房与我的讨论教导，难忘的是曾老师在寒冷的冬日予我一杯热茶的温暖。尤让我印象深刻的是曾老师具有与他的属相生肖牛一致的品格，勤勉务实；加上岁月的沉淀，曾老师豁达的性格、对问题审视的入木三分以及对生活的超然态度，都让我受益匪浅。在这里我祝福他身体健康、万事如意。

　　感谢我的导师吕耀怀教授，六年来恩师在我的学业上倾注了无私的教诲和启迪，即使远在苏州，恩师总能最快地给予我指导，启发我的思维，为我指点迷津，特别是他的不断鼓励，让我能再次鼓起继续学习的勇气。他给予我的不仅仅是伦理学的理论知识，更是做人之道。从论文的选题到写作，恩师都对我进行了悉心的指导，这篇论文中凝结了他辛勤的汗水和心血。同时要感谢我的师母杨继荣女士多年来给予的支持和鼓励，她身上表现出来的宽容和积极向上的生活态度是我需要不断学习的。

　　感谢恩师李建华教授，他在学术上的睿智洞悉、课堂上的倾情讲授，很好地阐释了一位优秀学者良好的精神气质。他对学生的关爱、生活中的幽默风趣展现了他作为良师益友的一面。他对我的如兄长般的鼓励和鞭策更是我前进的动力。

感谢恩师吕锡琛教授，她严谨的治学态度、优雅的学者风范、谦虚的人格魅力，让我们深深敬爱，她身上散发的知识女性的优雅和学术理论的厚重是我学习的目标。

感谢恩师曹刚教授，他严谨的思维、丰富的知识使我深受启发，遇到难题他总能给予我明晰的思路让我茅塞顿开。

感谢刘立夫、凌均卫两位教授，他们在我论文的开题中和撰写提纲时提出了许多建设性的意见，对我论文的写作给予了很大的帮助。

再一次感谢我的硕士生导师、湖南大学的彭福扬教授，并感谢他在我读博士期间继续给予我的鼓励和帮助。

感谢同窗好友吴凯、屈明珍、周蓉等同学，感谢他们给我生活、学习上的帮助和照顾；感谢黄秋生博士以及其他朋友给我生活上的帮助和精神上的鼓励，在此虽然不能一一列出他们的名字，但是，对他们的感激是需要我永远珍藏在心的！

最后，要感谢我的爸爸妈妈，感谢我的先生和女儿，他们给予我无私的关爱和默默的支持，这些都是我无法偿还的亲情。在这里我只能祝福他们平安、幸福、顺利！

此外，在本书的撰写过程中，参阅了大量的有关著作和文献，在此也一并向被引用的作者表示诚挚的谢意。

本书得以在社会科学文献出版社出版，感谢林尧编辑的辛勤编排，本书还得到了南华大学"马克思主义发展哲学理论与实践研究基地"和南华大学出版基金的资助，在此一并表示感谢。

何小英

2014 年 7 月于南华大学

图书在版编目（CIP）数据

创新得当论/何小英著. —北京：社会科学文献出版社，2014.10
（南华大学学术文库）
ISBN 978 - 7 - 5097 - 6419 - 0

I. ①创… II. ①何… III. ①创造学 - 伦理学 IV. ①B82 - 052

中国版本图书馆 CIP 数据核字（2014）第 193676 号

· 南华大学学术文库 ·

创新得当论

著　　者 / 何小英

出 版 人 / 谢寿光
项目统筹 / 林　尧
责任编辑 / 林　尧

出　　版 / 社会科学文献出版社 · 经济与管理出版中心（010）59367226
　　　　　　地址：北京市北三环中路甲 29 号院华龙大厦　邮编：100029
　　　　　　网址：www.ssap.com.cn
发　　行 / 市场营销中心（010）59367081　59367090
　　　　　　读者服务中心（010）59367028
印　　装 / 北京季蜂印刷有限公司

规　　格 / 开　本：787mm × 1092mm　1/16
　　　　　　印　张：16.25　字　数：275 千字
版　　次 / 2014 年 10 月第 1 版　2014 年 10 月第 1 次印刷
书　　号 / ISBN 978 - 7 - 5097 - 6419 - 0
定　　价 / 59.00 元

本书如有破损、缺页、装订错误，请与本社读者服务中心联系更换

▲ 版权所有 翻印必究